高等职业院校创新型精品教材
安徽省高水平高职教材

U0790466

C 语言程序设计

主　编　李如平
副主编　张晓娟　吴房胜　施冬冬
　　　　余　意　朱丽华

北京理工大学出版社
BEIJING INSTITUTE OF TECHNOLOGY PRESS

图书在版编目（CIP）数据

C 语言程序设计 / 李如平主编. —北京：北京理工大学出版社，2021.4
ISBN 978-7-5682-9776-9

Ⅰ. ①C… Ⅱ. ①李… Ⅲ. ①C 语言–程序设计–高等职业教育–教材 Ⅳ. ①TP312.8

中国版本图书馆 CIP 数据核字（2021）第 076974 号

出版发行 / 北京理工大学出版社有限责任公司
社 址 / 北京市海淀区中关村南大街 5 号
邮 编 / 100081
电 话 /（010）68914775（总编室）
（010）82562903（教材售后服务热线）
（010）68944723（其他图书服务热线）
网 址 / http://www.bitpress.com.cn
经 销 / 全国各地新华书店
印 刷 / 涿州市新华印刷有限公司
开 本 / 787 毫米×1092 毫米 1/16
印 张 / 19.75
字 数 / 465 千字
版 次 / 2021 年 4 月第 1 版 2021 年 4 月第 1 次印刷
定 价 / 55.00 元

责任编辑 / 王玲玲
文案编辑 / 王玲玲
责任校对 / 周瑞红
责任印制 / 施胜娟

前言 Preface

C 语言是目前国内广泛应用的一种程序设计语言，它的语言功能丰富、表达能力强、使用灵活、应用面广、目标效率高，具有完美的模块程序结构，可移植性强，并且可以直接实现对系统硬件及外部设备接口控制，具有较强的系统处理能力。它既兼顾了高级语言的特点，也具有低级语言的许多特点。因此，C 语言既可以编写功能较强的应用软件，又可以编写系统软件。

目前，C 语言已不仅是计算机专业人员所使用的语言，而且有越来越多的计算机应用人员和计算机爱好者学习 C 语言。许多大中专学校不但在计算机专业开设了 C 语言课程，而且在非计算机专业也开设了 C 语言课程，特别是工科专业普遍将 C 语言定为学生学习程序设计的语言。

C 语言是一门非常灵活的程序设计语言，它涉及的概念比较多且复杂，规则繁多，容易出错，不少初学者感到学习 C 语言入门比较困难，本书就是针对大、中专院校学生和其他初学者编写的。

本书在编写中对目前学校教学中学生普遍对 C 语言学习感到困难和枯燥的方面进行了适当的改进，编写过程中采用模块化、任务驱动教学方法进行教材内容的组织，每一个任务都做了一定的总结和拓展，以提高学生对学习 C 语言的兴趣。本书的主要特色是：

① 以任务驱动教学，教材内容通过任务串起来。

② 内容深入浅出，应用实例多，一般在任务描述后对使用到的相关知识进行概念的介绍，然后通过相应的例题进行讲解。

③ 本书的内容较浅，但覆盖面比较广泛，使初学者能够了解 C 语言的总体状况。

④ 考虑到目前学校教学、等级考试和应用方面已很少用到 Turbo C，为了适应 C 语言的发展需要，本书的应用环境直接选用了 Visual C++，而没有介绍 Turbo C。

本书由安徽工商职业学院李如平担任主编，安徽工商职业学院张晓娟、安徽工商职业学院吴房胜、安徽工商职业学院施冬冬、池州职业学院余意、池州职业学院朱丽华任副主编。本书第 1、4、11 章由李如平编写，第 2、8、9 章由张晓娟编写，第 3、10 章由吴房胜编写，第 5 章由施冬冬编写，第 6 章由余意编写，第 7 章由朱丽华编写，全书由李如平、张晓娟负责统稿。

本书在编写过程中得到了省内外高校同行专家们的大力支持，在此表示感谢。

由于编者水平有限，书中不妥之处难免，恳请广大读者对本书提出宝贵意见，以便再版时改正。

本教材是安徽省高水平高职教材建设建设项目C语言程序设计（2018yljc285）成果，同时，也是安徽省高校学科（专业）拔尖人才学术资助重点项目（gxbjZD2016094）成果。

编　者

目录 Contents

第1章　C语言概述

【知识导读】

本章从C语言的发展出发，主要介绍C语言的发展历史、特点和程序的结构和书写规则。同时对程序的灵魂——算法有初步的认识，介绍了算法的概念、表示方法及应用。

【能力目标】

- 了解C语言的发展过程及程序设计语言的分类。
- 理解C程序的基本结构与基本构成。
- 掌握C语言程序的开发过程。
- 掌握Visual C++ 6.0集成开发环境下开发C语言程序的方法。
- 了解算法的含义。
- 掌握算法的简单应用。

【任务设置】

任务1　C语言概况

任务2　算法的描述

实训　VC++ 6.0环境和简单程序的运行

任务1　C语言概况

任务目标

- 了解C语言程序的基本结构。
- 了解C语言程序的结构特征。
- 掌握C语言程序的运行步骤和方法。

任务描述

学会编写一个简单的C语言程序，并掌握C语言程序的运行方法。

任务分析

打开VC++应用软件，编写简单的C语言程序，并进行程序的组建、运行，查看输出结果。

相关知识

一、C 语言的发展过程

计算机程序设计语言的发展经历了从机器语言、汇编语言到高级语言的历程。机器语言是指机器能够识别的指令的集合，是指令系统。机器语言是所有语言中运算效率最高的，是第一代计算机语言。但机器语言依赖计算机的硬件，学习、修改、编辑、维护等都非常不方便，推广应用比较困难。汇编语言被称为第二代计算机语言。以前的操作系统软件主要是用汇编语言编写的，由于汇编语言依赖于计算机硬件，程序的可读性和可移植性都比较差，使用不方便。

高级语言接近于人的自然语言和数学语言，同时又不依赖于计算机硬件，编出的程序能在所有的机器上通用。

C 语言是国际上广泛流行的计算机高级程序设计语言，与其他高级语言相比，C 语言的硬件控制能力和运算表达能力强，可移植性好，效率高（目标程序简洁，运行速度快）。因此应用面非常广，许多大型软件都是使用 C 语言编写和设计的。

C 语言的前身是 ALOGOL 语言，1963 年，英国剑桥大学推出了 CPL 语言（Combined Programming Language），此语言在 ALOGOL 语言的基础上增添了硬件处理能力；1963 年，剑桥大学的马丁・理查德（Martin Richards）对其进行简化，提出 BCPL 语言；1970 年，美国贝尔实验室的肯・汤普逊（Ken Thompson）进一步简化，提出了 B 语言（取 BCPL 语言的第一个字母），并且他用 B 语言写了第一个 UNIX 操作系统；1972 年，美国贝尔实验室的 D.M.Ritchie 在 B 语言的基础上设计出了 C 语言（取 BCPL 的第二个字母）。最初的 C 语言只是为描述和实现 UNIX 操作系统提供一种工作语言而设计的（而 1969 年 K.Thompson 和 D.M.Ritchie 开发成功的 UNIX 操作系统是用汇编语言写的），自 1972 年投入使用之后，C 语言成为 UNIX 或 XENIX 操作系统的主要语言，是当今最为广泛使用的程序设计语言之一。1978 年后，C 语言先后被移植到大、中、小及微型机上。强大的功能使得它成为最受欢迎的高级语言之一。1987 年，美国标准化协会制定了 C 语言标准“ANSI C”，也就是今天流行的 C 语言。

二、C 语言的特点

C 语言发展如此迅速，并且成为最受欢迎的语言之一，主要是因为它具有强大的功能。许多著名的系统软件和应用软件，如 UNIX、Linux 等，都是由 C 语言编写的。归纳起来，C 语言具有下列特点：

（1）C 语言是具有低级语言功能的高级语言。

C 语言既具有高级语言的功能，又具有低级语言的许多功能。它把高级语言的基本结构和语句与低级语言的实用性结合起来，是处于汇编语言和高级语言之间的一种程序设计语言，也可称其为“中级语言”。

（2）语言简洁紧凑，使用方便、灵活。

C 语言只有 32 个关键字、9 种控制语句，程序书写形式自由，主要使用小写字母，压缩了一切不必要的成分。

（3）运算符丰富。

C 语言的运算符包含的范围很广，共有 34 种运算符。C 语言把括号、赋值、强制类型转换等都作为运算符处理，从而使其运算类型极为丰富，表达式类型多样化。

（4）数据结构丰富，具有现代化语言的各种数据结构。

C 语言中的数据类型有整型、实型、字符型、数组类型、指针类型、结构体类型和共用体类型等，能用来实现各种复杂的数据结构，尤其是指针类型数据，使用十分灵活和多样化。

（5）具有结构化的控制语句。

用函数作为程序的模块单位，便于实现程序的模块化。C 语言是理想的结构化程序设计语言，符合现代编程风格要求。

（6）允许直接访问物理地址，能进行位操作，可以直接对硬件进行操作。

C 语言既具有高级语言的功能，又具有低级语言的许多功能，可用来编写系统软件。有人把 C 语言称为“高级语言中的低级语言”或“中级语言”，但一般仍习惯将 C 语言称为高级语言。C 语言程序也要通过编译、连接才能得到可执行的目标程序，这和其他高级语言相同。

（7）语法限制不太严格，程序设计自由度大。

例如，对数组下标越界不做检查，整型、字符型数据可以通用，不专设逻辑型数据而以整型来代替等。较少的限制给程序员带来较大自由，这就要求程序员在编程时应确实明白自己在做什么，而不要把检查错误的工作仅寄托于编译程序。

（8）C 语言程序中，可使用宏定义、编译预处理命令、条件编译预处理命令为编程提供方便。

（9）可移植性好。与汇编语言相比，C 程序基本上不做修改就可以运行于各种型号的计算机和操作系统。

（10）C 语言也存在一些不足之处。例如，运算符及其优先级过多、语法定义不严格等，对于初学者来说，有一定的困难。

由于 C 语言具有上述特点，因此 C 语言得到了迅速推广，成为人们编写大型软件的首选语言之一。许多原来用汇编语言处理的问题都可以用 C 语言来处理了。

三、简单的 C 语言程序

一个完整的 C 语言程序由一个或多个具有相对独立功能的程序模块组成，这样的程序模块称为“函数”。因此，函数是 C 程序的基本单位。

一个 C 语言程序，不管它有多简单，都必须有且只有一个主函数，例如：

```
main()
{
}
```

上面的函数是一个空主函数，程序没有任何意义，它什么都不做。

C 程序具有以下结构特征：

1. 程序由函数构成

一个 C 语言程序有且仅有一个 main()函数，可以包含若干个其他函数（函数将在第 7 章介绍）。因此，函数是 C 语言程序的基本单位，其使 C 语言容易实现程序的模块化。C 语言程序有三种类型函数：main()函数、库函数（如输入函数 scanf()和输出函数 printf()等、自定义函数（用户自己定义的函数））。

需要注意：使用库函数之前，必须使用预编译命令“#include”将以.h 为后缀名的头文件包含到用户文件中，一般应置于源程序的开始部位，并且预处理命令的末尾不要分号。例如大部分程序都用到了标准输入/输出库函数（stdio.h），因此使用了预编译命令：#include ＜stdio.h＞。

2. 函数由函数首部和函数体构成

（1）函数首部。函数首部是函数的定义部分，即函数的第 1 行，包括函数类型、函数名、函数参数名和参数类型。其中，函数名及其后紧跟的圆括号对“()”是必需的，而其他内容（即“[ ]”括号对中的内容）为可选项。main 函数的首部只有函数名“main”和一对圆括号“()”，没有函数类型（函数类型的缺省值为 int 型），也没有形式参数。其他函数的内容与格式为：

```
[函数类型]函数名(形式参数类型 1 形式参数名 1  [,形式参数类型 2…])
```

例如：

```
void main()
int k(int x)
int max(int a,int b)
```

（2）函数体。函数体是函数的主体部分，即函数首部下面由花括号对“{}”括起来的部分。如果函数内有多个嵌套的花括号对，则最外层的一对花括号对为函数体的范围。函数体一般包括两个部分：声明部分和执行部分。声明部分是对函数中新用到的变量（局部变量）的定义和所调用的函数的声明；执行部分则由可执行语句序列组成。

3. 一个 C 程序从 main()函数开始执行

main()函数是程序的主控函数，称为主函数。“main()”函数是 C 语言编译系统使用的专用名字，main()后面由花括号对“{}”括起来的部分是 main 函数的主体。无论 main()写在程序的什么位置，程序运行时总是从 main()函数的第一条可执行语句前的左花括号“{”开始，到 main()函数最外层的右花括号“}”处结束。

4. 语句末尾必须有分号

分号“;”是 C 程序中各条语句结束的标志，是语句的必需组成部分。不管语句位于何处，均必须以分号结束，即使是程序中最后一条语句也是如此。

5. 程序书写自由

C 语言源程序的书写十分自由，既可以在一行内写几条语句，也可以将一条语句分写在连续的多行（注意，其间不能夹有其他语句）。C 程序中没有行号。

6. 可以且应当对每行书写注释/* */

为了增强程序的可读性，可以在语句末尾在“/*”和“*/”符号内就程序的操作内容做注释。注释是计算机文档的重要组成部分，是程序员与读者之间通信的重要工具，一个好的程序员应当养成及时书写和修正注释的良好习惯。目前 C 语言的编译器种类很多，大多支持 C++风格的注释符号“//”，使用起来更方便。

7. 变量先定义后使用

C 语言的变量在使用前必须先定义其数据类型。变量的数据类型定义必须在使用该变量的第 1 条语句之前进行。

四、C 语言运行环境

（一）C 语言程序的运行环境安装及使用

C 语言的运行环境比较多，以前的书本大多会介绍 Turbo C 版本，考虑到使用的方便性，以及目前在教学中普遍使用的版本和计算机等级考试用的版本，本书介绍 Visual C++ 6.0 版本。

1. 安装 Visual C++ 6.0

VC++ 6.0 是 Microsoft Visual Studio 6.0 软件包的一个组件，只能在 Windows 平台上安装和使用。安装时用鼠标双击 Microsoft Visual Studio 6.0 软件包光盘的根目标下的 SETUP.EXE 文件图标即可启动 Microsoft Visual Studio 6.0 安装向导，然后在安装向导的引导下操作即可完成 VC++ 6.0 的安装。

2. 启动 Visual C++ 6.0

单击 Windows 的“开始”按钮，依次选择“程序”→“Microsoft Visual Studio 6.0”→“Microsoft Visual C++ 6.0”，进入 Visual C++ 6.0 的工作界面，如图 1－1 所示。

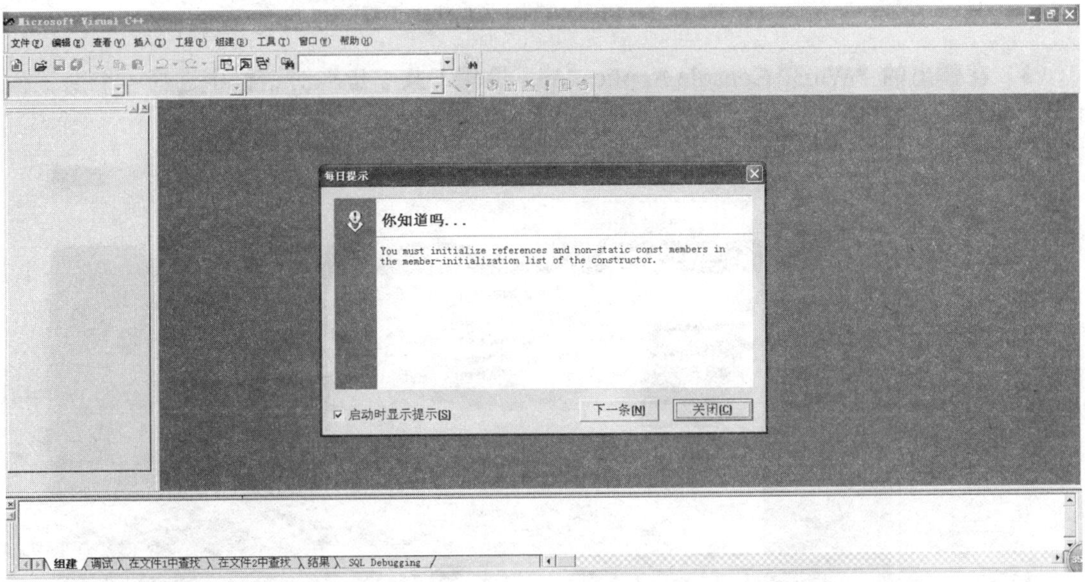

图 1－1　Visual C++ 6.0 的工作界面

3. 新建工程

（1）单击主窗口顶部菜单栏的“File”（文件）菜单中的“New”（新建）选项，系统弹出

"New"（新建）对话框窗体（操作步骤中，菜单给出了中英文名称）。

（2）单击"New"（新建）对话框窗体顶部的"Project"（工程）选项，系统弹出"Project"（工程）选项页面，在该页面上选择"Win32 Console Application"（Win32 控制台应用程序）。在"Project Name"（工程名称）输入框中输入一个工程名字如"test1"，在 Location（位置）输入框中输入一个路径（或单击位置框右边的选择按钮，在弹出的"Choose Directory"（目录选择）对话框中选择一个路径，如"C:\Program Files\Microsoft Visual Studio\MyProjects"，然后单击"OK"（确定）按钮，如图 1-2 所示。

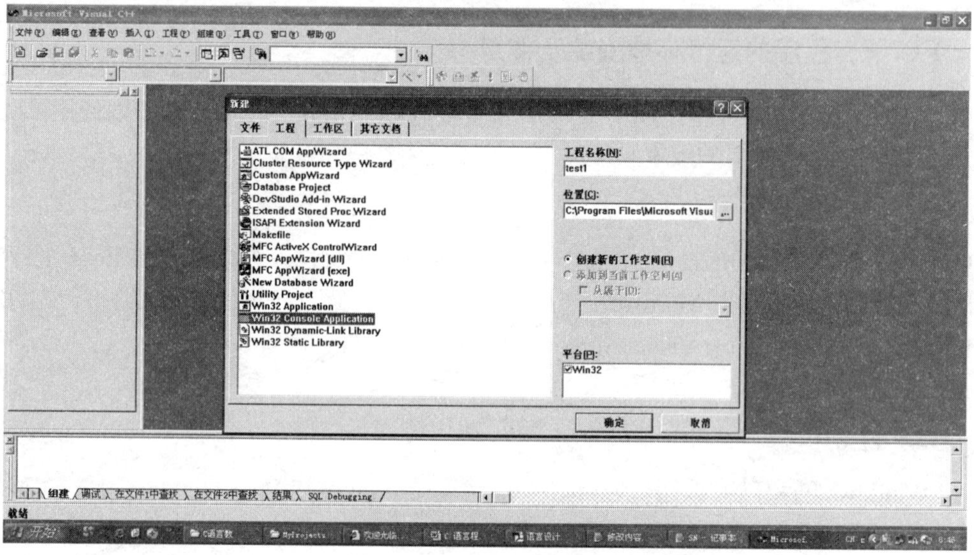

图 1-2　Visual C++ 6.0 新建工程

（3）在弹出的"Win32 Console Application-步骤 1 共 1 步"对话框中选择一个空工程选项，然后单击"Finish"（完成）按钮，如图 1-3 所示。

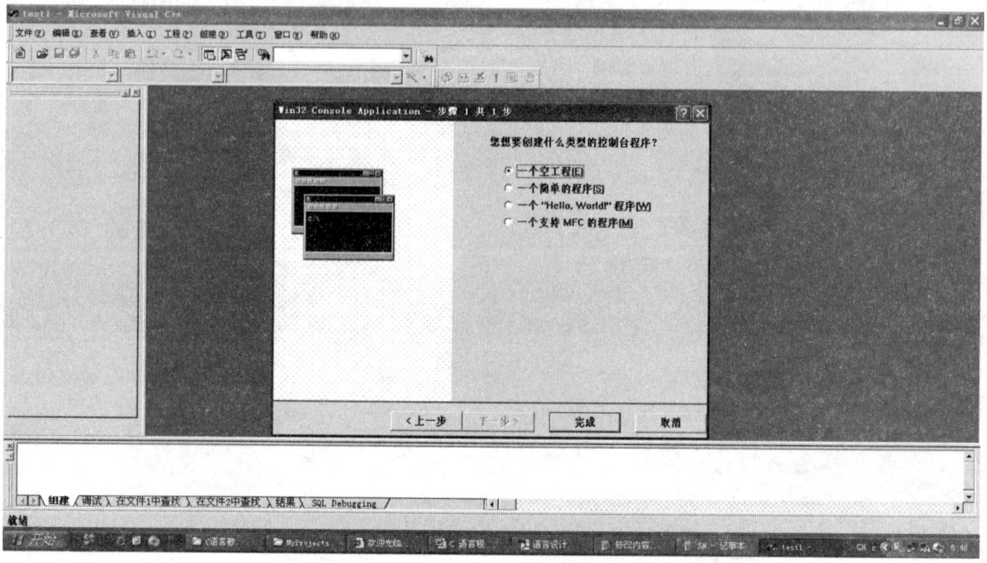

图 1-3　Visual C++ 6.0 新建工程步骤

（4）在弹出的“New Project Information”（新建工程信息）对话框中单击“Finish”（完成）按钮。至此，在“C:\Program Files\Microsoft Visual Studio\MyProjects”目录下建成了一个名为“test1”的空项目，如图 1－4 所示。

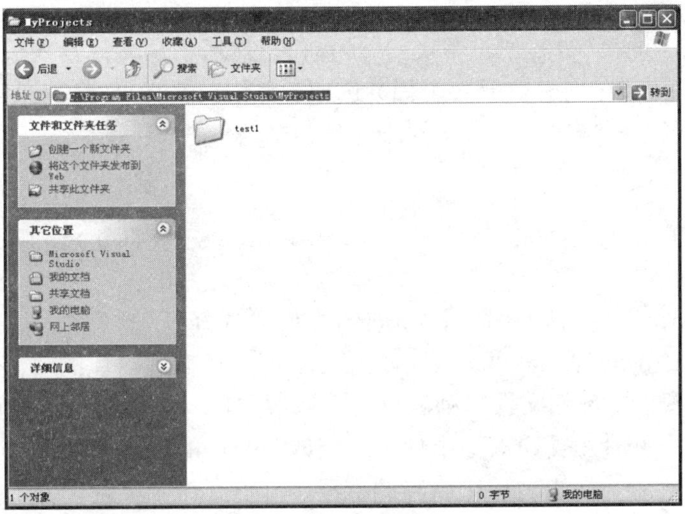

图 1－4 Visual C++ 6.0 新建工程目录位置

4. 新建源程序文件

方法 1：

（1）从主窗口顶部的“Project”（工程）选项起，依次选择“Project”（工程）→“Add to Project“（添加工程）→“New”（新建），弹出“New”（新建）对话框。

（2）在“New”（新建）对话框中，选择“File”（文件）→“C++ Source File”，在右边的文件输入框中输入源程序文件名，例如 test1.c（加上.c 扩展名指出是建立 C 语言源程序，不加扩展名就默认为.cpp，即 C++源程序），如图 1－5 所示。单击“OK”（确定）按钮，系统将回到主窗口，并且窗口右边出现了 test1.c 文件的编辑窗口。

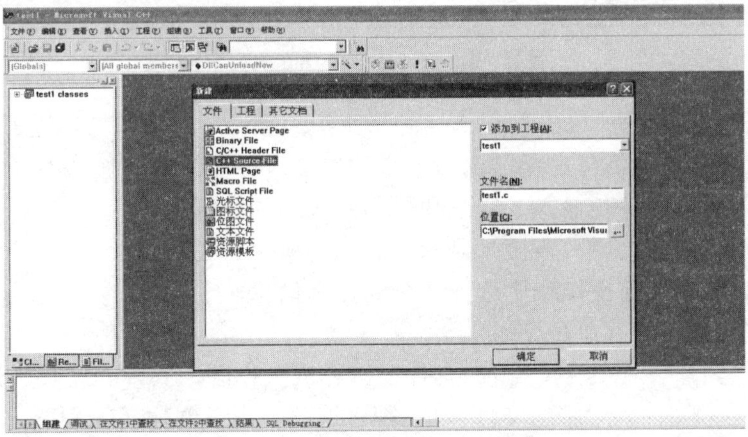

图 1－5 Visual C++ 6.0 新建文件

（3）在主窗口的右边编辑窗口中输入源程序，并保存这个文件。

方法2：

（1）单击主窗口顶部的“File”（文件）菜单中的“New”（新建）选项，系统弹出“New”（新建）对话框。

（2）执行方法1的第（2）步、第（3）步操作，然后将源文件存入适当的文件夹。

（3）从主窗口顶部的“Project”（工程）选项起，依次选择“Project”（工程）→“Add to Project”（添加工程）→“Files”，将文件添加到一个项目去。

5. 编辑源程序文件

（1）单击主窗口顶部的“File”（文件）菜单中的“Open”（打开）选项，系统弹出“Open”（打开）对话框。

（2）使用“Open”（打开）对话框顶部的文件夹选择框选择存放源文件的文件夹（如C:\Program Files\Microsoft Visual Studio\MyProjects）；然后在该窗体的文件名输入框内输入源文件名称（或在该窗体中部的文件名列表框内选取源文件），如test1.c。再单击“打开”按钮，系统将回到主窗口，并且主窗口右边出现了指定的源文件的编辑窗口。

（3）在主窗口的右边编辑窗口中编辑源程序，并保存这个文件。

Visual C++ 6.0集成开发环境的主窗口如图1-6所示。

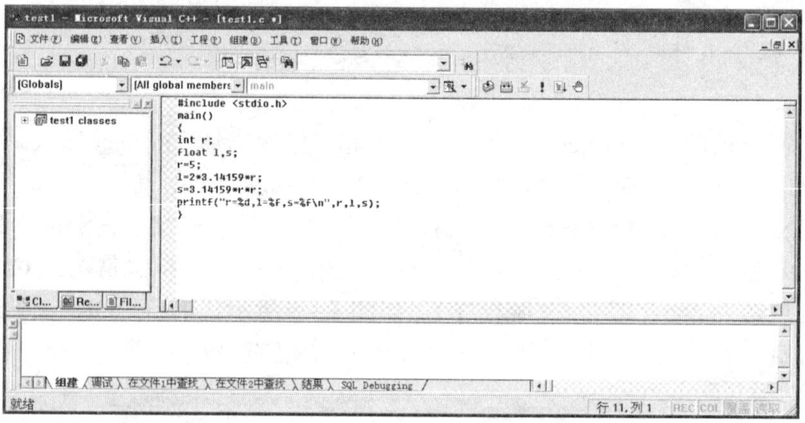

图1-6 Visual C++ 6.0主窗口

① 工作区窗口：VC++以工程工作区的形式组织文件、工程和工程设置。工作区窗口上显示当前正在处理的工程信息，通过窗口下方的选项卡可以使窗口显示不同类型的信息。

② 源程序编辑窗口：是输入、修改和显示源程序的场所。

③ 输出窗口：是在编译、连接时显示信息的场所。

④ 状态栏：显示当前操作或所选择命令的提示信息。

下面是一些最常用的菜单命令：

“文件”→“新建”：创建一个新的文件、工程或工作区，其中“文件”选项卡用于创建文件，包括“.c”为文件名后缀的文件；“工程”选项卡用于创建新工程。

“文件”→“打开”：在源程序编辑窗口中打开一个已经存在的源文件或其他需要编辑的文件。

"文件"→"关闭"：关闭在源程序编辑窗口中显示的文件。

"文件"→"打开工作区"：打开一个已有的工作区文件，实际上就是打开对应工程的一系列文件，准备继续对此工程进行工作。

"文件"→"保存工作区"：把当前打开的工作区的各种信息保存到工作区文件中。

"文件"→"关闭工作区"：关闭当前打开的工作区。

"文件"→"保存"：保存源程序编辑窗口中打开的文件。

"文件"→"另存为"：把活动窗口的内容另存为一个新的文件。

"查看"→"工作空间"：打开、激活工作区窗口。

"查看"→"输出"：打开、激活输出窗口。

"查看"→"调试窗口"：打开、激活调试信息窗口。

"工程"→"增加到工程"：在工作区中创建一个新的文件或工程。

"组建"→"编译"：编译源程序编辑窗口中的程序，也可用快捷键 Ctrl+F7。

"组建"→"组建"：连接、生成可执行程序文件，也可用快捷键 F7。

"组建"→"执行"：执行程序，也可用快捷键 Ctrl+F5。

"组建"→"开始调试"：启动调试器。

6. 编译源文件

执行编译源文件的步骤：

（1）打开一个源文件（如 test1.c）或执行新建源程序文件。

（2）单击主窗口顶部的"组建"→"编译"。

7. 建立可执行程序

对于已通过编译的程序，单击"组建"→"组建"命令，或按快捷键 F7 建立可执行程序。

8. 运行可执行程序

执行"组建"→"执行"命令，生成可执行文件。

9. 关闭工作区

执行"文件"→"关闭工作空间"命令，关闭工作区。

10. 退出 VC++ 6.0

执行"文件"→"退出"，退出 VC++ 6.0。

（二）运行 C 语言程序的步骤说明

程序是一组计算机能识别和执行的指令。每一条指令使计算机执行特定的操作。用高级语言编写的程序称为"源程序"。C 语言是一种编译性高级语言，认为编写好的程序需要经过编译、连接后才能查看运行结果。运行一个 C 语言程序的主要步骤如下。

1. 编辑源程序

程序设计人员使用符合 C 语言标准的语句编辑源程序，以后缀名.c 保存源文件。它包括新建一个源程序文件或修改已有的源程序文件，它的操作有插入、删除、修改、调试源程序。除了 Visual C++ 6.0 和 TC 集成开发环境能够编辑源程序外，还可以在记事本、写字板等常用的编辑软件中编辑 C 语言的源程序。存盘是采用纯文本方式保存文件，目前国内不少省级和国家二级的运行环境都是 Visual C++ 6.0 集成开发环境。

2. 编译源文件

以纯文本形式存储的源程序，必须通过 C 语言编译系统提供的编译程序进行编译，生成后缀名为.obj 的目标程序文件。编译程序对源代码进行语法检查，并给出出错信息，修改后继续编译，直到编译成功，就可以生成目标文件了。

3. 连接目标文件

编译成功后，还应将目标程序和 C 语言的库函数连接成后缀名为.exe 的可执行程序，并存储在计算机的存储设备中，以便执行。负责目标程序和库函数连接工作的程序称为连接程序（link）。

4. 执行可执行文件

源程序经过编译、连接成为可执行文件（扩展名为.exe）后，可以在操作系统下直接运行。程序设计人员通过完成输入数据，查看经过程序处理的数据及输出结果。结果正确，则开发程序结束。但是要注意，有时结果不一定是预想的结果，需要反复调试。

源程序中难免会存在错误，在编辑界面需要反复调试。主要的错误一般分为四类：

（1）编译错误：程序不符合 C 语言语法规定，在编译时将出错，编译错误包括语法错误（error）和警告错误（warning）。例如，某一变量未定义而先使用，则会出现语法错误。又如，某变量未赋值就用来求和，则会出现警告错误。

（2）逻辑错误：一个程序在编译时没有出现错误，但是执行后得不到正确结果，这是由于算法的设计过程或程序的表达式中存在错误，如表达式书写错误、程序控制流程错误。

（3）运行错误：执行程序时，在某些特殊情况下发生的错误，如变量越界、除零错误等。

（4）连接错误：把目标程序连接成可执行程序时出现错误，如找不到库文件错误等。

程序调试是指对程序进行查错和排错。最常见的错误是编译错误和逻辑错误。

任务实施

在计算机屏幕上显示字符串“hello,c program!”。

```
#include <stdio.h>
void main()
{
printf("hello,c program!\n");
}
```

程序运行结果如图 1－7 所示。

图 1－7　Visual C++ 6.0 程序运行结果

任务拓展

编写一个 C 语言程序。

已知正方形的边长，求正方的周长和面积。

```
#include <stdio.h>
main()
{
float l,c,s;
printf("请输入正方形的边长:");
scanf("%f",&l);
c=4*l;
s=l*l;
printf("正方形的周长=%f,正方形的面积=%f\n",c,s);
}
```

程序运行结果如图 1-8 所示。

图 1-8　Visual C++ 6.0 程序运行结果

程序中首先定义了 3 个变量，l、c、s 为实型变量，并根据边长 l 的值计算正方形的周长和面积。输出语句中的“%f”为输出格式符，表示实型，它指定输出结果时的数据类型和格式。程序在执行时，该位置由具体数据替代。

任务小结

① C 语言是当今使用最广泛的程序设计语言之一。C 语言具有简洁、灵活、运算符和数据类型丰富的特点。

② 一个 C 语言程序由一个主函数和若干个子函数组成，从主函数开始运行。

③ 一个 C 语言的函数由函数首部和函数体组成。

任务 2　算法的描述

任务目标

➢ 了解算法的含义。

➢ 了解算法的描述。

➢ 掌握简单问题的算法设计。

任务描述

学会对要解决的问题进行算法设计。即先对问题进行分析，并设计出算法，用算法的某种表示方法进行描述。

任务分析

分析问题，用流程图或伪代码进行算法描述。

相关知识

一、算法概述

1. 算法的含义

现实生活中，做任何事情都有一定的步骤，计算机解决问题的方法和步骤称为算法。

利用计算机解决问题，首先要编写计算机程序。计算机程序是许多指令的集合，每一条指令让计算机执行完成一个具体的操作，一个程序所规定的操作全部执行完后，就能产生计算结果。计算机要解决实际问题，实际上就是编写正确的程序，但要想编写好程序，有两个重要前提：一是掌握一门计算机高级语言规则，二是要掌握解题的方法和步骤。

计算机语言只是一种工具。简单地掌握语言的语法规则是不够的，最重要的是根据各种问题，制定出正确的算法，即解决方法和步骤。

正确的算法必须满足下列 3 个条件：

① 每一个逻辑块必须由可以实现的语句来完成。

② 模块与模块之间的关系应该是唯一的。

③ 算法要能终止，不能出现死循环。

2. 算法的特征

一个正确的算法具有 5 个基本特征：

① 有穷性。一个算法必须在有限次执行后完成。

② 确定性。一个算法中的每一个步骤必须有明确的定义，不能有语义不明确的地方。

③ 输入。算法总是要施加到运算对象上，提供运算对象的初始情况，一个算法有 0 个或多个输入。

④ 输出。一个算法要有一个或多个输出。若无输出，则无法知道结果。

⑤ 可行性。可行性是指所有待实现的运算必须是相当基本的，至少在原则上人们可以用纸和笔做有限次操作即可完成。

实际上，算法反映的是解决问题的思路。许多问题只要仔细分析对象数据，就容易找到处理方法。

二、算法的表示

可以用不同的方法表示一个算法。常用的有自然语言、传统流程图、结构化流程图、伪代码等。

1. 用自然语言表示算法

自然语言就是人们日常使用的语言，可以是汉语、英语等各种语言。自然语言通俗易懂，但文字较多，容易出现“歧义”。同时，自然语言在表示算法时，也不太严格，需要根据上下文来体会每一句的含义。特别是对于复杂的问题，用自然语言来描述非常不方便。因此，除了很简单的问题，目前很少用自然语言来表示计算机程序设计的算法。

2. 流程图

流程图是用一些图框表示各种操作。用图形表示算法，直观形象，易于理解。美国国家标准化协会 ANSI（America National Standard Institute）规定了一些常用的流程图符号（图 1－9），已为世界各国计算机编程人员所普遍采用。

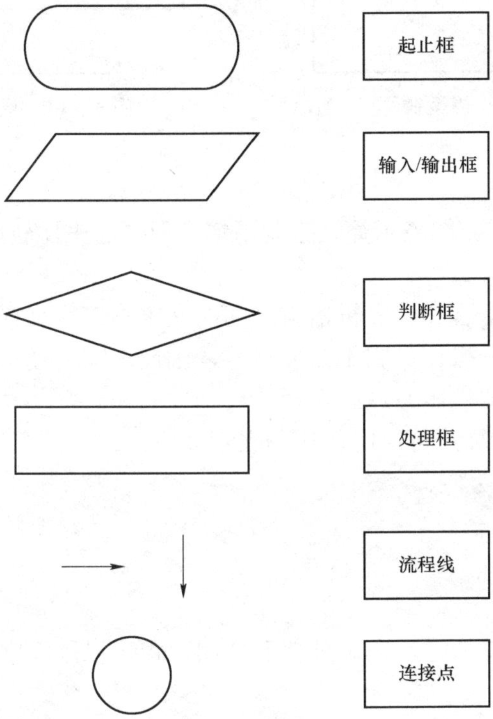

图 1－9　流程图符号

图 1－9 中菱形框的作用是对一个给定的条件进行判断，根据给定的条件是否成立来决定如何执行其后的操作。它有一个入口、两个出口。菱形框两侧通常用“Y”表示“是”（YES）、“N”表示“否”（NO）。

3. N－S 图

美国学者 I.Nassi 和 B.Shneiderman 提出了一种新的流程图形式。在这种流程图中，完全去掉了带箭头的流程线。全部算法写在一个矩形框内，在该框内还可以包含从其他的从属于它的框，或者说，由一些基本的框组成一个大的框。这种流程图又称 N－S 结构化流程图（N 和 S 是两位美国学者的英文姓名的第一个字母），适用于结构化程序设计算法描述。使用 N－S 图表示的程序设计的几种结构如图 1－10～图 1－13 所示。

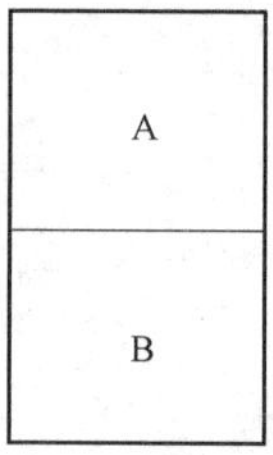

图 1－10　顺序结构

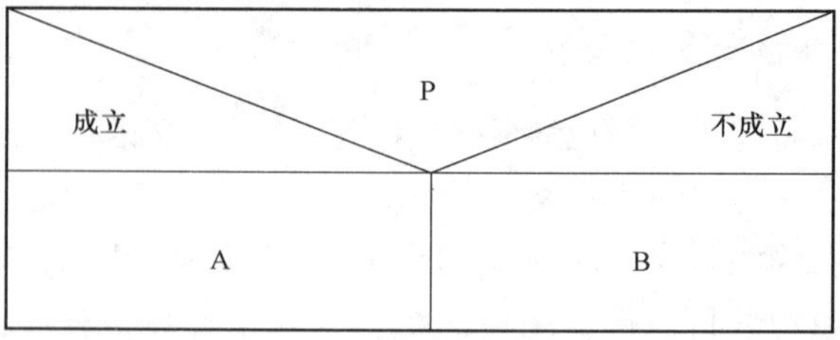

图 1－11　选择结构

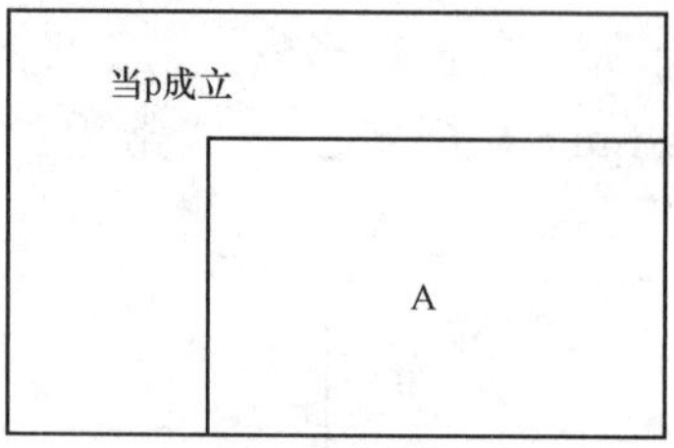

图 1－12　当型循环

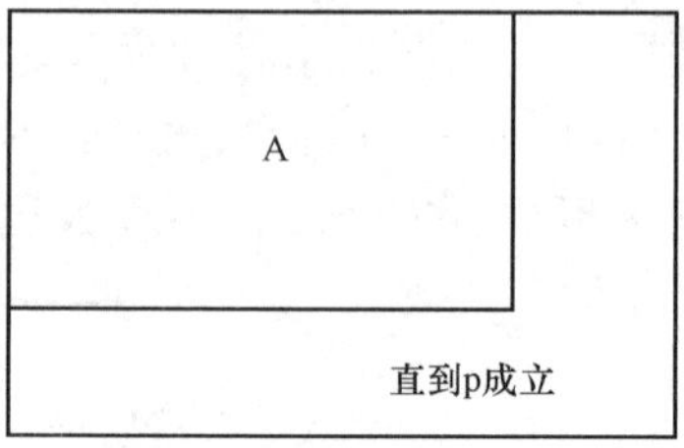

图 1－13　直到型循环

4. 用伪代码表示算法

用传统的流程图和 N－S 图表示算法直观易懂，但画起来比较麻烦，在设计一个算法时，可能要反复修改流程图。

伪代码是用介于自然语言和计算机语言之间的文字与符号来描述算法。它如同一段文章，每一行或几行表示一个基本操作。它不需要符号，因此书写方便，格式紧凑，也比较易懂，便于向计算机语言算法（即程序）过渡。

“打印 x 的绝对值”的算法可以用伪代码表示如下：

```
IF x >0 THEN
   print x
ELSE
   print  -x
```

它像英语语句一样容易读懂，在国外普遍使用。也可以用汉字伪代码，如：

```
若 x 为正
   打印 x
否则
   打印 -x
```

还可以中英文混用，如：

```
IF x 为正
   print x
ELSE
print  -x
```

即计算机中语句的关键字用英文表示，其他的可以用汉字表示。总之，使用伪代码表示算法时，并无固定的、严格的语法规则，只要把意思表达清楚，并且书写格式清晰易读就可以了。

如要求编写一个 C 语言程序，实现如下功能：由键盘输入某门课程的若干学生成绩，统计输出该课程的平均成绩、最高成绩和最低成绩，并按成绩分类统计出各个等级的学生数（成绩分四等：90 分以上为优秀，80 分以上为良好，60 分以上为合格，60 分以下为不合格）。

本任务通过连续输入若干学生成绩，先将第一个学生成绩分别赋给最大值变量、最小值变量，将当前输入的成绩分别与最大值、最小值比较，得到新的最大值、最小值，如此重复，直至输入结束。同时，每输入一个成绩，就要累加一个成绩，并统计已输入成绩的学生数。在成绩输入过程中，要解决如下几个问题：

① 需要哪几个变量？

② 输入若干学生成绩的结束标志是什么？

③ 如何计算若干学生的平均成绩，统计最高成绩、最低成绩，并按成绩统计各个等级的人数。

```
伪代码
开始:main
清屏
输入第一个学生成绩
统计并处理成绩
计算平均成绩
输出平均成绩等数据
返回

进入统计并处理成绩
While 成绩大于等于 0
将最高成绩与最低成绩分别与之比较,得到新的最高成绩与最低成绩
统计各分数段学生数
计算总成绩
统计学生数
结束 while
返回
```

5. 用计算机语言表示算法

通过计算机完成一项工作，分为两个步骤：一是设计算法，二是实现算法。因此，在解决问题时，不仅要考虑如何设计一个算法，还要考虑如何实现一个算法。

前面只是描述算法，即用不同的形式表示操作的步骤，而要得到运算结果，就必须实现算法。前面给出了 1+2+…+100 的算法的流程图表示方法，不过，实现算法的方式可能不止一种，可以采用心算、笔算、使用计算器计算等不同的方法计算出结果，这些都是算法的实现方法。

我们的任务是用计算机解题，也就是用计算机实现算法。计算机无法识别前面讲到的流程图和伪代码等描述算法的方法。只有使用计算机编程语言编写的程序被计算机执行后，才能得出算法的结果，因此，采用上述方法描述算法后，还要将它们转换成计算机语言程序。

用计算机语言表示算法时，必须严格遵循所用语言的语法规则，即程序，这和伪代码不同。

任务实施

实现 1+2+⋯+100 的算法描述。

1. 用流程图表示（图 1－14）

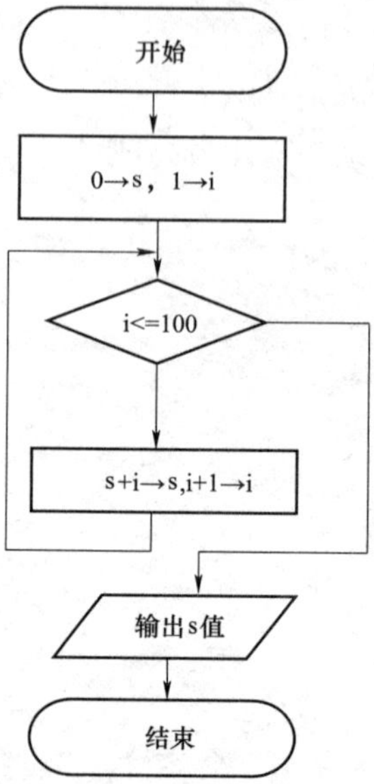

图 1－14　流程图

2. 用伪代码表示

```
开始:main
s=0,i=1
当 i<=100 时,执行下面操作
使 s=s+i
使 i=i+1
(循环到此结束)
输出 s 的值
结束
```

3. 用计算机语言来完成

```
#include <stdio.h>
main()
{
int  s=0,i=1;
while(i<=100)
```

```
{s=s+i;
i=i+1;}
printf("s=%d\n",s);
}
```

程序运行结果如图 1－15 所示。

图 1－15　任务 2 程序运行结果

任务拓展

用伪代码表示 10!，并编写出相应的程序。

```
开始:main
j=1,i=1
当 i<=10 时,执行下面操作
使 j=j*i
使 i=i+1
(循环到此结束)
输出 j 的值
结束
```

相应的程序：

```
#include <stdio.h>
main()
{
int  j=1,i=1;
while ( i<=10)
{j=j*i;
i=i+1;}
printf("j=%d\n",j);
}
```

程序运行结果如图 1－16 所示。

图 1－16　拓展任务程序运行结果

任务小结

① 算法是解决问题的方法和步骤，是程序设计的灵魂，一个算法具有有穷性、确定性、输入、输出和可行性5个基本特征。

② 算法的描述工具很多，主要有传统流程图、N-S图、伪代码、计算机程序语言等。流程图结构清晰，伪代码表示方便，计算机语言是最终目的。

实训　VC++ 6.0环境和简单程序的运行

实训目的

- 了解VC++ 6.0环境的进入与退出方法。
- 了解VC++ 6.0环境的菜单的使用方法。
- 了解VC++ 6.0环境的设置方法。
- 掌握C语言源程序的建立、编辑、修改、编译和运行方法。

实训要求

练习使用VC++ 6.0的集成环境，学会使用VC++ 6.0的基本方法，学会编写简单的C语言程序，并进行编辑、修改和运行。

实训内容

① 开机：进入Windows操作平台。

② 进入VC++ 6.0集成环境。

③ 进行C语言程序的编辑、保存、编译、组建和执行。

第一个程序：

```
 #include <stdio.h>
main()
   { printf ("***************************\n ");
     printf("      I am a student  \n ");
     printf ("***************************\n");
   }
```

第二个程序：

```
#include <stdio.h>
 main()
 {int a,b,c,max;
 printf("please input a,b,c:\n");
 scanf("%d,%d,%d",&a,&b,&c);
    max=a;
```

```
    if (max<b)
        max=b;
    if (max<c)
        max=c;
    printf("The largest number is %d\n",max);
}
```

实训过程

① 打开 VC++ 6.0 应用程序。

② 新建.c 程序文件。

③ 编写程序。

④ 依次执行“组建”菜单下的“编译”→“组建”→“执行”子菜单，在每一步都正确的情况下，得到如下结果。

第一个程序运行结果如图 1－17 所示。

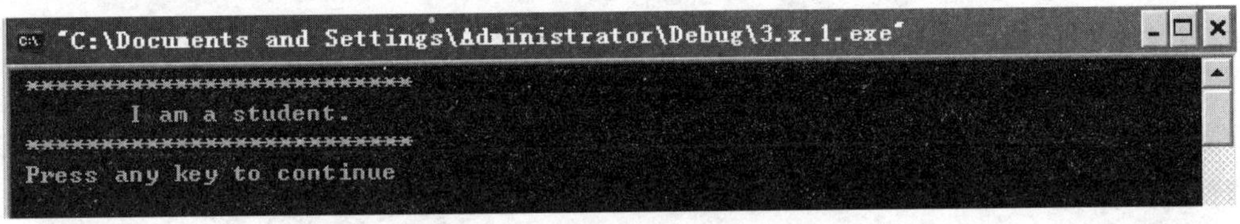

图 1－17　第一个程序运行结果

第二个程序运行结果如图 1－18 所示。

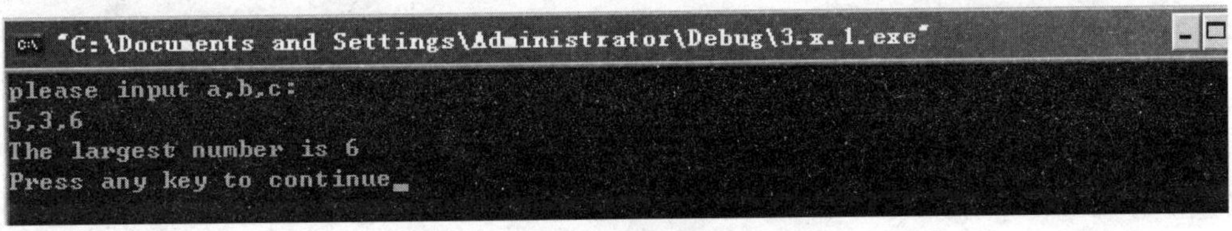

图 1－18　第二个程序运行结果

实训总结

熟练掌握 VC++ 6.0 环境的使用方法，编写程序时一定要细心，出现错误时，要认真查找错误的原因，才能学会 C 语言。

实训拓展

编写程序，实现下面的要求：从键盘输入两个数，将两个数按从小到大的顺序输出。

知识梳理与总结

1. C 语言程序的结构特点。
2. C 语言中函数由哪几部分组成？
3. 算法的含义。
4. 算法的描述方法。
5. VC++ 6.0 环境的使用及运行程序的步骤。

习　题 <<<

1. C 语言的主要特点有哪些？
2. C 语言程序一般由哪几部分构成？
3. C 语言以函数为程序的基本单位，有什么好处？
4. 编写一个 C 语言程序，输出以下信息：

****

C 语言程序设计

****

5. 编写一个 C 语言程序，输出整型数据 55 和 22 的和、差的值。

第2章　数据类型、运算符和表达式

【知识导读】

自然界中的事物千千万万种，如何用计算机语言来描述现实生活中的这些数据是个大问题。为了描述这些数据，C语言把具有相同特征的数据归为同一类型，对不同类型的数据采用不同的表达方式。那么，在C语言中，这些数据分成哪些类型呢？这些不同类型的数据又是如何进行计算的呢？这就是本章要解决的问题。

【能力目标】

- 掌握C语言中的基本数据类型。
- 了解各类型的常量表示方法。
- 理解符号常量的使用场合。
- 掌握变量的概念。
- 掌握变量的定义、初始化。
- 掌握变量的使用方法。
- 掌握算术运算符的使用方法。
- 掌握赋值运算符的使用方法。
- 掌握逗号运算符的使用方法。
- 掌握关系运算符的使用方法。
- 掌握逻辑运算符的使用方法。
- 了解各运算符的优先级和结合性。

【任务设置】

任务1　数据类型

任务2　变量

任务3　运算符与表达式

任务4　数据类型转换

实训　数据类型、运算符和表达式实训

任务1 数据类型

任务目标

➢ 掌握C语言中的基本数据类型。

➢ 了解各类型的常量表示方法。

➢ 理解符号常量的使用场合。

任务描述

分析下面的程序功能，并能指出该程序中使用了哪些数据类型。

```
#include<stdio.h>
#define  PAI  3.14
main()
{
float r,c,s;
r=5.0;
c=2*PAI*r;
s=PAI*r*r;
printf("r=%f,c=%f,s=%f\n\n",r,c,s);
}
```

任务分析

该程序使用了三个变量，都定义成 float 类型。程序功能是：已知圆的半径（r），求圆的周长（c）和面积（s）。

相关知识

一、数据类型概述

在 C 语言中，不同类型的数据在内存中所占用的空间大小是不同的，换句话说，数据类型决定了数据的存储空间。C 语言中的数据类型如图 2－1 所示。本章只介绍基本数据类型，其余类型在随后的章节中再逐一介绍。

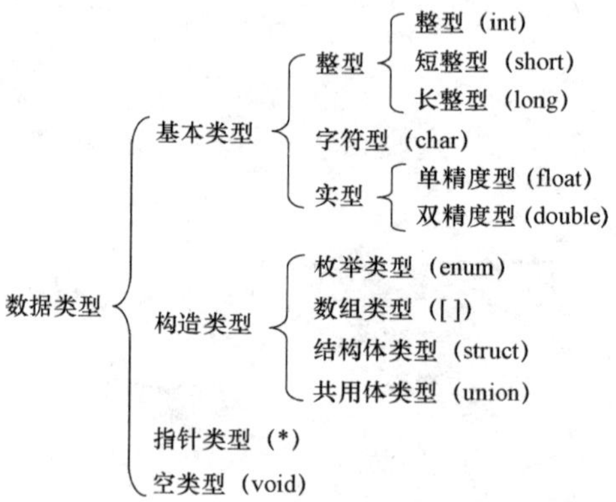

图 2－1　C 语言数据类型

二、常量

（一）整型及整型常量

整型也即通常所说的整数类型。从图 2－1 中可以看出，在 C 语言中，整型又可分成三种：基本整型、短整型、长整型。也可以按带不带符号而分为无符号型（unsigned）和带符号型。不同类型的整型数据和其取值范围见表 2－1。

表 2－1　不同类型的整型数据和其取值范围

数据类型	说明	字节数	取值范围
int	基本整型	2	－32 768～32 767，即 -2^{15}～（$2^{15}-1$）
		4	－2 147 483 648～2 147 483 647，即 -2^{31}～（$2^{31}-1$）
short	短整型	2	－32 768～32 767，即 -2^{15}～（$2^{15}-1$）
long	长整型	4	－2 147 483 648～2 147 483 647，即 -2^{31}～（$2^{31}-1$）
unsigned [int]	无符号基本整型	2	0～65 535，即 0～（$2^{16}-1$）
		4	0～4 294 967 295，即 0～（$2^{32}-1$）
unsigned short [int]	无符号短整型	2	0～65 535，即 0～（$2^{16}-1$）
unsigned long [int]	无符号长整型	4	0～4 294 967 295，即 0～（$2^{32}-1$）

常量也即是常数，因此，整型常量即是整数。在 C 语言中，整数的表示方法有三种：十进制表示、八进制表示和十六进制表示。

（1）十进制形式。

写法和平时数学书写写法一致，例如 124、375、0、－4、－342 等。

（2）八进制形式。

以数字 0 开头，由 0～7 八个数码组成，例如 012、023。

请思考：018 是正确的 C 语言整数表达形式吗？为什么？

（3）十六进制形式。

以 0x 或 0X 开头，由 0～9、a～f 共十六个数码组成，例如 0X12F、0x23 等。

请思考：0xefk、123E 是正确的 C 语言整数表达形式吗？为什么？

日常生活中人们习惯用十进制形式书写整数，而在编制一些复杂的程序，尤其是用于工业控制的单片机程序时，往往写成八进制形式或十六进制形式更为方便。

（二）实型及实型常量

实型又称为浮点型，在 C 语言中用来表示有小数点的实数。实型数据又包括单精度实型和双精度实型，双精度实型的精度要高于单精度实型。它们各自的存储空间和数据表示范围见表 2－2。

表 2－2　实型数据的存储空间和取值范围

数据类型	说明	字节数	有效数字	取值范围
float	单精度实型	4	7	10^{-38}～10^{38}
double	双精度实型	8	15	10^{-308}～10^{308}

需要注意的是，表中列出的实型数据的取值范围和有效数字对不同的编译系统而有所不同的，所以表中给出的取值范围并不完全准确，不同的编译系统存在差异。

实型常量也即是实型常数，实型常数的表示形式通常有两种：小数形式和指数形式。

（1）小数形式。

例如 54.6、−0.85、4.333 等。

（2）指数形式。

例如 3.2E+4、5.1e5、1.3e−3、−3.13e4 等。

需要注意的是，跟数学中指数的写法规则类似，E 之前和之后必须有数字，且 E 之后必须为整数，E 和 e 可以通用。

（三）字符型数据及字符型常量

字符型数据主要用于程序的输入/输出和文字处理，因此字符型数据在程序中使用得很广泛。每个字符型数据在内存中占用一个字节，在这个字节中存放的是该字符对应的 ASCII 码值。在 ASCII 码表中，每个字符都有唯一的 ASCII 码值与之对应。观察 ASCII 码表可以看出，ASCII 码值都是整数，所以，在 C 语言中字符和整数在某些范围内是可以通用的。字符型数据又可以分成无符号字符型和有符号字符型两种，两者的区别见表 2−3。

表 2−3　字符型数据分类

数据类型	说明	字节数	取值范围
char	有符号字符型	1	−128～127，即 -2^7～（2^7-1）
unsigned char	无符号字符型	1	0～255，即 0～（2^8-1）

字符型常量即是字符，其通常有两种形式：普通字符和转义字符。

（1）普通字符。

在 C 语言中，普通单个字符通常加一对单引号，例如'A'、'e'、'#'等。

（2）转义字符。

一些特殊字符，如回车符、换行符等，无法像普通字符那样直接表示，C 语言为它们提供了特殊的写法。比较常用的转义字符的写法及含义见表 2−4。

表 2−4　常用的转义字符的写法及含义

编号	转义字符	名称	功能
1	\"	双引号	输出一个双引号
2	\\	反斜杠	输出一个反斜杠
3	\0	空	产生一个空字符
4	\n	换行	将光标移到下一行的开头
5	\r	回车	将光标移到本行的开头
6	\t	水平制表	将光标移到下一个水平制表位置
7	\o、\oo 或\ooo	o 代表一个八进制字符	输出 ASCII 码与该八进制数对应的字符
8	\xh、\xhh	h 代表一个十六进制字符	输出 ASCII 码与该十六进制数对应的字符

请思考：'\\'、'\124'、'\x1f'分别代表什么字符？

（四）符号常量

除了上面讨论的几种基本类型的常量外，还有一种特殊的常量，称为符号常量。例如任务 1 程序中的 PAI，在程序中使用#define PAI 3.14 使 PAI 成为一个符号常量，其数值为 3.14。在后续的语句中，凡是出现符号 PAI 的地方，其值都为 3.14。注意，为了和变量名相区分，符号常量通常用大写字母来表示。

任务实施

1. 程序运行结果

程序运行结果如图 2－2 所示。

图 2－2　任务 1 程序运行结果

2. 程序说明

本程序的程序功能是：已知圆的半径，经过计算输出圆的周长和面积。计算方法采用的是数学公式：$c=2\pi r$，$s=\pi r^2$。

3. 思考

（1）在程序中出现几种数据类型？

（2）为什么要使用符号常量？有什么好处？

任务 2　变　　量

任务目标

- 掌握变量的概念。
- 掌握变量的定义、初始化。
- 掌握变量的使用方法。

任务描述

将一个给定的大写字母转换成小写字母输出，将一个给定的小写字母转换成大写字母输出。

任务分析

观察 ASCII 码表可知，大写字母的 ASCII 码值和它对应的小写字母的 ASCII 码值刚好相差 32，那么大写字母的值加上 32 就得到对应的小写字母，而小写字母的值减去 32 就得到对应的大写字母。

相关知识

一、变量的定义

在 C 语言中，当处理一些常量时，往往并不是直接使用它们的值，而是根据需要先把它们保存到对应的变量中去，再通过变量来使用它们的值。如任务 1 中的 r = 5.0;，这里 r 就是变量。变量也有整型、实型、字符型之分，不同类型的变量所占用的存储空间大小不同。

C 语言规定：变量在使用之前必须定义。那么，如何来定义变量呢？简单来说，变量的定义就是给变量取个名字并规定其类型。

1. 变量的命名规则

C 语言规定：变量名只能由字母、数字和下划线组成，并且第一个字符必须为字母或下划线。不能使用系统中的关键字作为变量名。

例如，请分析下面的变量名是否合法：

```
a123、fff、3d、#rop、gi_h、for、int
```

此外，还需要注意的是，C 语言对变量名是区分大小写。比如，num 和 NUM 是两个变量名。变量名的命名规则适用于 C 语言中所有的标识符，如文件名、数组名、函数名等。

2. 变量类型说明

给变量取好名字后，就要规定它的类型了。假设现在有一个变量名为 num，想把它定义成基本整型，可用下面的语句：

```
int num;
```

同理：

```
float num;
char c;
float r,c,s;  /*定义多个变量，用逗号隔开*/
```

二、变量的初始化

变量的初始化，也即是给变量赋初值，可以在变量定义好后进行，也可以在定义变量的同时进行。

例如：

```
int num;
num=3;
```

等同于：

```
int num=3;
```

三、变量的使用

变量在定义并且初始化后，就可以使用了。假设已有：

```
int num=3;
```

那么，用下面的语句可以输出 num 的值：

```
printf("num=%d\n",  num );
```

任务实施

1. 程序清单

```
#include<stdio.h>
main()
{
char ch1,ch2,ch3,ch4;
ch1='D';
ch2='g';
ch3=ch1+32;
ch4=ch2-32;
printf("变换前:%c,%c\n",ch1,ch2);
printf("变换后:%c,%c\n",ch3,ch4);
printf("\n\n");
}
```

2. 程序运行结果

程序运行结果如图 2－3 所示。

图 2－3　任务 2 程序运行结果

3. 程序说明

程序中定义了 4 个字符型变量：ch1、ch2、ch3、ch4。其中 ch1、ch2 存放的是变换前的字符，而 ch3、ch4 放的是变换后的字符。

4. 思考

如果程序要求变为：随机从键盘输入一个字符，若是大写字符，就变成小写输出；若是小写字符，就变成大写输出。编程思路是什么呢？用现在所学的知识能否做到？

任务3 运算符与表达式

任务目标

➢ 掌握算术运算符的使用方法。
➢ 掌握赋值运算符的使用方法。
➢ 掌握逗号运算符的使用方法。
➢ 掌握关系运算符的使用方法。
➢ 掌握逻辑运算符的使用方法。
➢ 了解各运算符的优先级和结合性。

任务描述

分析下面程序的运行结果。

```
#include<stdio.h>
main()
{
int a,c,d,i,j,s1,s2,s3,s4,s5,s6,s7,s8;
/*逗号运算符和赋值运算符的使用*/
a=26;
s1=(a-2, a/2);
printf("s1=%d\n",s1);
s2=a-2, a/2;
printf("s2=%d\n",s2);
/*算术运算符的使用*/
c=2;d=3;
s3=c+d;printf("s3=%d\n",s3);
s4=s3*d;printf("s4=%d\n",s4);
s5=s4%c;printf("s5=%d\n",s5);
s6=s4/c;printf("s6=%d\n",s6);
/*自增自减运算符的使用*/
i=3; j=8;
s7=(--i)+(--j);
printf("i=%d,j=%d,s7=%d\n",i,j,s7);
i=3, j=8;
s8=(i--)+(j--);
printf("i=%d,j=%d,s8=%d\n",i,j,s8);
printf("\n");
```

```
}
```

任务分析

该程序中综合用到了算术运算符、逗号运算符、赋值运算符等多种运算符。

相关知识

一、算术运算符与算术表达式

1. 基本的算术运算符

C 语言中用于进行算术运算的基本算术运算符有 5 个，见表 2-5。

表 2-5　基本算术运算符

运算符	名称	表达式举例	运算结果
+	加法运算符	7+2	9
-	减法运算符	7-2	5
*	乘法运算符	7*2	14
/	除法运算符	7/2	3
%	求余运算符	7%2	1

需要注意的是：

（1）除法运算符的两边如果均为整数，那么结果也是整数。

（2）求余运算符要求参与运算的两个数都为整数，运算结果也是整数。

2. 自增、自减运算符

自增（++）、自减（--）运算符是特殊的算术运算符。自增运算符的功能是使变量的值自增 1；自减运算符的功能是使变量的值自减 1。有如下几种形式，见表 2-6。假设 4 个整型变量 i、j、m、n 的初始值都为 5。

表 2-6　自增、自减运算符的运算形式

类型	表达式	计算方法	结果
前缀自增	s1=++i	i=i+1; s1=i;	i 的值为 6 s1 的值为 6
后缀自增	s2=j++	s2=j j=j+1	j 的值为 6 s2 的值为 5
前缀自减	s3=--m	m=m-1 s3=m	m 的值为 4 s3 的值为 4
后缀自减	s4=n--	s4=n n=n-1	n 的值为 4 s4 的值为 5

从表 2-6 中可以看出，自增、自减运算符的掌握难点在于前缀运算和后缀运算。需要注意的是：

（1）前缀运算是先使变量值自增或自减 1，然后再把变量值赋给其他变量；而后缀运算则是先把变量的值赋给其他变量，然后变量值再自增或自减 1。

（2）不管是前缀运算还是后缀运算，都是针对变量进行的，常量是不能进行这种运算的。

3. 算术表达式

由算术运算符加上操作数就构成了算术表达式。如：

```
s3=c+d;
```

当表达式的结构比较复杂，如带有括号，自增、自减运算符等多种运算符联合使用时，就涉及运算顺序问题，也就是先算哪个，后算哪个。在 C 语言中，运算顺序取决于运算符的优先级。C 语言中对运算符的优先级有明确的规定，总体来说，运算符优先级由高到低的顺序为：算术运算符—关系运算符—逻辑运算符—赋值运算符—逗号运算符。如果一个表达式中有几种算术运算符，那么其优先级和结合性见表 2-7。

表 2-7　算术运算符的优先级和结合性

运算符	结合性	优先级
()	从左向右	高 ↓ 低
++、--、+（正号）、-（负号）	从右向左	
*、/	从左向右	
+（加号）、-（减号）	从左向右	

二、赋值运算符与赋值表达式

1. 赋值运算符

赋值运算符即是“=”，由赋值运算符构成的表达式称为赋值表达式。如：

```
x=3
a=b=2+3
```

需要注意的是：

（1）“=”的左侧只能是变量。

（2）赋值运算符的运算方向为从右往左，也即把右边的值赋给左边的变量。

（3）赋值运算符的优先级别比算术运算符的低。

2. 复合赋值运算符

C 语言为了简化书写，提供了复合赋值运算符，其由赋值运算符和其他运算符构成。如算术运算符和赋值运算符可以构成如下几种复合运算符：+=、-=、*=、/=等。假设已有“int i=5”，i 经过复合赋值运算后，结果见表 2-8。

表 2-8 复合赋值运算符

运算符	表达式举例	运算规则	表达式的值
+=	i+=2	i=i+2	7
-=	i-=2	i=i-2	3
*=	i*=2	i=i*2	10
/=	i/=2	i=i/2	2
%=	i%=2	i=i%2	1

三、逗号运算符与逗号表达式

逗号运算符（,）是 C 语言提供的一种特殊运算符。由逗号运算符构成的逗号表达式的一般形式如下：

```
表达式 1,表达式 2,…,表达式 n
```

逗号运算符具有左结合性，即从左往右计算，所以逗号表达式的运算是从左往右依次计算出各表达式的值，最后一个表达式的值作为整个逗号表达式的值。

例如：2+3,4+2,3*3

这个逗号表达式的值是 9。

需要注意的是，逗号运算符的优先级别非常低，比赋值运算符还低，在 C 语言的所有运算符中是最低的。

四、关系运算符与关系表达式

1. 关系运算符

（1）关系运算符的类型。

关系运算符实际上就是比较运算。C 语言提供了 6 种关系运算符：

① <，小于。

② <=，小于或等于。

③ >，大于。

④ >=，大于或等于。

⑤ ==，等于。

⑥ !=，不等于。

关系运算符都是双目运算符，要求两个操作数是同一种数据类型，其结果为逻辑值，即关系成立时，其值为真，按 C 语言的习惯，用非 0 值（一般用 1）表示；关系不成立时，其值为假，用 0 表示。

（2）优先级。

关系运算符中，>、>=、<、<=优先级相同；==和！=的优先级低于前 4 种。关系运算符的优先级低于算术运算符，例如，2+3==a-b 等价于(2+3)==(a-b)。

（3）结合性。

关系运算符的结合性为左结合。若有多个关系运算同时进行，按优先级次序运算，优先级相同时，从左向右计算。

2. 关系表达式

关系表达式是用关系运算符将两个表达式（可以是算术表达式、关系表达式、逻辑表达式、赋值表达式、字符表达式、逗号表达式等）连接起来的式子。例如：

```
3+2==2*3     /*表示判断 3+2 的结果和 2*3 的结果是否相等*/
```

关系表达式的一般形式为

```
表达式  关系运算符  表达式
```

例如，x>y，y>3+5，'c'+1<h，5+6==a+b 都是合法的关系表达式。表达式也可以是关系表达式，因此允许出现嵌套的情况。例如，a>(b>c)，a==(b==c)。关系表达式的结果为“真”和“假”，通常用数“1”和“0”表示。例如：

```
x>y   /*若 x 的值为 5,y 的值为 3,则表达式的值为"真",即为 1(或非 0 值)*/
(x=3)>(y=5)  /*该关系表达式为值为"假",即为 0*/
```

五、逻辑运算符与逻辑表达式

1. 逻辑运算符

C 语言提供了 3 种逻辑运算符，分别是：

① &&，与运算。

② ||，或运算。

③ !，非运算。

其中，与运算符（&&）和或运算符（||）为双目运算符，非运算符（!）为单目运算符。例如：

a&&b，当且仅当 a、b 都为真时，结果为真。

a||b，当且仅当 a、b 都为假时，结果为假。

!b，当 b 为真时，结果为假；当 b 为假时，结果为真。

当逻辑运算符两边表达式的值为不同的组合时，各种逻辑运算得到的结果也是不同的，表 2-9 列出了逻辑运算的“真值表”。

表 2-9　逻辑运算的真值表

a	b	!a	!b	a&&b	a||b
真	真	假	假	真	真
真	假	假	真	假	真
假	真	真	假	假	真
假	假	真	真	假	假

2. 逻辑表达式

逻辑表达式的一般形式为：

```
表达式  逻辑运算符  表达式
```

例如：

```
a+b&&a
```

假设 a 的值为 2，b 的值为 3，则上面表达式的值为真（1）。先算 a+b，值为 5，不为 0，即为真；a 的值为 2，也不等于 0，所以看成逻辑真。按照表 2－9 的真值表，真&&真，结果为真。

3. 优先级

逻辑运算符中，非运算符（!）的结合性为右结合；与运算符（&&）和或运算符（||）的结合性为左结合。

4. 逻辑运算符的短路现象

逻辑运算符的运算顺序是从左往右算，那么根据表 2－9 的规则，当&&运算前面的表达式的值为 0 时，其后面的表达式不管值是多少，整个逻辑表达式的结果都为 0。同样，当||运算前面的表达式的值为 1 时，其后面的表达式不管值是真还是假，整个逻辑表达式的结果都为 1。因此，在 C 语言中，当&&运算符前面的表达式为假，或者||运算符前面的表达式为真时，该运算符后面的表达式将不再参与计算，这种现象类似于电路中的短路现象，所以称为逻辑运算符的短路现象。

例如，(a＝0)&&(b＋＋)，假设 b 的初值是 3，那么，该表达式计算完成后，b 变量的值为多少？

根据逻辑运算符的短路现象，b＋＋实际并没有计算，所以 b 的值还是 3。

5. 逻辑表达式使用注意事项

逻辑表达式是用逻辑运算符把两个表达式连接起来的式子。在 C 语言中，用逻辑表达式表示多个条件的组合。例如，（year%4＝＝0）&&（year%100 !＝0）||（year%400）就是判断一个年份是否是闰年的逻辑表达式。

逻辑表达式的值也是一个逻辑值（非“真”即“假”）。在逻辑运算中，C 语言用整数“1”表示“逻辑真”，用“0”表示“逻辑假”。但在判断一个数据的“真”或“假”时，却以 0 和非 0 为依据：如果为 0，则判定为“逻辑假”；如果为非“0”，则判定为“逻辑真”。

例如，假设 x＝9，则 !x 的值为 0，x＞＝1&&x＜10 的值为 1。

注意：

① 逻辑运算符两侧的操作数，除了可以是 0 或非 0 的整数外，也可以是其他任何类型的数据，如实型、字符型等。例如，求'a' && 'b' 的值。在执行运算过程中，'a'和'b'的 ASCII 码值是大于零的整数，按“真值”处理，因此，1&&1 的值为 1。

② 在计算逻辑表达式时，只有在必须执行下一个表达式才能求解时，才求解该表达式(即并不是所有的表达式都被运算)。也就是说，对于逻辑与运算，如果第一个操作数被判定为“假”，则系统不再判定或求解第二个操作数。对于逻辑或运算，如果第一个操作数被判定为“真”，则系统不再判定或求解第二个操作数。

任务实施

1. 程序运行结果

程序运行结果如图 2－4 所示。

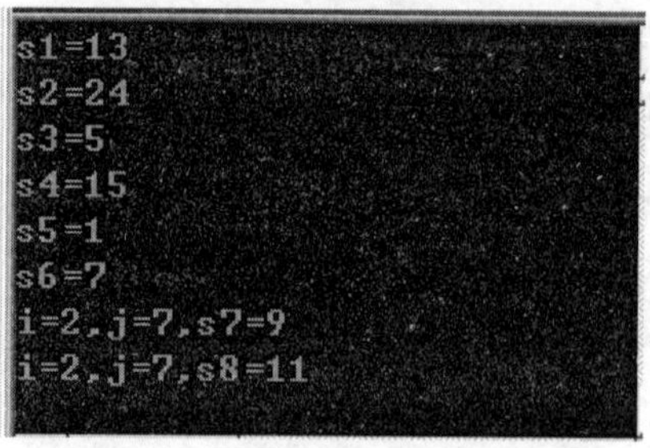

图 2-4　任务 3 程序运行结果

2. 程序说明

该程序是逗号运算符、算术运算符的综合应用。在分析程序时，要特别注意自增和自减运算符的使用规则，注意区分前缀运算和后缀运算。

任务 4　数据类型转换

任务目标

- 了解数据类型转换的形式。
- 掌握几种不同形式的数据类型转换。

任务描述

请设计一个能够对原有数据进行四舍五入计算的程序，结果保留两位小数。

任务分析

可以采用强制类型转换运算符来实现四舍五入算法。按照题目要求保留两位小数，可以用下面的表达式实现：(int)(100*x+0.5)/100.0。

相关知识

一、类型转换概述

在 C 语言中，不同类型的数据可以进行混合运算。在混合运算的过程中，需要把不同类型的数据转换成相同类型的数据，那么转换的规则是什么呢？

C 语言中主要有 3 种类型的数据转换：自动类型转换、赋值类型转换及强制类型转换。

二、自动类型转换

自动类型转换通常发生在不同数据类型进行算术运算时，其由编译系统自动完成。自动类型转换遵循以下规则：

（1）转换按数据长度增加的方向进行，以保证精度。例如，int 型和 long 型混合运算时，先把 int 型转换成 long 型再计算。

（2）所有的实型数据的运算都是以双精度实型进行的。

（3）整型数据和实型数据混合运算时，都转换成 double 类型。

三、赋值类型转换

赋值类型转换是依靠赋值运算符“=”实现的。当赋值运算符两边的类型不同时，右边的数据将先转换成左边变量的类型，然后再进行赋值。如果是将整型数据赋给实型变量，则数值不变，但有效位数增加。例如：

```
float x;
x=3;
```

则实际 x 变量的值为 3.000 000。

如果将实型数据赋值给整型变量，那么实型数据将丢失小数点后的数据，精度损失。例如：

```
int y;
y=3.567;
```

则实际 y 变量的值为 3。注意，是 3 而不是 4，不能四舍五入。

四、强制类型转换

强制类型转换是使用强制类型转换运算符来实现的。强制类型转换运算符可以将一个表达式的值强制转换成所需类型。例如：

```
(int)a;
(float)(x+y);
```

任务实施

1. 程序清单

```
#include<stdio.h>
main()
{
float x,y;
x=3.14159;
y=(int)(x*100+0.5)/100.0;
printf("x=%f\n",x);
printf("y=%.2f\n\n",y);
}
```

2. 程序运行结果

程序运行结果如图 2–5 所示。

图 2-5　任务 4 程序运行结果

3. 思考

如果任务还是实现四舍五入计算，但要求结果保留 3 位小数，应该怎么更改程序呢？如果是一位小数呢？

实训　数据类型、运算符和表达式

实训目的

- 掌握 C 语言变量名的命名规则。
- 掌握数据类型的基本概念，熟悉基本数据类型的定义方法。
- 掌握运算符和表达式的使用方法。
- 掌握数据类型转换的规则。

实训要求

- 按实训任务要求分析程序的运行结果。
- 上机调试并运行程序。
- 按要求完成实训报告。

实训内容

实训 1　分析下面程序的运行结果。

```
#include<stdio.h>
main()
{
int i=9;
printf("%d\n",++i);
printf("%d\n",--i);
printf("%d\n",i++);
printf("%d\n",i--);
printf("%d\n",-i++);
printf("%d\n",-i--);
printf("\n");
}
```

实训 2　写出下面程序的运行结果，并进一步分析程序功能。

```
#include<stdio.h>
main()
{
int i=1;
float s=0;
s=1/i+1/(i+1)+1/(i+3);
printf("s=%f\n\n",s);
}
```

实训 3　在实训 2 程序的基础上，修改程序，实现计算 1 + 1/2 + 1/4。

实训过程

实训 1 的程序的运行结果如图 2 – 6 所示。

图 2–6　实训 1 的运行结果

实训 2 的程序的运行结果如图 2 – 7 所示。

图 2–7　实训 2 的运行结果

思考：为什么会出现这样一个结果？跟我们理论分析的不一致？哪里出了问题？程序的本意是实现计算 1+1/2+1/4，那么应该怎么修改程序才能实现呢？

实训 3 的参考程序如下：

```
#include<stdio.h>
main()
{
int i=1;
float s=0;
s=1.0/i+1.0/(i+1)+1.0/(i+3);
printf("s=%f\n\n",s);
}
```

实训 3 的程序运行结果如图 2 – 8 所示。

图 2–8　实训 3 的运行结果

实训总结

请思考：实训 3 可以采用多种方法实现，试着用强制类型转换运算符来编程，那么应该怎么编写程序呢？

知识梳理与总结

本章主要介绍了 C 语言中的运算符、变量及表达式的使用方法，着重讲解了以下内容：数据类型、常量和变量、运算符及表达式、数据类型转换。C 语言中的数据类型主要分为基本数据类型、构造类型、指针类型和空类型。本章主要介绍的是基本数据类型，其余类型将在后续各章中介绍。基本数据类型包含整型、实型和字符型。C 语言中变量的命名必须遵循变量的命名规则。在运算符部分，本章的重点是算术运算符，尤其应注意区分自增运算符和自减运算符的前缀运算与后缀运算。不同数据类型的数据混合运算时，需要进行数据类型转换。数据类型转换有 3 种方式：自动类型转换、赋值类型转换及强制类型转换。在设计程序时，应合理使用数据类型，避免数值变化和丢失精度。

习　题 <<<

一、单选题

1. 以下描述中，不属于 C 语言的类型的是（　　）。

A. signed short int　　B. unsigned long int

C. unsigned int　　D. long float

2. 下面程序的输出结果是（　　）。

```
main()
{
 int  x=177;
 printf("%o\n",x);
}
```

A. 177　　B. 261　　C. −61　　D. 61

3. 下面程序的输出结果是（　　）。

```
main()
{
 int x=10;
 x+=(x=8);
 printf("%d\n",x);
}
```

A. 10　　B. 8　　C. 18　　D. 16

4. 以下选项中，与 k=n++完全等价的表达式是（　　）。

A. k=n,n=n+1　　B. n=n+1,k=n

C. k=++n　　D. k+=n+1

5. 若 a 为 int 类型，并且其值为 5，则执行表达式 a+=a-=a*a 后，a 的值是（　　）。

A. -5　　B. -40　　C. -15　　D. 不确定

6. 设 x、y、t 均为 int 型变量，则执行语句 x=y=2;t=++x||++y; 后，y 的值为（　　）。

A. 不确定　　B. 2　　C. 3　　D. 1

7. 下列常量不是 C 语言的常量的是（　　）。

A. 0xb3　　B. 2.3e-2　　C. 3e3　　D. 0428

8. 在 C 语言中，数字 038 是（　　）。

A. 非法数据　　B. 八进制数　　C. 十六进制数　　D. 十进制数

9. 在 C 语言中，关于运算符的优先级，正确的描述是（　　）。

A. 逻辑运算符高于算术运算符，算术运算符高于关系运算符

B. 算术运算符高于关系运算符，关系运算符高于逻辑运算符（！除外）

C. 算术运算符高于逻辑运算符，逻辑运算符高于关系运算符（！除外）

D. 关系运算符高于算术运算符，算术运算符高于逻辑运算符（！除外）

10. 在 C 语言中，设一个表达式中包含有 int、long、char 和 unsigned 类型的变量和数据，则这 4 种类型数据转换的规则是（　　）。

A. int→unsigned→long→char　　B. char→int→long→unsigned

C. char→int→unsigned→long　　D. int→char→unsigned→long

11. 若有定义：

int a=8,b=5,c;

则执行语句 c=a/b+0.4;后，c 的值为（　　）。

A. 1.4　　B. 1　　C. 2.0　　D. 2

二、阅读程序题

1. 下面程序的输出结果是________。

```
main()
{
 int a=1,b=2;
 a+=b;b=a-b;a-=b;
 printf("%d,%d\n",a,b);
}
```

2. 下面程序的输出结果是________。

```
main()
{
 int a=3;
 printf("%d\n",a+(a-=a*a));
}
```

三、程序填空题

将下面的程序补充完整，实现交换 3 个变量 x、y、z 的值。即，把 y 的值给 x，把 z 的

值给 y，把 x 的值给 z。例如，x、y、z 的值原来分别是 4、5、6，交换后，x、y、z 的值分别为 5、6、4。

```
#include<stdio.h>
main()
{
int x,y,z, ________ ;
x=4;y=5;z=6;
t=x;
________ ;
________ ;
________ ;
printf("%d,%d,%d\n",x,y,z);
}
```

第 3 章　顺序结构程序设计

【知识导读】

在 C 语言中，程序结构一般分为顺序结构、选择结构和循环结构。顺序结构是最简单的也是最基本的程序结构，其特点是按语句书写的顺序依次执行。

本章介绍 C 语言中的语句类型、程序结构、赋值语句、字符输入/输出函数、格式输入/输出函数、格式控制符等。

通过本章的学习，要求读者理解顺序结构程序的执行过程，掌握赋值语句和基本输入/输出函数的使用，能够用正确的格式进行输入与输出，掌握简单程序设计的一般方法，并能够根据要求编写出简单的程序。

【能力目标】

- 了解 C 语言中的九种控制语句。
- 掌握 C 语言中的输入/输出函数的使用方法。
- 熟练掌握 C 语言顺序结构程序设计。

【任务设置】

任务　编写简单的顺序结构程序

实训　顺序结构程序设计

任务　编写简单的顺序结构程序

任务目标

- ➢ 熟练使用 C 语言中的输入/输出函数。
- ➢ 理解顺序结构程序设计。
- ➢ 能通过键盘输入数据，利用输出函数将计算的结果输出。

任务描述

编写一个 C 语言程序，实现如下功能：由键盘输入一个圆的半径和以这个圆为底的圆柱的高，求圆的周长、面积，同样半径圆球的表面积、体积，以及圆柱的体积。用 scanf 函数输入数据，printf 函数输出结果，输出时要求有文字说明，取小数点后两位数字。

任务分析

先用 scanf 函数输入圆的半径和以这个圆为底的圆柱的高，根据圆的周长、面积、表面积及圆球、圆柱的体积计算公式，分别求出相应的值，用 printf 函数将相应的值输出。

相关知识

一、C 语言语句

C 语言中，语句的作用是向计算机系统发出操作命令，从而完成一定的操作任务。一个语句经编译后产生若干条机器指令。一个实际的程序应当包含若干语句。C 语句可分为以下五种类型，下面进行简单介绍。

1. 控制语句

完成一定的控制功能，以实现程序的各种结构方式。C 语言有九种控制语句，可分为三类：

（1）条件判断语句。例如，if 语句、switch 语句。

（2）转向语句。例如，break 语句、continue 语句、goto 语句、return 语句。

（3）循环语句。例如，while 语句、do－while 语句、for 语句。

2. 表达式语句

由表达式组成的语句称为表达式语句，其作用是计算表达式的值或改变变量的值。它的一般形式是“表达式;”，即在表达式的末尾加上分号，就变成了表达式语句。最典型的例子是由赋值表达式构成一个赋值语句，如 x＝5 是赋值表达式，而 x＝5;是一个赋值语句。注意：分号是 C 语言中语句的标志，一个语句必须要有分号，如果没有分号，则一定不是语句。表达式能构成语句是 C 语言的一个重要特色。

3. 函数调用语句

由一个函数调用加上一个分号构成函数调用语句，其作用是完成特定的功能。它的一般形式是：

```
函数名(参数列表);
```

例如：

```
printf("HELLO!\n");/*调用库函数,输出字符串*/
```

4. 复合语句

复合语句是用花括号将若干个语句组合在一起，又称为分程序，在语法上相当于一条语句。例如下面是一个复合语句：

```
{i=i+5;
printf("%d\n",i);}
```

注意：复合语句中，最后一个语句的分号不能省略不写。

5. 空语句

只有一个分号的语句称为空语句。它的一般形式是：

```
;
```

空语句是什么也不执行的语句，常用于循环语句中的循环体，表示循环体什么都不做。

例如：

```
while(getchar()!='\n')
;  /*空语句*/
```

该循环的功能是：直到按 Enter 键才退出循环。这里的循环体是空语句。

C 语言允许一行写几个语句，也允许一个语句拆开写在几行上，书写格式无固定要求。

二、程序结构

（一）程序结构简介

在 C 语言中，程序结构一般分为顺序结构、选择结构和循环结构。任何复杂的程序都是由这三种基本结构组成的。

【例 3-1】了解简单的程序结构。

```
main()
{
int x,y,z;
x=321,y=123;
z=x+y;
printf("x+y=%d\n",z);
}
```

该程序的作用是求两个整数 x 和 y 的和 z。第三行是定义变量 x、y、z 为整型（int）变量。第四行是两个赋值语句，使 x、y 的值分别为 321 和 123。第五行也是赋值语句，使 z 的值等于 x+y。第六行是进行输出，输出变量 z 的值。因此，该程序的输出信息是：

```
x+y=444
```

【例 3-2】了解由多个函数构成的程序结构。

```
#include "stdio.h"
main()
{
int x,y,z;
scanf("%d,%d",&x,&y);
z=min(x,y);
printf("min=%d\n",z);
}
int min(int a,int b)
{
int c;
if(a>b) c=b;
else c=a;
return(c);
}
```

```
}
```

本程序包含两个函数：主函数 main 和被调用函数 min。min 函数的作用是将 a 和 b 中较小的数赋给变量 c，并通过返回语句 return 将 c 的值返回给主函数 main。程序运行时，先由 scanf()函数从键盘上读取两个整型数据，如从键盘上输入 3,5↙（↙表示按 Enter 键），此时 x 被赋值 3，y 被赋值 5，然后执行第五行语句，对 min 函数进行调用，调用的结果是将较小的数 3 赋给变量 c，通过 return 语句将函数值赋给变量 z。第六行语句输出 z 的值 3。因此，程序输出的信息是：

```
min=3
```

（二）顺序结构

顺序结构是程序设计中最简单、最基本的结构，其特点是程序运行时，按语句书写的次序依次执行。顺序结构通常由简单语句、复合语句及输入/输出函数语句组成。

【例 3-3】 分析下面的程序结构。

```
#include <stdio.h>
main()
{int a,b,c;
scanf("%d,%d",&a,&b);
c=a+b;
printf("\nc=%d\n",c);
}
```

上述程序显然是顺序结构，其语句执行的次序按语句先后顺序执行。

从例 3-3 可以看出，顺序结构的程序框架如下：

```
#开头的编译预处理命令行
main()
{
局部变量声明语句;
可执行语句序列;
}
```

三、赋值语句

赋值语句是一个应用十分普遍且最简单的语句。赋值语句的一般形式为

```
变量=表达式;
```

赋值语句的功能是将赋值号右边表达式的值计算出来，再赋给赋值号左边的变量，如：

```
a=3+6;
```

该语句的作用是将表达式 3+6 等于 9 的值赋给了变量 a。

前面已经学习过了赋值表达式，要注意区分两者的不同点：

赋值表达式不能有分号“;”，而赋值语句中一定有分号“;”，这是最本质的区别。

赋值表达式中的赋值号“=”可以连用，而赋值语句中的赋值号“=”不能连用，如：a=b=c=1;是赋值语句。左边第一个“=”是赋值语句中的赋值号，其含义是将该赋值号右

边表达式 b=c=1 的值 1 赋给变量 a。认为这 3 个“=”都是赋值语句中的赋值号是错误的。

赋值表达式可以包括在其他表达式之中，如：

```
if((x=y)<0) a=x;
```

其中，x=y 是赋值表达式。条件判断顺序是：先将 y 的值赋给 x，然后判断表达式的值（也是 x 的值）是否小于 0，若小于 0，则执行 a=x。显然这样写是合法的。但如果写成

```
if((x=y;)<0) a=x;
```

就不正确了，因为在 if 条件中不能包含赋值语句。

四、数据输入与输出

所谓的数据输入/输出，是对计算机主机而言的。从输入设备（通常指键盘）向计算机输送数据称为“输入”；从计算机向外部输出设备（通常指显示器、打印机等）输送数据称为“输出”。

从前面学过的算法的概念可知，程序运行时，通常需要有原始数据，而程序运行结果通常要有数据反馈给用户，以此实现人与计算机之间的信息交互，因此，在程序设计中，输入/输出语句是必不可少的。

在 C 语言中，不提供输入/输出语句，输入和输出的操作是由库函数实现的。C 语言标准函数库中提供了一些输入/输出函数，例如 scanf 函数和 printf 函数。scanf、printf 不是 C 语言的关键字，而只是函数名。C 语言提供的函数程序代码被保存在库文件（.obj 或.lib）中，它们不是 C 编译器负责编译的 C 语言成分。因此，在使用 C 语言中标准 I/O 库函数时，要用预编译命令“#include”将有关“头文件”包括到源文件中。使用标准输入/输出库函数时，要用到“stdio.h”文件，因此源文件开头应有以下预编译命令：#include<stdio.h>或#include"stdio.h"。

stdio.h 是 standard input&output 的缩写，它包含了与标准 I/O 库有关的变量定义和宏定义。考虑到 printf 和 scanf 函数使用频繁，系统允许在使用这两个函数时不加#include 命令。

下面先介绍 C 语言标准 I/O 函数库中最简单的，也是最容易理解的字符输入、输出函数 putchar()和 getchar()，再介绍格式式输入、输出函数 printf()和 scanf()函数。

（一）getchar 函数

getchar 函数的作用是从标准的输入设备（如键盘）输入一个字符，函数值可以存放在字符型或整型变量中。该函数无参数，其一般格式为

```
变量=getchar();
```

【例 3-4】输入单个字符。

```
#include<stdio.h>
main()
{
    char a;
    a=getchar();
    putchar(a);
}
```

在运行时，如果从键盘输入字符“x”并按Enter键，就会在屏幕上看到输出的字符“x”。

```
x↙
x
```

程序运行结果如图3－1所示。

图3－1　程序运行结果

（二）putchar函数

putchar函数的作用是向终端设备输出一个字符，该字符存放在putchar()函数的参数中，参数可以是字符型常量、变量或整型常量、变量。输出内容可以是字符或转义字符。其一般格式为

```
putchar(ch);
```

【例3－5】 putchar函数的使用。

```
#include<stdio.h>
main()
{
    char a,b,c,d;
    a='g';b='o';c='o';d='d';
    putchar(a); putchar(b); putchar(c); putchar(d);
}
```

运行结果如图3－2所示。

图3－2　程序运行结果

（三）printf()函数

前面的例题多次用到了printf()函数，它主要用于向终端（输出设备）输出若干个任意类型的数据。

1. printf函数的一般格式

```
printf("格式控制字符串",输出列表);
```

例如：printf("x和c的值分别是%d%c\n",x,c);

格式控制字符串部分是由引号括起来的字符串，由格式说明和普通字符组成。格式说明的作用是将输出的数据转换为指定的格式输出，格式说明符是由%和格式字符组成，如%d、%c等。输出列表中每一项对应一个格式说明符，它们按照这种格式输出。普通字符将原样输

出，例如上例中“x 和 c 的值分别是%d，%c\n”中的“x 和 c 的值分别是”及“\n”都是普通字符。

输出列表指输出的一些数据，可以是变量、表达式。

2. 格式控制字符串

格式控制字符串是用双引号括起来的字符串，主要包括 3 种信息：格式说明符、转义字符和普通字符。格式说明符主要有：

（1）d 格式字符，用来输出带符号的十进制整数。

① %d，按整型数据的实际长度输出。

② %md，按指定的长度输出。如果数据位数小于 m，则左端补以空格；若大于 m，则按实际位数输出。

③ %－md，按指定的长度输出。如果数据位数小于 m，则右端补以空格；若大于 m，则按实际位数输出。

④ %ld，输出长整型数据，也可以使用%mld 指定长整型输出宽度。对于长整型数据输出，应该采用%ld 格式，如果采用%d 输出，则会出错。

【例 3－6】 格式说明符使用示例。

```
#include<stdio.h>
void main()
{
int a=12,b=1 050;
long c=345 678;
printf("1234567890\n");
printf("%d\n%3d\n%-3d\n%3d\n",a,a,a,b);
printf("%ld\n%8ld\n%-8ld\n",c,c,c);
}
```

运行结果如图 3－3 所示。

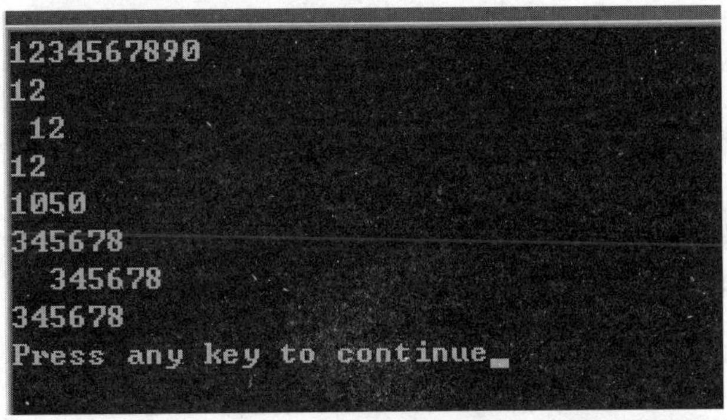

图 3－3　程序运行结果

结果分析：

程序中定义了三个变量：a、b、c，分别以%md 形式输出。为正，则左补空格；为负，则右补空格。

（2）o 格式符：以八进制形式输出整数，是一种无符号数。可以使用“%lo”输出长整型，也可以使用“%8o”进行定长输出。

（3）x 格式符：以十六进制形式输出整数，是一种无符号数。可以使用“%lx”输出长整型，也可以使用“%8x”进行定长输出。

（4）u 格式符：输出 unsigned 数据，即无符号数，以十进制形式输出。一个 int 型数据可以用%u 格式输出；反之，一个 unsigned 型数据也可以用%d 格式输出。

（5）c 格式符：用于输出一个字符。整数可以用字符形式输出；反之，字符数据也可以用整数形式输出。可以用%mc 指定字符输出的宽度，原理同前。例如：

```
int i=321;
printf("%c,%d\n",i,i);
```

输出结果为

```
A,321
```

输出字符“A”是因为字符为无符号整数，仅能表达 0～255 的整数，则模为 256，所以 321%256＝65 为字符“A”的 ASCII 码。

（6）s 格式符：用于输出一个字符串。有五种用法：

① %s，例如，printf（"%s","CHINA"）;，输出为 CHINA。

② %ms，指定输出字符串的宽度，如字符串本身长度大于 m，则突破限制；若字符串长度小于 m，则左补空格。

③ %－ms，在 m 列范围内，字符串向左靠，右补空格。

④ %m.ns，输出占 m 列，但是只取待输出字符中左端 n 个字符。这 n 个字符输出在 m 列的右侧，左补空格。

⑤ －%m.ns，含义同上，只是 n 个字符靠左对齐，右补空格。

如果 n＞m，则 m 自动取 n 值，即保证 n 个字符正常输出。

【例 3－7】

```
#include "stdio.h"
void main()
{
    printf("%3s,%7.2s,%.4s,%-5.3s\n","CHINA","CHINA","CHINA","CHINA");
}
```

输出结果为

```
CHINA,CH,CHIN,CHI
```

注意：%.4s 中只给出了 n，没给 m，自动使 m＝n＝4。

运行结果如图 3－4 所示。

图 3－4　程序运行结果

（7）f 格式符：以小数形式输出实数（包括单、双精度），其用法如下：

① %f：不指定输出宽度。整数部分全部输出，小数部分占 6 位。注意：输出的数字并非全部是有效数字。单、双精度数的有效数字分别为 7、16 位。

② %m.nf：输出的总长度为 m 列，并且包含 1 位小数点及 n 位小数。当数据位数小于 m 时，则左补空格；当数据位数多于 m 时，则整数部分按实际长度输出，小数部分按指定长度 n 值输出。当没有指定小数部分位数 n 时，则小数部分默认为 6 位。

③ –m.nf：含义同上，只是输出数值靠左对齐，当数据位数小于 m 时，右补空格。

（8）e 格式符：以指数形式输出实数。可用以下形式：

① %e：系统自动指定小数位数为 6 位，指数部分为 5 位（e+002），数值按规范化指数形式输出（即小数点前必须有且只有 1 位非零数字），因此，%e 输出正实数时，总位数为 13（含小数点 1 位及整数 1 位），输出负实数时，总位数为 14（多出 1 位符号位）。

【例 3–8】

```
#include "stdio.h"
void main()
{
    printf("%e  %e",123.45,-123.45678);
}
```

运行结果如图 3–5 所示。

图 3–5　程序运行结果

② %m.ne 及%–m.ne：m、n 及“–”的含义与前面的相同。此处的 n 是指数形式中的尾数位数且含小数点 1 位。

（9）g 格式符：用来输出实数，根据数值的大小，自动选择 f 格式或 e 格式，选择两者中占位数较少的一种，并且不输出无意义的 0。此格式使用得较少。

【例 3–9】格式说明符实现实型数据的输出示例。

源程序：

```
#include <stdio.h>
void main()
{
float a,b,c;
double x,y;
a=123456.789;b=98765.4321;
x=123456789.123456789;
y=666666666.345678901;
c=a+b;
printf("%f,%e\n",c,c);
```

```
printf("%10.2f\n%-10.2f\n%.3f\n%2.1f\n",c,c,c,c);
printf("%15e\n%10.2e\n%-10.2e\n%.2e\n%7.1e\n",c,c,c,c,c);
printf("%f\n",x+y);
}
```

运行结果如图 3-6 所示。

图 3-6　程序运行结果

结果分析：

由于单精度数前 7 位有效，双精度数前 16 位有效，小数部分均占 6 位，所以，程序运算结果中超出有效位数的小数部分是无意义的。

以上介绍的 printf 函数的格式字符，归纳见表 3-1。

表 3-1　printf 函数的格式字符

格式字符	说明
d	输出带符号的十进制整数（正数不带符号）
u	输出无符号的十进制整数
o	输出无符号的八进制整数（不输出前缀 0）
x、X	输出无符号的十六进制整数（不输出前缀 0x）。用 x 时，输出十六进制数 a～f 时，以小写形式输出；用 X 时，则以大写形式输出
c	以字符形式输出单个字符
s	输出字符串，其输出项应为以“\0”结尾的字符数组名、字符串常量或指向字符串的指针变量名
f	以小数形式输出单、双精度实数，隐含输出 6 位小数
e、E	表示以指数形式输出带符号的实数
g、G	表示选择%f 或%e 格式输出实数（选择占宽度较小的一种格式输出）
p	输出变量或数组的地址

在格式说明中，在%和上述格式字符间可以插入表 3-2 所示的几种附加符号（或修饰符）。

表 3－2　printf 函数的格式字符修饰符

格式字符	说明
字母 l	输出长整型数据（可用%ld、%lu、%lo、%lx）及双精度实型数据（用%lf 或%le）
m（正整数）	指定输出数据的最小宽度。当实际数据宽度大于 m 时，以实际宽度为准
n（正整数）	对实数，表示输出 n 位小数；对字符串，表示截取的字符个数
－	输出的数字或字符在域内向左靠
+	输出的结果总是带有“＋”号或“－”号
0	当域宽 m 大于实际数据长度时，不足数位以 0 补足

（四）scanf()函数

scanf()函数称作格式输入函数，是一个标准库函数，其作用是用户按指定格式从键盘输入一定类型的数据到指定的变量存储单元之中，使用时需要预编译头文件。

1. scanf()函数的一般形式

```
scanf("格式控制字符串",地址列表);
```

格式控制字符串用于控制输入数据的类型、个数、间隔符等，是由引号括起来的字符串，由格式说明和普通字符组成。格式说明的作用是将输入的数据转换为指定的格式输入，总是由%字符开始，并由%及格式字符组成，例如%d、%f 等。普通字符则必须原样输入，例如在 scanf("x＝%d",&x);语句中，“x＝%d”为格式控制字符串，其中“x＝”为普通字符，从键盘输入数据时，必须原样输入。

地址列表是要赋值的各变量地址。地址由地址运算符&后跟变量名组成，如&x 表示变量 x 的地址。&是取地址运算符，其作用是求变量的地址。

【例 3－10】 scanf 函数的使用。

```
#include<stdio.h>
main()
{
int a,b,c;
scanf("%d,%d,%d",&a,&b,&c);
printf("\na=%d,b=%d,c=%d\n",a,b,c);
}
```

2. 格式符使用说明

以%开头，以一个格式符结束，中间可以插入格式修饰符，如 l、h、*等。格式符见表 3－3，格式修饰符见表 3－4。

表 3－3　scanf 函数的格式符

字符格式字符	说明
d	输入有符号的十进制整数
u	输入无符号的十进制整数

续表

字符格式字符	说明
o	输出无符号的八进制整数，键入数据时，不能出现 8 及以上的数字，否则出错，键入的数据可不必加前缀 0
x、X	输入无符号的十六进制整数（大小写作用相同），键入的数据可不必加前缀 0x
c	输入单个字符
s	输入字符串，将字符串送到一个数组中。在输入时，以非空格字符开始，以第一个空格字符结束；字符串末尾自动添加“\0”作字符串结束标志
f	输入实数，可以用小数形式或指数形式输入
e、E、g、G	与 f 作用相同，e 与 f、g 可以互相替换（大小写作用相同）

表 3－4　scanf 函数的格式修饰符

格式字符	说明
字母 l	输入长整型数据（可用%ld、%lo、%lx）及双精度实型数据（用%lf 或%le）
h	用于输入短整型数据（可用%hd、%ho、%hx）
域宽	指定输入数据所占宽度（列数）。系统自动截取所需数据。域宽应为正数
*	表示本输入项在读入后不赋给相应的变量，即跳过该输入值，可称禁止赋值符

3. 使用 scanf 函数时应注意的问题

（1）scanf 中的“地址列表”中的变量名前的&（取地址运算符）不能丢。

（2）若“格式控制字符串”中除了格式说明以外，还有其他普通字符，则在输入数据时应该对应输入与这些字符相同的字符，不能用空格来代替。

（3）用“%c”格式输入字符时，空格、回车、tab 等字符及转义字符都作为有效字符输入。

（4）在输入数据时，遇以下情况时认为一个数据输入结束：

① 遇空格，或按回车（Enter）或“跳格”（Tab）键。

② 按指定的宽度结束，如“%3d”，只取 3 列。

③ 遇到非法输入。

例如：scanf("%d%c%f",&a,&b,&c);

输入：123a123b.12　↙（注意，输入的各种类型数据之间无须空格）

123 之后为一个字符 a，则 123 遇到非法输入 a 时，会自动停止赋值。同理，123 后为字母 b，认为遇到非法输入，则 b 后小数省略。所以 123 赋给 a，a 字符赋给 b，123 赋给 c。

语句的输出结果为

```
123  a  123.000 000
```

任务实施

```
#include <stdio.h>
int main()
{float h,r,l,s,sq,vq,vz;
```

```
float pi=3.141526;
printf("请输入圆半径 r,圆柱高 h：");
scanf("%f,%f",&r,&h);                //要求输入圆半径 r 和圆柱高 h
l=2*pi*r;                            //计算圆周长 l
s=r*r*pi;                            //计算圆面积 s
sq=4*pi*r*r;                         //计算圆球表面积 sq
vq=3.0/4.0*pi*r*r*r;                 //计算圆球体积 vq
vz=pi*r*r*h;                         //计算圆柱体积 vz
printf("圆周长为:      l=%6.2f\n",l);
printf("圆面积为:      s=%6.2f\n",s);
printf("圆球表面积为:  sq=%6.2f\n",sq);
printf("圆球体积为:    v=%6.2f\n",vq);
printf("圆柱体积为:    vz=%6.2f\n",vz);
return 0;
}
```

程序运行结果如图 3－7 所示。

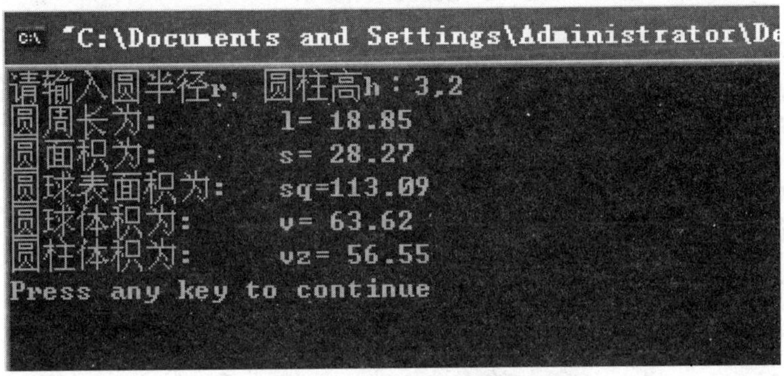

图 3－7　程序运行结果

任务拓展

从键盘输入三角形三条边的长，求三角形的面积。

任务分析：根据所学数学知识，设输入的三边长分别为 a、b、c，并且符合构成三角形的要求，三角形的面积公式为

$$area=\sqrt{s(s-a)(s-b)(s-c)}\,,\quad s=(a+b+c)/2$$

编写程序如下：

```
#include <stdio.h>
#include <math.h>
main()
{
float a,b,c,s,area;
```

```
printf("请输入三角形的三条边 a,b,c:");
scanf("%f,%f,%f",&a,&b,&c);
s=1.0/2*(a+b+c);
area=sqrt(s*(s-a)*(s-b)*(s-c));
printf("a=%.1f,b=%.1f,c=%.1f,s=%.1f\n",a,b,c,s);
printf("三角形面积=%.1f\n",area);
}
```

程序运行结果如图 3－8 所示。

图 3－8　程序运行结果

注意事项

① 编写顺序结构程序时，首先要注意 C 语言程序的书写规则和格式。

② 要注意赋值语句、输入/输出语句的使用格式。

实训　顺序结构程序设计

实训目的

➢ 掌握 C 语言程序结构的使用方法。
➢ 掌握 C 语言中赋值表达式和赋值语句的使用方法。
➢ 掌握 getchar()、putchar()函数的用法，能正确使用各种输入/输出格式。
➢ 掌握 scanf()、printf()函数的用法，能正确使用各种输入/输出格式。

实训要求

在 VC++ 6.0 环境中，熟练进行 C 语言简单程序的编写，熟练使用赋值语句、输入/输出函数等，并对程序进行保存、编译、组建和执行。

实训内容

编辑并运行以下程序：

第一个程序：

```
#include <stdio.h>
main()
{
  int a;
  printf("请输入一个字符:");
```

```
  a=getchar();
  putchar(a);
  putchar('\n');
  printf("输入的字符是%c,其对应的 ASCII 值是%d\n",a,a);
}
```

第二个程序：

```
#include <stdio.h>
main()
{
  int c1,c2;
  printf("请输入两个整数 c1,c2:");
  scanf("%d,%d",&c1,&c2);
  printf("按字符输出结果:\n");
  printf("%c,%c\n",c1,c2);
  printf("按 ASCII 码输出结果为:\n");
  printf("%d,%d\n",c1,c2);
```

实训过程

① 打开 VC++ 6.0 编写程序环境。

② 编写程序。

③ 依次执行“组建”菜单下的“编译”→“组建”→“执行”子菜单，在每一步都正确的情况下得到如图 3－9 和图 3－10 所示结果。

图 3－9　第一个程序运行结果

图 3－10　第二个程序运行结果

实训总结

熟练掌握 C 语言程序的结构，并学会编写简单的程序。掌握输入/输出函数的使用方法，以及各种格式符的使用方法。

实训拓展

编写程序，求 $ax^2+bx+c=0$ 方程的根。从键盘输入 a、b、c 三个数，设 $b^2-4ac>0$。根据所学的数学知识完成任务。

知识梳理与总结

本章介绍了 C 语言语句、顺序程序结构、赋值语句、基本输入/输出函数。重点讲解了以下几个方面的内容。

1. getchar、putchar、scanf、printf 函数的使用。

getchar 和 scanf 都是输入函数，其功能是接收键盘上输入的数据。scanf 函数可以按指定的格式输入任何类型的数据，而 getchar 函数只能接收一个字符。

putchar 和 printf 是输出函数，其功能是向屏幕（显示器）输出数据。printf 函数可以指定格式输出任何类型的数据，而 putchar 函数只能输出一个字符。

使用 scanf 函数或 printf 函数时，程序中可以不包含头文件 stdio.h;，而使用 getchar、putchar 函数时，在程序中必须包含头文件 stdio.h。

2. 赋值运算符的使用及赋值表达式按右结合性进行运算。

习　题 <<<

一、简答题

1. C 语言中的语句有哪几类？

2. 怎样区分表达式和表达式语句？C 语言为什么要设表达式语句？

二、填空题

1. 下面不是 C 语言中的语句的是（　　）。

A. int i;　　B. ;　　C. a=1,b=5　　D. {;}

2. 以下是合法的 C 语言赋值语句的是（　　）。

A. a=b=20　　B. x=y+z　　C. a=12,b=12　　D. --i;

3. 若 x、y、z 都定义为 int 类型且初值为 0，则以下不正确的赋值语句是（　　）。

A. x=y=z+2;　　B. x+=y+5;　　C. z++;　　D. x+y+z;

4. 下面程序的运行结果是（　　）。

```
main()
{
int x=3,y=2;
printf("%d\n",x=x/y);
}
```

A. 3　　B. 2　　C. 1　　D. 0

5. x、y、z 是已定义的三个整型变量，下面给这三个变量输入数据的语句，正确的是

（　　）。

A. scanf("%d%d%d",&x,&y,&z);　　B. scanf("%d%d%d",x,y,z);

C. scanf("%D%D%D",&x,&y,&z);　　D. scanf("%d%d%d",&x;&y;&z);

6. 若变量已正确定义，现要将 x 和 y 中的数据进行交换，下列语句中，不正确的是（　　）。

A. x=x+y;y=x−y;x=x−y;　　B. t=x;x=y;y=t;

C. x=t;t=y;y=x;　　D. t=y;y=x;x=t;

7. 下面程序的运行结果是（　　）。

```
main()
{
int y=3,x=3,z=1;
printf("%d%d\n",(++x,y++),z+2);
}
```

A. 3　4　　B. 4　2　　C. 4　3　　D. 3　3

8. 下面程序的输出结果是（　　）。

```
main()
{
int m=10,n=3;
printf("%d\n",n=m%n);
}
```

A. 10　　B. 3　　C. 1　　D. 0

三、阅读程序，写出程序的运行结果。

1.

```
main()
{
char m;
m='b'-32;
printf("%c%d\n",m,m);
}
```

运行结果：__________。

2.

```
main()
{
int x=6,y=3;
printf("%d%d\n",x++,--y);
}
```

运行结果：__________。

3.

```
main()
{
int x='k';
printf("%c\n",'A'+(x-'a'+1));
}
```

运行结果：__________。

4.

```
main()
{
int a=1,b=2;
a+=b;b=a-b;a-=b;
printf("%d%d\n",a,b);
}
```

运行结果：__________。

四、程序设计题

1. 已知正方体的棱长为3.2，求正方体的体积和表面积（保留2位小数）。

2. 编写程序，实现以下功能：从键盘上输入学生3门课的成绩，计算总成绩和平均成绩。

3. 编写程序，实现以下功能：输入一个华氏温度（F），要求输出摄氏温度（C）。温度换算公式为$C=5/9(F-32)$，结果取两位小数。

第 4 章　选择结构程序设计

【知识导读】

选择结构是结构化程序设计的基本结构之一。选择结构是判定所给条件是否满足，从而决定程序执行哪些语句。C 语言中，通常用 if 语句或 switch 语句来实现选择结构。

本章主要介绍 if 语句、switch 语句。通过本章的学习，读者要掌握 if 语句和 switch 语句的基本结构及使用方法，并能进行选择结构程序设计。

【能力目标】

- 能熟练使用关系表达式和逻辑表达式。
- 能对 if 语句的几种格式进行熟练的运用。
- 能编写程序，实现 switch 语句的运用。
- 能熟练掌握选择结构程序设计思想，并能进行程序设计。

【任务设置】

任务 1　闰年判断

任务 2　根据成绩划分等级

实训　选择结构程序设计

任务1　闰 年 判 断

任务目标

> 了解 if 语句的使用方法。
> 会使用 if 语句进行各种情况的分类。
> 会对根据给定条件判断某一年是否是闰年这一问题进行编程。

任务描述

编写一个 C 语言程序，实现如下功能：由键盘输入某一年份，对该数字进行分析，判断该年是否为闰年。

任务分析

闰年的条件是：① 能被 4 整除，但不能被 100 整除的年份都是闰年，如 2008 年是闰年；② 能被 100 整除，又能被 400 整除，满足条件，则输出 y“是闰年”，否则，输出“不是闰年”。如 1600 年、2000 年是闰年，而 1900 年不是闰年。

相关知识

顺序结构的程序虽然能解决计算、输出等问题，但不能先做判断再选择。对于要先做条件判断再选择的问题，要使用选择结构（或称分支结构）。选择结构的执行是依据一定的条件选择后，再执行分支语句，而不是严格按照语句出现的物理顺序。关键在于构造合适的选择条件，根据不同的程序流程选择适当的语句，主要由逻辑或关系运算符来表示。

一、if 语句的三种形式

用 if 语句可以构成选择结构。它根据给定的条件进行判断，以决定执行某个分支程序。if 语句主要有三种形式：

1. 第一种形式（单分支 if 语句）

```
if(表达式)    语句组
```

功能：如果表达式的值为真，则执行其后的语句组；否则，不执行该语句组。

例如：

```
max=0;
if(max<y)  max=y;
```

第一种形式的执行过程如图 4-1 所示。

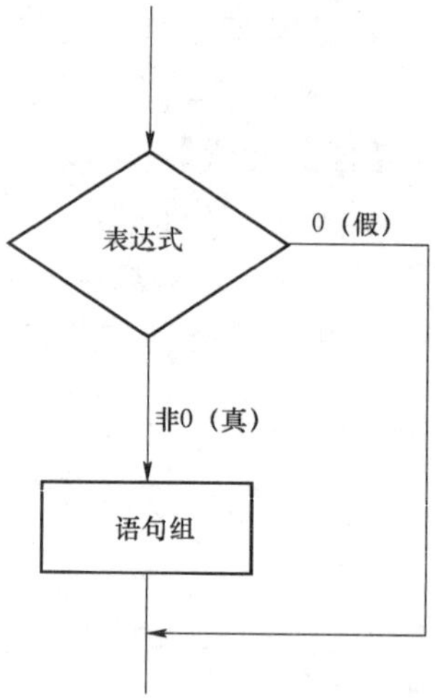

图 4-1　if 语句第一种形式流程

第一种形式只表示条件成立时执行具体操作，而当条件不成立时，什么也不执行。其通常可以解决满足一定条件情况下，需要执行的操作。

【例 4-1】输入两个实数，按代数值由小到大的次序输出这两个数。

程序如下：

```
#include "stdio.h"
main()
{float  a,b,t;
   scanf  ("%f,%f",&a,&b);
   if(a>b)
    {t=a;a=b;b=t;}
     printf ("%5.2f,%5.2f",a,b);
    }
```

运行结果如图 4-2 所示。

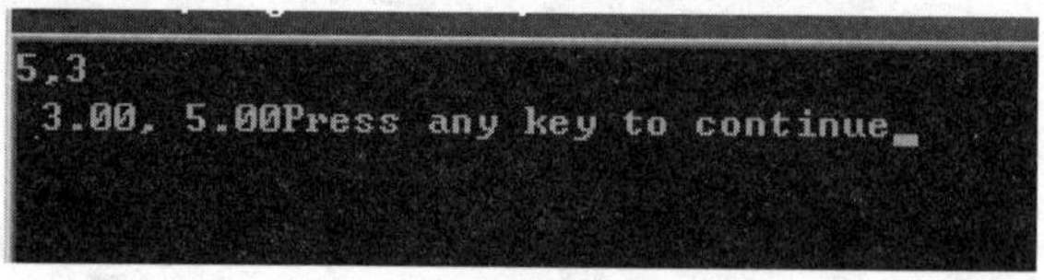

图 4-2　程序运行结果

【例 4-2】从键盘输入 1 个正整数，统计各位数字为 1 的个数。例如输入 12151，则 1 的个数为 3。

```
#include "stdio.h"
void main()
{int count,n,t;
 scanf("%d",&n);
 count=0;
 do
  {t=n%10;
   if(t ==1)
   count++;
   n=n/10;
  }while(n>0);
printf("One=%d",count);
}
```

运行结果如图 4-3 所示。

图 4-3 程序运行结果

2. 第二种形式（if…else 语句）

```
if(表达式)语句组 1;else 语句组 2;
```

功能：如果表达式的值为真，则执行语句组 1；否则，执行语句组 2。

例如：

```
if (x<y) max=y;else max=x;
```

第二种形式的执行过程如图 4-4 所示。

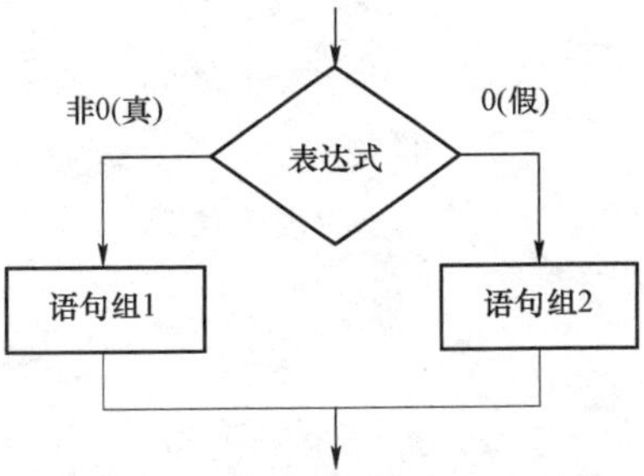

图 4-4 if 语句第二种形式流程

【例 4-3】如果输入三位数且个位不是 0，交换个位和百位后，再输出交换后的三位数。否则，输出“输入不符合条件”。

```
#include "stdio.h"
void main()
{int n,a,b,c,t;
printf("please input n:");
scanf("%d",&n);
a=n/100;
b=n/10%10;
c=n%10;
```

```
if(c!=0&&n>=100&&n<=999)
{printf("您输入的三位数是%d\n",100*a+10*b+c);
t=a;
a=c;
c=t;
printf("百位与个位交换后得到的三位数是%d\n",100*a+10*b+c);
}
else
printf("输入不符合条件。\n");
}
```

程序运行结果如图 4－5 所示。

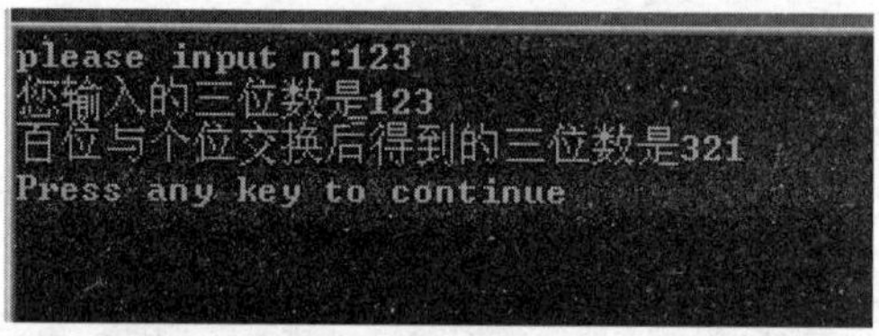

图 4－5　程序运行结果

3. 第三种形式:（if…else…if 语句）

如果选择多个分支，可以采用 if…else…if 语句，其一般形式为：

```
if(表达式 1)
   语句组 1;
 else if (表达式 2)
     语句组 2;
 else if (表达式 3)
     语句组 3;
…
else if (表达式 m)
   语句组 m;
else
 else 语句组 n;
```

功能：由上而下，依次判断表达式的值。当某个表达式的值为真时，就执行其对应的语句，然后跳到 if…else…if 语句之外继续执行；如果所有的表达式全为假，则执行语句组 n。

例如：

```
if(grade>90)  printf("优秀");
else if(grade>80) printf("良好");
else if(grade>70) printf("中等");
else if(grade>60) printf("及格");
else  printf("不及格");
```

在实际操作中，经常用到多分支结构。其中，分段函数是典型的多分支结构。

【例 4-4】求分段函数的值。

$$y=\begin{cases}2x & (x>0)\\ 0 & (x=0)\\ -x & (x<0)\end{cases}$$

```
#include "stdio.h"
void main()
{
int x,y;
printf("Please input x=");
scanf("%d",&x);
if (x>0)
{  y=2*x;
   printf("y=2*x=%d\t(x>0)\n",y);}
else if(x==0)
     printf("y=%d\t(x=0)\n",x);
     else
   {    y=-x;
        printf("y=-x=%d\t(x<0)\n)",y);
      }

}
```

输入不同的值，运行结果分别如图 4-6～图 4-8 所示。

图 4-6　程序运行结果（1）

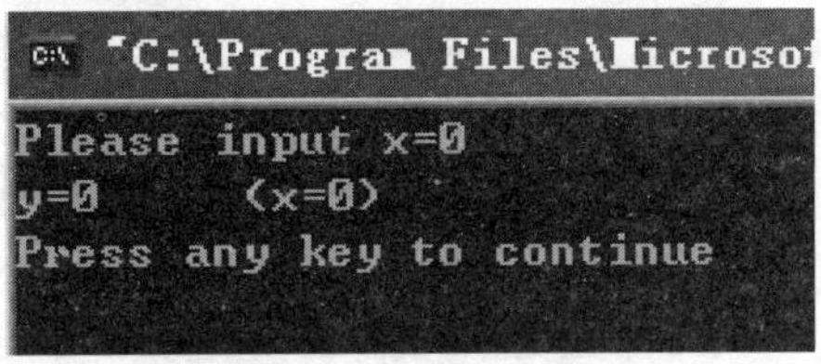

图 4-7　程序运行结果（2）

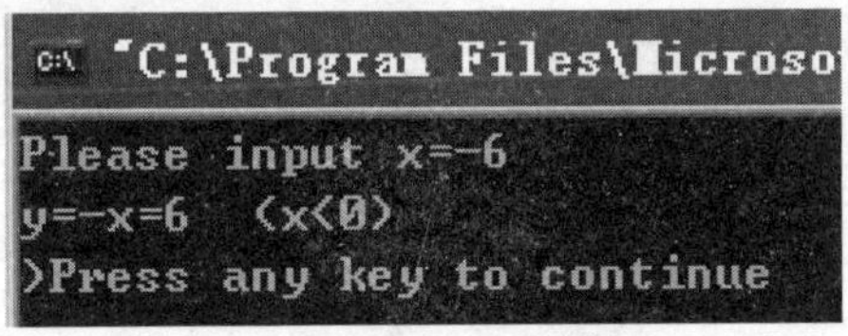

图 4-8　程序运行结果（3）

结果分析：

通过上面的例题，可以对 if 语句的三种形式进行说明：

（1）if 后面括号中的表达式是判断的“条件”，它不仅可以是逻辑表达式或关系表达式，还可以是其他表达式。如赋值表达式，或仅是一个变量。例如：

```
if(x=10)语句;
if(x)语句;
```

都是合法的语句。第一个语句中，x=10 表示条件为真，执行后面语句。第二个语句中，x 是非 0 值时，表示真，否则为假。

（2）if 语句中，条件的表达式必须用括号括起来，在括号中不能加分号；if 语句中的内嵌语句必须要加分号；如果是复合语句，就需要加上“{ }”。

（3）if…else…if 语句中，else 不能单独使用，需要和 if 配对使用，有多少个 if，就有多少个 else。

二、if 语句的嵌套

当 if 语句中的语句又是 if 语句时，称为 if 语句嵌套，其一般形式如下：

```
if(表达式)
 if(表达式)   语句 1;
 else        语句 2;
else
  if(表达式)   语句 3;
  else        语句 4;
```

可以看到嵌套的 if 语句又是 if…else 形式的，这将会出现多个 if 和 else 的情况，这时应该特别注意 if 和 else 的配对问题。例如：

```
if(表达式)
 if(表达式)   语句 1;
else
  if(表达式)   语句 2;
  else        语句 3;
```

这段程序中，有 3 个 if、2 个 else，那么这 2 个 else 分别是和哪个 if 配对的呢？按照程序的书写格式来看，是希望第一个出现的 else 子句能和第一个出现的 if 配对，但实际上这个 else 是与第二个 if 配对的。C 语言规定：else 总是与它前面最近的一个没有配对的 if 配对。因此，用加花括号{}的方法来改变原来的配对关系，例如：

```
   if(表达式)
{ if(表达式)   语句 1;}
   else
     if(表达式)   语句 2;
     else        语句 3;
```

这样，{ }限定了内嵌 if 语句的范围，就可以实现第一个出现的 else 和第一个出现的 if 配对了。

三、条件运算符和条件表达式

1. 条件运算符

条件运算符是 C 语言中一个特殊的运算符，由“？”和“：”组合而成。条件运算符是三目运算符，要求有3个操作对象，并且3个操作对象都是表达式。

在条件语句中，若只执行单个赋值语句，常用条件运算符来表示。这样的写法不但可以使程序简洁，而且可以提高运行效率。例如：

```
if(x>y) max=x;
else max=y;
```

用条件运算符可以表示为

```
max=(a>b)?a:b;
```

2. 条件表达式

一般形式为

```
表达式1?表达式2;表达式3
```

条件运算的求值规则为：计算表达式1的值，若表达式1的值为真，则以表达式2的值为整个条件表达式的值，否则，以表达式3的值作为整个条件表达式的值。

（1）优先级。

条件运算符的运算优先级低于关系运算符和算术运算符，高于赋值运算符。因此，表达式 max=(a>b)?a:b 可以去掉括号，写为 max=a>b?a:b，执行时意义是相同的。

（2）结合性。

条件运算符的结合方向是自右至左。

例如，a>b?a:c>d?c:d 等价于 a>b?a:(c>d?c:d)。

（3）条件表达式中，表达式1通常为关系表达式或逻辑表达式，表达式2、3的类型可以是任意的。

【例4-5】用条件运算符进行编程，输出两个整数中的最大者。

```
main()
{
#include "stdio.h"
void main()
{
int x,y;
printf("input the two numbers;");
scanf("%d,%d",&x,&y);
printf("max=%d",x>y?x:y);
}
}
```

运行结果如图4-9所示。

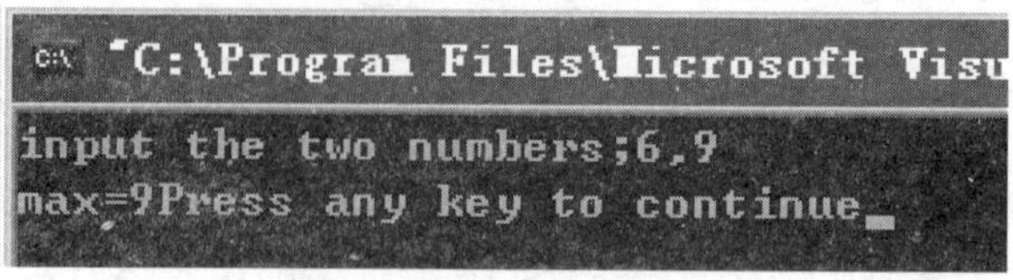

图 4-9　程序运行结果

任务实施

用键盘输入一个正整数作为年份，编程判断该年是不是闰年。若是，输出“YES”；否则，输出“NO”。

分析：闰年的条件是：① 能被 4 整除，但不能被 100 整除的年份是闰年；② 能被 400 整除的年份是闰年。

```
#include "stdio.h"
void main()
{
    int year,flag;
    scanf("%d",&year);
    if(year%4==0)
        if(year%100==0)
            if(year%400==0) flag=1;
            else flag=0;
        else flag=1;
    else flag=0;
    if(flag)printf("YES");
    else printf("NO");
}
```

程序运行时，若输入“2 000”，运行结果如图 4-10 所示。

图 4-10　程序运行结果

任务小结

① 使用选择结构 if 语句时，注意各种条件是如何进行判断和表示的。

② if 语句嵌套使用时，一定要分析清楚各种条件范围，防止出错。

任务 2 根据成绩划分等级

任务目标

- 了解 switch 语句的使用方法。
- 会使用 switch 语句中的 case 语句。
- 会根据给定成绩判断该成绩属于哪一等级。

任务描述

编写一个 C 语言程序，实现如下功能：由键盘输入学生成绩，对该数字进行分析判断，输出该成绩属于相应的等级。

任务分析

考试结束后，根据学生成绩进行等级的划分。假设给出 100 制成绩，根据输入的成绩，判断输出等级。设成绩等级为 A、B、C、D、E。90 分以上为 A，80～89 分为 B，70～79 分为 C，60～69 分为 D，60 分以下为 E。

相关知识

问题：前面介绍的 if 语句有两个分支可供选择，在多分支情况下，一般用 if 语句的嵌套，但是这种实现多分支处理的程序结构层数太多，可读性低。为此，C 语言提供了直接实现多分支选择的语句——switch 语句，称为多分支语句，又叫开关语句。它比 if 语句嵌套简单。switch 语句的一般形式为：

```
switch(表达式)
{
case 常量表达式 1:语句 1;[break;]
case 常量表达式 1:语句 2;[break;]
…

case 常量表达式 1:语句 n;[break;]
default: 语句 n+1;
}
```

执行过程：计算表达式的值，并逐个与 case 后的常量表达式的值相比较。当表达式的值与某个常量表达式的值相等时，即执行 case 后的语句，然后不再进行判断，继续执行后面所有 case 后的语句。若表达式的值与所有 case 后的常量表达式均不相同，则执行 default 后的语句。

【例 4-6】 输入数字，数字在 1～7 范围内有效，输出相应的星期几。

```
#include "stdio.h"
```

```
void main()
{
int a;
printf("input a number:");
scanf("%d",&a);
switch(a)
{
case 1:printf("Monday\n");
case 2:printf("Tuesday\n");
case 3:printf("Wednesday\n");
case 4:printf("Thursday\n");
case 5:printf("Friday\n");
case 6:printf("Saturday\n");
case 7:printf("Sunday\n");
default:printf("Error\n");
}
}
```

程序运行时，若输入 2，则运行结果图 4-11 所示。

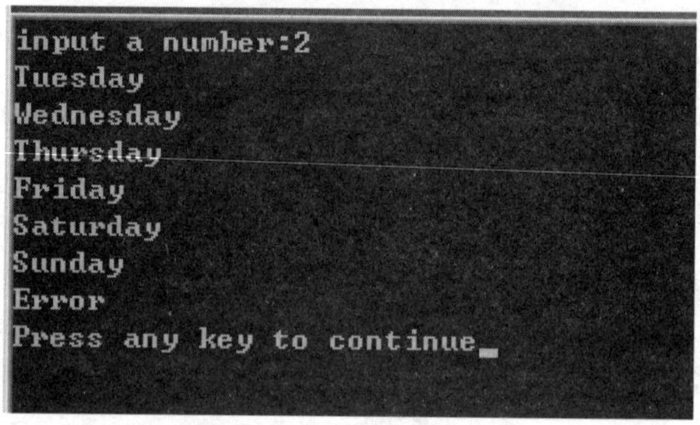

图 4-11　程序运行结果

程序本意是要求输入一个数字，然后输出对应的英文星期单词。为什么会出现这样的情况呢？

在 switch 语句中，case 常量表达式只起语句标号的作用，并不是每次都进行条件判断。这与前面介绍的 if 语句完全不同，应特别注意。当执行 switch 语句时，程序会根据 case 后面表达式的值找到匹配的入口标号，并从此处开始执行下去，不再进行判断。为了避免这种情况，C 语言提供了 break 语句，专门用于跳出 switch 语句。break 语句不但可以用在 switch 语句中终止 switch 语句的执行，还可以用在循环中终止循环。关于 break 语句，将在第 5 章中详细介绍。

【例 4-7】修改例 4-6 的程序，在每一个 case 语句之后增加 break 语句，使每一个 case 执行之后均可跳出 switch 语句，从而避免输出不需要的结果。

```
#include "stdio.h"
void main()
{
int a;
printf("input a number:");
scanf("%d",&a);
switch(a)
{
case 1:printf("Monday\n"); break;
case 2:printf("Tuesday\n"); break;
case 3:printf("Wednesday\n"); break;
case 4:printf("Thursday\n"); break;
case 5:printf("Friday\n"); break;
case 6:printf("Saturday\n"); break;
case 7:printf("Sunday\n"); break;
default:printf("Error\n");
}
}
```

程序运行结果如图 4－12 所示。

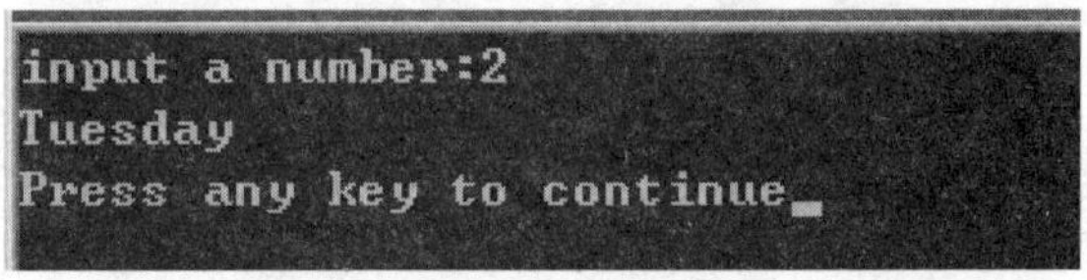

图 4－12　程序运行结果

注意：

① switch 后跟的表达式可以为任何类型的表达式。

② 在每一个 case 后的常量表达式的值不能相同，否则会出现错误。

③ 在 case 后，允许有多个语句，可以不用{}括起来。

④ case 和 default 子句出现的先后顺序可以变动，不会影响程序执行结果。Default 子句也可以省略不用。

⑤ 多个 case 可以共用一组执行语句。

例如：

```
…
case 'A'
case 'B'
case 'C':printf(">60\n");break;
…
```

任务实施

程序清单：

```
#include <stdio.h>
void main()
  { float score;
    char grade;
    printf("请输入学生成绩:");
    scanf("%f",&score);
    while (score>100||score<0)
     {printf("\n 输入有误,请重输");
     scanf("%f",&score);
     }
    switch((int)(score/10))
       {case 10:
     case 9: grade='A';break;
     case 8: grade='B';break;
     case 7: grade='C';break;
     case 6: grade='D';break;
     case 5:
     case 4:
     case 3:
     case 2:
     case 1:
     case 0: grade='E';
     }
    printf("成绩是 %5.1f,相应的等级是%c\n ",score,grade);
     }
```

程序运行结果如图 4－13 所示。

图 4－13　任务程序运行结果

任务拓展

从键盘输入一个不多于 5 位的整数（即小于等于 99 999），要求：① 求出它是几位数；② 分别打印出每一位数字；③ 按逆序打印出各位数字，例如输入“12345”，输出为“54321”。

编写程序如下：

```
#include <stdio.h>
#include <math.h>
void main()
{
  int num,indiv,ten,hundred,thousand,ten_thousand,place;      /*分别代表个位,
十位,百位,千位,万位和位数*/
  printf("请输入一个整数(0-99 999):");
  scanf("%d",&num);
  if (num>9 999)
      place=5;
  else  if (num>999)
      place=4;
  else  if (num>99)
      place=3;
  else  if (num>9)
      place=2;
  else place=1;
  printf("位数:%d\n",place);
  printf("每位数字为:");
  ten_thousand=num/10 000;
  thousand=(int)(num-ten_thousand*10 000)/1 000;
  hundred=(int)(num-ten_thousand*10 000-thousand*1 000)/100;
  ten=(int)(num-ten_thousand*10 000-thousand*1 000-hundred*100)/10;
  indiv=(int)(num-ten_thousand*10 000-thousand*1 000-hundred*100-ten*10);
  switch(place)
   {case 5:printf("%d,%d,%d,%d,%d",ten_thousand,thousand,hundred,ten,indiv);
       printf("\n 反序数字为:");
       printf("%d%d%d%d%d\n",indiv,ten,hundred,thousand,ten_thousand);
       break;
    case 4:printf("%d,%d,%d,%d",thousand,hundred,ten,indiv);
       printf("\n 反序数字为:");
       printf("%d%d%d%d\n",indiv,ten,hundred,thousand);
       break;
    case 3:printf("%d,%d,%d",hundred,ten,indiv);
       printf("\n 反序数字为:");
       printf("%d%d%d\n",indiv,ten,hundred);
       break;
```

```
    case 2:printf("%d,%d",ten,indiv);
       printf("\n反序数字为:");
       printf("%d%d\n",indiv,ten);
       break;
    case 1:printf("%d",indiv);
       printf("\n反序数字为:");
       printf("%d\n",indiv);
       break;
     }

}
```

程序运行结果如图 4－14 所示。

图 4－14　程序运行结果

任务小结

① 编写顺序结构程序时，首先要注意 C 语言程序的书写规则和格式。

② 要注意赋值语句、输入输出语句的使用格式。

实训　选择结构程序设计

实训目的

- 掌握 C 语言关系运算符和逻辑运算符。
- 掌握 C 语言逻辑型数据的表示方法。
- 熟练掌握 if 和 switch 语句。
- 熟练掌握选择结构程序设计。

实训要求

在 VC++ 6.0 环境中，熟练进行 C 语言选择结构程序的编写，熟练使用关系运算、逻辑运算，以及 if 和 switch 语句，并对程序进行保存、编译、组建和执行。

实训内容

编辑并运行以下程序：

1.

```
#include <stdio.h>
```

```
main()
{
  char c1=98;
if(c1>='a'&&c1<='z')
        printf("%d,%c\n",c1,c1+1);
    else printf("%c\n",c1);
}
```

2.

```
#include <stdio.h>
main()
{
  int a,b,c;
  printf("请输入三个整数:");
  scanf("%d,%d,%d",&a,&b,&c);
  if (a<b)
    if (b<c)
      printf("max=%d\n",c);
    else
      printf("max=%d\n",b);
else if (a<c)
      printf("max=%d\n",c);
     else
      printf("max=%d\n",a);
}
```

3.

```
#include <stdio.h>
main()
{
  int x=1,a=0,b=0;
  switch(x)
  {
  case 0:b++;
  case 1:a++;
  case 2:a++;b++;
  }
  printf("a=%d,b=%d\n",a,b);
}
```

实训过程

① 打开 VC++ 6.0 编写程序环境。

② 编写程序。

③ 依次执行“组建”菜单下的“编译”→“组建”→“执行”子菜单，每一步都正确的情况下得到如下结果：

第 1 个程序运行结果如图 4-15 所示。

图 4-15　程序运行结果（1）

第 2 个程序运行结果如图 4-16 所示。

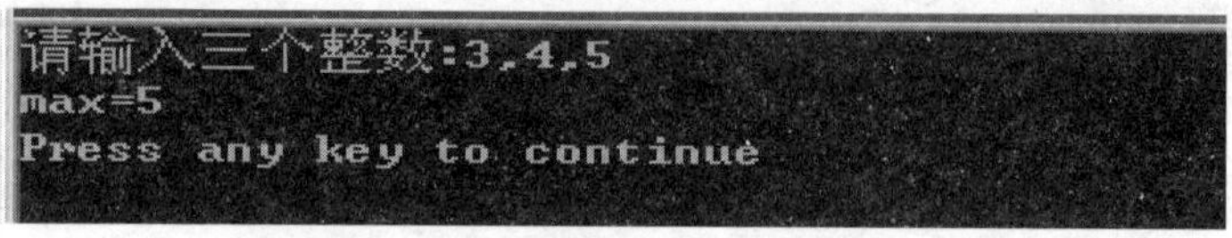

图 4-16　程序运行结果（2）

第 3 个程序运行结果如图 4-17 所示。

图 4-17　程序运行结果（3）

实训总结

熟练掌握 C 语言程序的结构，并学会编写选择结构的程序；掌握 if 和 switch 语句的使用。

实训拓展

某市出租车收费标准是：3 km 以内 8 元；10 km 以内，每增加 1 km，加 1.7 元；10 km 以上，每增加 1 km，加 1.5 元。试编写程序，输入千米数，算出出租车费用。

```
#include <stdio.h>
main()
{
   float i,pay,pay1,pay2;
  pay1=8.0;
  pay2=pay1+7*1.7;
    printf("请输入千米数:");
  scanf("%f",&i);
```

```
  if (i<=3)
     pay=8;
  else if (i<=10)
     pay=pay1+(i-3)*1.7;
  else
     pay=pay2+(i-10)*1.5;

  printf("出租车费: %10.2f\n",pay);
  }
```

程序运行结果如图 4-18 所示。

图 4-18　程序运行结果

知识梳理与总结

根据条件成立与否而采用不同的程序段进行处理的程序结构称为选择结构。选择结构一般采用 if 和 switch 两种语句来实现。

① if 语句一般用来实现简单分支结构程序，if 语句的控制条件通常用关系表达式或逻辑表达式构造，也可以用一般表达式。对于表达式的值，非零为“真”，零为“假”。

② if 语句有简单 if 语句、if…else 语句、if…else…if 语句三种形式，它们可以实现简单分支程序。采用嵌套可以实现较为复杂的多分支程序。在嵌套 if 语句中，else 与其前面最近的同一复合语句的不带 else 的 if 配对。书写嵌套 if 语句时，往往采用缩进的阶梯式写法。

③ switch 语句一般用于实现多分支结构程序。switch 只有与 break 语句结合，才能设计出正确的多分支程序。

习　题 <<<

一、简答题

1. 什么是算术运算？什么是关系运算？什么是逻辑运算？

2. C 语言中如何表示“真”和“假”？

二、选择题

1. 有以下程序段：

```
int a,b,c;
a=1;b=2;c=3;
```

```
if(a>b) c=a;b=c;
printf("a=%d,b=%d,c=%d",a,b,c);
```

程序的运行结果为（　　）。

A. a=1,b=3,c=3　　B. a=1,b=3,c=2

C. a=1,b=2,c=3　　D. a=2,b=1,c=1

2. 下面程序的运行结果是（　　）。

```
#include <stdio.h>
void main()
{int a=1;
  if(!a)
    printf("YES")
  else
    printf("NO");
}
```

A. NO　　B. YES　　C. YESNO　　D. 提示运行错误

3. 设有 int x,y,z;，则下列选项中能将 x、y 中较大者赋给变量 z 的语句是（　　）。

A. if(x>y)z=y;　　B. if(x<y)z=x;　　C. z=x>y?x:y　　D. z=x<y?x:y;

4. 运行下列程序：

```
#include <stdio.h>
 void main()
{
  char c='y';
 if(c>='x') printf("%c",c);
 if(c>='y') printf("%c",c);
 if(c>='z') printf("%c",c);
}
```

输出结果是（　　）。

A. x　　B. y　　C. z　　D. c

5. 若从键盘上输入 88<回车>后，以下程序的输出结果是（　　）。

```
#include <stdio.h>
 void main()
{
 int a;
 scanf("%d",a);
 if(a>90) printf("%d",a);
 if(a>80) printf("%d",a);
 if(a>70) printf("%d",a);
}
```

A. 888 888　　B. 8 888　　C. 88　　D. 8

6. 已知 int x = 2,y = –1,z = 4;，执行下面语句后，z 的值是（　　）。

```
if(x<y) if(y<0) z=1;else z++;
```

A. 1　　B. 2　　C. 3　　D. 4

三、程序设计题

1. 设计一个程序，从键盘输入任意三个整数，输出其中最小的数。

2. 编写程序，从键盘输入一个不多于 4 位的正整数，判断它是几位数。如输入“1234”，则输出“4”。

3. 编写程序，从键盘输入四个整数，再按从小到大顺序将四个数输出。

4. 设计一个简单的计算器程序，用户输入运算数和四则运算符（+、–、*、/），输出计算的结果（除法为整除）。要求：分别用 if 语句和 switch 语句两种方法进行程序设计。

5. 编程，程序运行时，从键盘输入一个四位整数 x，输出 x 各位数字之和（如 1023，则输出为 6）。

第 5 章　循环结构程序设计

【知识导读】

循环处理是程序设计中必备的一种流程控制结构。循环是一种有规律的重复，或者可以说是重复不停地进行一个工作。这样可以解决问题中广泛存在的重复操作，以及避免简单重复不必要的操作，简化程序，节约内存，提高效率。C 语言提供了 3 种循环结构，分别是 while 结构、do…while 结构和 for 结构，本章将对其展开讨论。

【能力目标】

- 掌握 while、do…while 循环结构。
- 掌握 for 循环结构。
- 理解循环的嵌套。
- 理解循环的流程控制语句：break、continue。
- 掌握循环结构的简单应用。

【任务设置】

任务 1　构造循环

任务 2　while 和 do…while 循环结构

任务 3　for 循环语句

任务 4　与循环密切相关的流程转向控制语句

任务 5　总结应用

实训　循环结构训练

任务1　构造循环

任务目标

➢ 掌握循环条件。

➢ 了解当型循环和直到型循环。

任务描述

编写程序，计算 1～100 的和。

任务分析

在程序中实现 1～100 的累加，程序的编写采用 1+2+…+100 这种形式显然是不现实的。

在这种情况下，需要使用循环结构。

相关知识

循环结构有两大要素：循环条件和循环体。当满足某个条件时，重复执行某些动作，直到该条件不再满足，这个表述很好地体现了循环条件和循环体的关系。构造循环时，首先应明白要做什么，即“循环体是什么”，这是和程序的目的相关的。知道要做什么还不够，还要明白什么时候开始做，什么时候停。如果没有设定合理的循环条件，就很容易造成程序死循环，甚至使资源耗尽而导致计算机死机。

一、循环的条件

举个最简单的例子，要求计算 1～100 的和。因为本章讨论的是循环，所以不用高斯的简便方法（(1+100)*50=5 050）。程序的编写采用如下形式显然是不现实的：

```
sum=1+2+…+100;
```

写完这个式子就需要很久，在这种情况下，可以使用循环结构，只要一小段代码即可：

```
int sum=0;                    /*声明 int 型变量 sum,累加和,被加数*/
int i=1;                                         /*加数*/
while(i<=100)
     {
       sum=sum+i;                         /*相加*/
       i=i+1;                             /*自增*/
     }
```

代码分析：

上述代码采用的是 while 结构，i 作为加数，sum 作为被加数，用于保存结果。i 的初始值为 1，当 i 小于等于 100（循环条件）时，会重复执行循环体。在循环体内做了两件事情：一是将 i 和 sum 相加，结果重新保存到 sum 中；二是将 i 增加 1，一步步逼近循环结束的条件。由此可知，循环条件和循环体相互配合才能完成特定的功能。一次次的循环，距离循环结束应越来越近，避免出现死循环。试想，如果循环体中只是完成 sum=sum+i 这一操作，而不对 i 进行修改，那么循环条件 i<=100 将一直满足，循环永不会终止。

注意：在代码中，若要计算从 1 加到 10 000，只要修改 while 结构为“while(i<=10 000)”即可，十分方便、简洁。

二、当型循环和直到型循环

循环结构分为两类：当型循环和直到型循环。从字面的“当”和“直到”可体会出两者的差别。当型循环指的是先判断循环条件，如果条件为真（非 0），执行循环体，否则，跳过该循环结构；而直到型循环是先执行循环体，再判断循环条件，如果条件为真（非 0），进入下一次循环，否则结束循环。两种循环的流程示意图如图 5-1 所示。

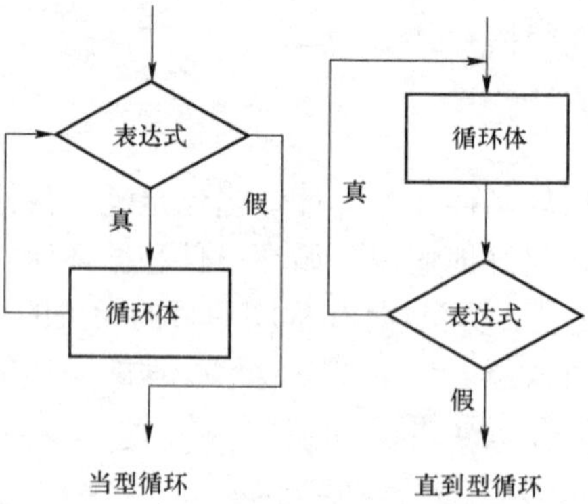

图 5-1　当型循环和直到型循环

任务 2　while 和 do…while 循环语句

任务目标

- 能够运用 while 语句进行循环结构程序设计。
- 能够运用 do…while 语句进行循环结构程序设计。

任务描述

运动员在跑道上进行长跑比赛。

任务分析

在运动会上有 1 000 米、5 000 米等长跑比赛，运动员从起点出发，沿着跑道一圈一圈地跑，直到跑满为止，在 C 语言中，可以使用 while 或 do…while 循环语句来模拟运动员跑步。

相关知识

一、while 循环结构

while 语句的一般形式如下（图 5-2 和图 5-3）：

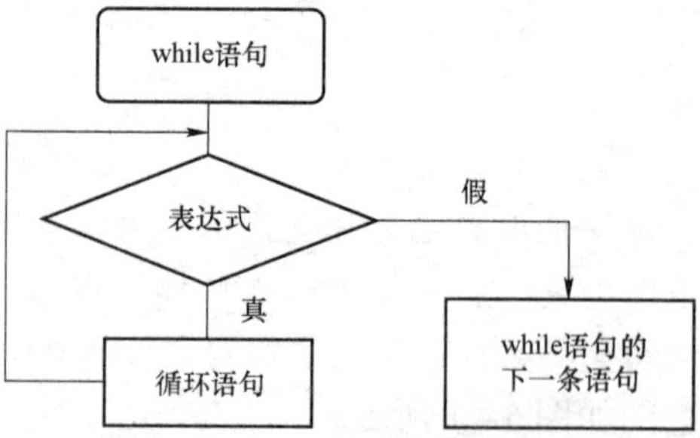

图 5-2　while 语句执行流程图

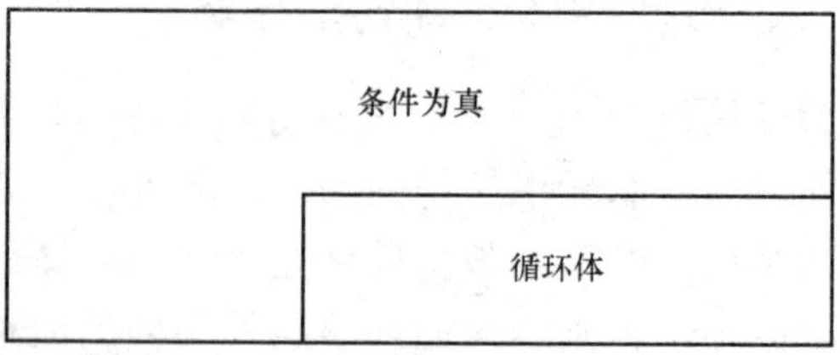

图 5-3　while 语句执行 N-S 图

```
while(表达式)
{
    循环语句
}
```

说明：在 C 语言中，while 语句也被称为当型循环语句，它的执行特点是：先判断，后执行。

while 语句的执行过程：

（1）先判断循环条件是否成立，即判断表达式是否为 0。

（2）当表达式为 0 时，循环不执行，跳到下一个语句；当表达式不为 0 时，执行循环语句，然后再转到（1）继续执行。

【例 5-1】计算 100 以内正整数的和。

程序分析：

求 100 以内正整数的和，就是求表达式 1+2+3+…+100 的结果，使用 while 循环语句，控制循环的条件是变量 i 的值不大于 100，只要 i 不大于 100，就继续执行，每循环一次 i 的值，就增加 1，当 i>100 时，循环条件不满足，循环结束，输出结果。

编写程序如下：

```
#include<stdio.h>
void main()
{
    int i,sum=0;
    i=1;
    while(i<=100)                          /*while 循环语句*/
    {
        sum+=i;                            /*依次加入*/
        i++;                               /*循环一次 i 的值就增加 1*/
    }
    printf("1+2+3+…+100=%d\n",sum);        /*输出结果*/
}
```

程序运行的结果为：

1+2+3+…+100=5 050

在本例中，程序执行到 while 语句时，首先判断 while 语句中的条件是否满足，即 i 是否小于或等于 100，如果条件为真，则执行循环体，否则，结束循环。

【例 5-2】编写一个程序，求费波那契（Fibonacci）序列：1，1，2，3，5，8，…，输出前 20 项。

序列满足关系式：$f_n=f_{n-1}+f_{n-2}$

程序分析：

① 通过观察费波那契（Fibonacci）序列，$f_1=1$，$f_2=1$，以后各项都等于前两项之和，序列满足关系式：$f_n=f_{n-1}+f_{n-2}$。

② 使用程序，要求输出前 20 项之和，前两项已知，需要从第三项开始，因此，使用 while

循环，计数 i 从 3 开始，判断条件是 i<=20。

③ while 循环体中，求出 $t=f_1+f_2$ 的和为费波那契（Fibonacci）序列的第三项，然后将第二项和第三项作为第四项的前两项，计数 i 加 1，依此类推。

程序设计如下：

```
#include <stdio.h>
void main()
{
    int  i, t, f1=1, f2=1 ;
    printf("%d %d ", f1,f2);
    while(i<=20)
    {
        t=f1+f2;
        printf("%d ", t);                    /* 求出新的数 */
        if(i%5==0)                          /*每五项为一列输出*/
        printf("\n");
        f1=f2;
        f2=t;                               /* 对 f1 和 f2 更新 */
        i++;
    }
}
```

程序运行的结果如图 5-4 所示。

图 5-4　程序运行的结果

【例 5-3】 某厂今年产值为 100 万元，假定该厂的产值每年增长 10%，问几年后产值可以翻一番？

程序分析：

现在产值用变量 sum 存储，则一年以后的产值为 sum*（1+10/100），产值小于 200 万元。再计算两年后的产值为 sum*（1+10/100），产值仍小于 200 万元。再计算三年后的产值……直到产值超过 200 万元为止。

编写程序如下：

```
#include <stdio.h>
void main()
{
```

```
    int year=0,sum=100;                    /*定义所需变量并赋值*/
    /*while 循环*/
    while (sum<200)                     /*如果 sum 的值小于 200 万元*/
    {
        sum=sum*(1+10.0/100);
        year+=1;
    }
    printf("%d\n",year);                   /*输出计算的年份*/
}
```

程序运行的结果为：

8

while 语句是可以循环嵌套使用的，即在 while 语句循环内部嵌套一个或多个 while 循环语句。形式为：

```
while()
{
    …
    while()
    {
        …
    }
}
```

【例 5-4】使用 while 循环嵌套编写九九乘法表。

```
#include <stdio.h>
void main()
{
    int x = 1, y = 1;
    while (x <= 9)
{
        y = 1;
        while(y <= x)
        {
            printf("%d*%d=%d\t", y , x, x * y);
        y++;
        }
    printf("\n");
    x++;
    }
}
```

程序运行的结果如图 5-5 所示。

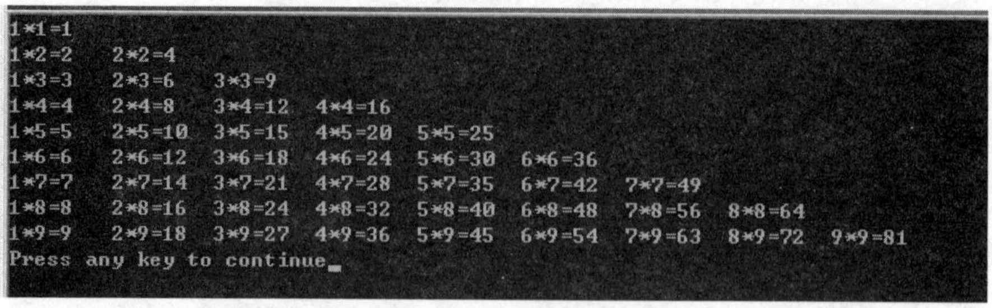

图 5-5 程序运行结果

二、do…while 语句

do…while 语句是另一种循环结构，它和 while 语句的不同点在于，do…while 语句先执行循环，然后判断循环条件是否成立。其一般形式如下（图 5-6 和图 5-7）：

```
do
  循环语句
while (表达式);
```

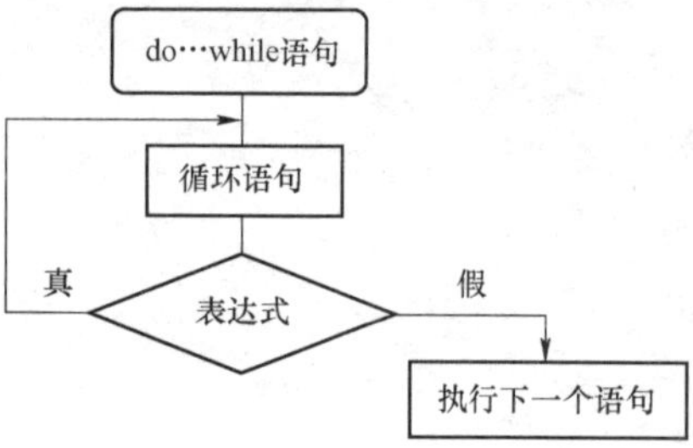

图 5-6 do…while 语句流程图

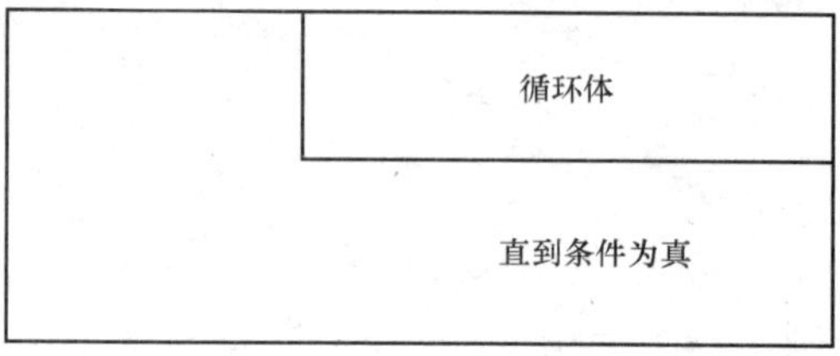

图 5-7 do…while 语句 N-S 图

说明：在 C 语言中，do…while 语句被称为直到型循环，它的执行特点是：先执行，后判断。

do…while 语句执行过程：① 先执行一次循环语句，然后判断表达式的值。② 若表达式的值为非 0，则返回①；如果表达式的值为 0，则直接退出循环语句，执行下一条语句。

注意：在 while/do…while 结构中，表达式既可以是逻辑表达式或关系表达式，也可以是普通表达式，甚至可以是常量或变量，判断的关键在于其值是否为 0。

【例 5-5】从键盘输入一个正整数 n，计算该数的各位数之和并输出。例如，输入数是 4569，则计算 4+5+6+9=24 并输出。

程序分析：

（1）求出输入的正整数的各位数字之和，首先要求出各位上的数字。

（2）使用 do…while 语句进行循环操作，循环体为：

① n 对 10 求余，得出个位上的数字。例如 4569%10=9。

② n 对 10 求商，使用 n 缩小一位，然后求高一位上面的数字，再赋值给 n。

③ 每求出一个数位上的数字，使用 s 求和。

例如，4 569/10=456，n=456。

（3）当 n>0 时，再次执行循环体，直到 n<0。

程序设计如下：

```
#include <stdio.h>
void main( )
{
    int  n, s=0;
    printf("输入一个正整数:");
    scanf("%d",&n);
    do{
        s+=n%10;
        n/=10;
    }while (n>0);
    printf("各位数之和是:%d\n", s);
}
```

程序运行的结果为：

输入一个正整数：4569

各位数之和是：24

【例 5－6】某厂今年产值为 100 万元，假定该厂的产值每年增长 10%，问几年后产值可以翻一番？用 do…while 语句计算。

说明：为说明 while 语句和 do…while 语句的相互关系，将本题设置成和例 5－3 一样，以便于读者分析。程序分析已经在例 5－3 中进行了详细说明。依据程序分析思路写出的程序如下：

```
#include <stdio.h>
void main()
{
    int year=0;
    float sum=100;
    //do…while 循环
    do
    {
        sum=sum*(1+10.0/100);
        year+=1;
    }
    while(sum<200);                  /*如果 sum 的值小于 100,执行 do 语句块*/
    printf("%d\n",year);              /*输出最后的结果*/
}
```

屏幕上输出的运行结果为：

8

从例 5－6 可以看出，此例的结果与例 5－3 是完全相同的，也就是说，对于同一问题，既可以用 while 语句处理，也可以用 do…while 语句处理。一般情况下，用 while 语句和 do…while 语句来处理同一问题时，若两者的循环体是一样的，运行结果也是一样的，则两者之间可以互换。但是，如果 while 语句的表达式开始时就是 0 值，两种循环结果就不相同了。这一点可以通过下面的例子来说明。

【例 5-7】 计算 1+1/2+1/3+…+1/20，比较 while 和 do…while，如图 5-8 所示。

```
#include <stdio.h>
void main()
{
  int i;
  float sum;
  sum=0;
  scanf("%d",&i);
  while(i<=20)
  {
    sum+=1/(float)i;
    i+=1;
  }
  printf("sum=%f",sum);
}
```

输入 1，运行结果如下：

```
sum=3.597740
```

输入 20，运行结果如下：

```
sum=0.050000
```

输入 21，运行结果如下：

```
sum=0.000000
```

```
#include <stdio.h>
void main()
{
  int i;
  float sum;
  sum=0;
  scanf("%d",&i);
  do
  {
    sum+=1/(float)i;
    i+=1;
  }while(i<=20);
  printf("sum=%f",sum);
}
```

输入 1，运行结果如下：

```
sum=3.597740
```

输入 20，运行结果如下：

```
sum=0.050000
```

输入 21，运行结果如下：

```
sum=0.047619
```

图 5-8　while 和 do…while 程序对比

do…while 语句在表达式后面有一个分号“;”，书写时要谨记。

do…while 语句本身也是可以嵌套的，一般形式如下：

```
do
{
   …
   do
   {
      …
   }while();
}while();
```

任务 3　for 循环语句

任务目标

➢ 掌握 for 循环结构。

➢ 了解嵌套循环。

任务描述

任务与上一节相同，使用 for 循环结构来实现。

任务分析

在运动员长跑中，确定出起点、终点、跑道一圈的长度，在 C 语言中也可以使用 for 循环结构实现。

相关知识

for 语句是控制重复的指令，当表达式为真时，重复执行语句。for 语句是 C 语言中应用最频繁的语句，for 循环语句可以用于循环次数已经确定的情况，也可以用于循环次数不确定的情况。可以完全代替 while 及 do…while 语句。

一、for 循环结构

for 语句的一般形式为：

```
for(表达式 1;表达式 2;表达式 3)
  语句
```

for 语句的执行过程如下：

首先执行表达式 1，表达式 1 是用于初始值的设定的。然后执行表达式 2，表达式 2 是结束 for 语句循环的条件表达式。在语句执行之后，才执行表达式 3。所以，表达式 3 用于计数器的增量等方面。表达式 2 的判别决定是否进入循环语句。如图 5-9 所示。

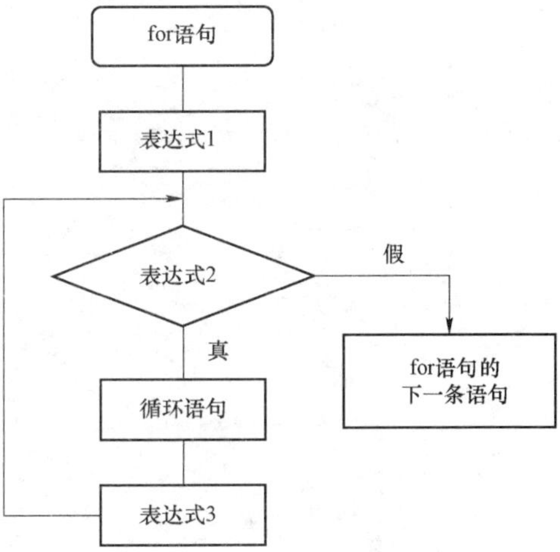

图 5-9　for 语句执行流程图

【例 5-8】使用 for 语句求 100 以内正整数的和。

```
#include<stdio.h>
main()
{
    int i,sum=0;
    for(i=1;i<=100;i++)
        sum+=i;                          /*循环体*/
    printf("1+2+3+…+100=%d\n",sum);         /*输出结果*/
}
```

程序运行的结果为：

1+2+3+…+100=5 050

这里说明以下几点：

（1）表达式 1 用于初始值设定，有时为了对多个变量进行初始化，可以用逗号隔开设定，例如：

```
for(i=0,j=0;i<100;i++)
{ … }
```

（2）表达式 2 常用的是关系表达式或逻辑表达式，是用于控制循环的条件。若表达式 2 的值为 0，即为假，退出循环；如果为非 0，即为真，则执行循环语句，计算表达式 2 的值，进入下一轮的循环。

（3）表达式 3 可以像表达式 1 一样，用逗号运算符将多个表达式连接起来。例如：

```
for(i=0,j=0;i<100;i++,j++)
{ … }
```

（4）for 语句的表达式 1、表达式 2、表达式 3 都可以省略。但是，分号一定要保留。

省略表达式 1，一般形式为：

```
for(;表达式 2;表达式 3)
  语句
```

表达式 1 用于设定初始值，如果省略表达式 1，应在 for 语句之前给循环变量赋初值。

将例 5－8 修改为：

```
#include<stdio.h>
void main()
{
    int i,sum=0;
    i=1
    for(;i<=100;i++)
        sum+=i;                                    /*循环体*/
    printf("1+2+3+…+100=%d\n",sum);           /*输出结果*/
}
```

程序运行的结果为：

1＋2＋3＋⋯＋100＝5 050

省略表达式 2，一般形式为：

```
for(表达式 1;;表达式 3)
  语句
```

表达式 2 用于控制循环的条件，如果表达式 2 省略，即不判断循环条件，循环会无休止地进行下去。即默认状态下，表达式 2 始终为真。这时就需要在 for 语句的循环体中设置相应的语句来结束循环。

【例 5－9】应用实例。

```
#include<stdio.h>
void main()
{
int i;
    for(i=1;;i++)
        printf("%d",i);
```

```
}
```

省略表达式 2，循环将无终止地进行下去，相当于：

```
#include<stdio.h>
void main()
{
    int i;
    i=1;
    while(1)
    {
        printf("%d ",i);
        i++;
    }
}
```

程序运行的结果为：

1 2 3 4 5 …

程序将无限地循环下去。

省略表达式 3，一般形式为：

```
for(表达式 1; 表达式 2;)
  语句
```

省略表达式 3 则不计算表达式 3 的值，也将产生一个无穷循环。为了保证循环能正常结束，可以将表达式 3 放在循环语句中控制。

将例 5－8 修改为：

```
#include<stdio.h>
void main()
{
    int i,sum=0;
    for(i=1;i<=100;)                         /*省略表达式 3*/
    {
            sum+=i;
            i++;                            /*表达式 3 放在循环体中*/
    }
    printf("1+2+3+…+100=%d\n",sum);     /*输出结果*/
}
```

程序运行的结果为：

1＋2＋3＋…＋100＝5 050

同时省略表达式 1 和表达式 3，一般形式为：

```
for(; 表达式 2;)
     语句
```

此时的 for 循环语句完全等价于 while 语句，例如：

```
int i;
for(;i<=10;)                         /*省略表达式1和表达式3*/
{
    printf("%d",i);                  /*依次输出变量i*/
    i++;
}
```

相当于：

```
int i;
while(i<=10)
{
    printf("%d",i);                  /*依次输出变量i*/
    i++;
}
```

同时省略表达式1、表达式2、表达式3，一般形式为：

```
for(;;)
  语句
```

此时的 for 循环语句相当于循环控制条件始终为真，不修改循环变量，故循环将无终止地进行下去。相当于：

```
while(1)
    语句
```

（5）在 for 语句中，循环语句可以是单个语句，也可以是用“{ }”括起来的复合语句，还可以是空语句。空语句是指循环体不做任何操作，可以用来实现延时，即在程序执行中等待一定的时间。

例如：

```
for(i=1;i<5 000;i++);
```

for 循环体为空，程序不做任何操作。但是循环中最后的分号不能省略，它表示一个空语句。

（6）for 语句的作用可以用 while 语句描述，如图 5－10 所示。

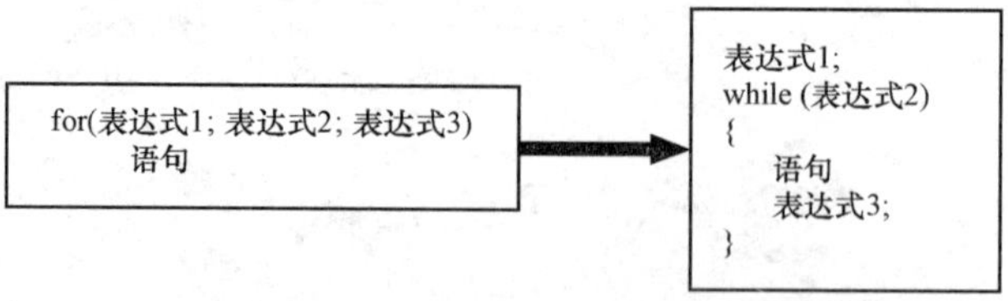

图 5－10　for 语句和 while 语句的转换

为了说明 for 循环语句和 while 及 do…while 语句之间的相互关系，仍旧使用例 5－7 的题目举例。

【例 5－10】 利用 for 语句计算 1＋1/2＋1/3＋…＋1/20 的值。

```
#include <stdio.h>
```

```
void main( )
{
    int i;
    float sum=0.0;
    for(i=1;i<=20;i++)
    {
        sum+=1/(float)i;
    }
    printf("sum=%f",sum);
}
```

运行结果为：

sum=3.597740

二、for 循环语句的嵌套

for 循环语句的嵌套就是在 for 循环语句的循环体使用另一个或几个 for 循环语句。for 循环语句的嵌套有二重嵌套、三重嵌套、四重嵌套等。

例如，二重嵌套：

```
for(;;)
{
    …
    for(;;)
    {
        …
    }
}
```

三重嵌套：

```
for(;;)
{
    …
    for(;;)
    {
        …
        for(;;)
        {
            …
        }
    }
}
```

【例 5-11】 编一个程序，求 s=1!+2!+3!+…+n!（n 由输入决定）。

程序分析：

```
1!=1
2!=2*1=2*1!
3!=3*2*1=3*2!
4!=4*3*2*1=4*3!
…
n!=n*(n-1)!
```

设变量i、j、t，i从1依次增加到n，使用变量j从1到i求出i!，使用t来存放每个阶乘的值：

```
for(j=1;j<=i;j++)
      t=t*j;
```

求各个阶乘的累加和。

```
sum=sum+t;
```

程序设计：

```
#include <stdio.h>
void main( )
{
    int i, j, n ;
    long int t=1,sum=0;              /*t 存放每项阶乘值,sum 存放累加和 */
    printf("input n:",&n);
    scanf("%d",&n) ;
    for(i=1;i<=n;i++)
    {
        t=1;
        for(j=1;j<=i;j++)            /* 求 i!值 */
            t=t*j;
        sum=sum+t;                   /* 累加 */
    }
    printf("n!=%ld",sum);
}
```

程序的运行过程为：

input n:9↙

n! = 409 113

【例5－12】若一个3位整数的各位数字的立方之和等于这个整数，则称之为“水仙花数”。例如，153是水仙花数，因为$153 = 1^3 + 5^3 + 3^3$。求所有的水仙花数。

程序分析：

（1）定义三个变量i、j、k分别表示这个三位数的百位数字、十位数字和个位数字。

（2）使用三层 for 循环。

① 最外层 for 循环为百位数字 i 从 1 到 9 逐渐变化（百位数字不能为 0）。

② 中间的 for 循环为十位数字 j 从 0 到 9 逐渐变化。

③ 内层 for 循环为个位数字 k 从 0 到 9 逐渐变化。

分别组成不同的三位数。

（3）判断由 i、j、k 组成的三位数是否与这三个数的立方相等，如果相等，就输出。

程序设计如下：

```
#include <stdio.h>
void main( )
{
    int i, j, k, a ;
    printf("水仙花数是:\n") ;
    for (i=1; i<=9; i++)
        for (j=0; j<=9; j++)
            for (k=0; k<=9; k++)
            {
                a=i*100+j*10+k ;
                if(a==i*i*i+j*j*j+k*k*k)
                printf("%d\n", a) ;
            }
}
```

程序运行的结果为：

水仙花数是：

153

370

371

407

此例是 for 语句中的嵌套 for 语句。在二维数字中，这是最常用的一种方式，即两个 for 语句相互嵌套。嵌套语句的形式有很多，任何循环语句之间都可以相互嵌套。一般情况下，都嵌套两层，即有两个循环语句。嵌套太多，容易出错，降低了程序的可读性。

任务 4　与循环密切相关的流程转向控制语句

任务目标

- 掌握 break 语句。
- 掌握 continue 语句。

任务描述

在长跑比赛中，如果出现意外情况要退出比赛；在接力比赛中，一名运动员跑完了当前赛道后，把接力棒传递给下一名运动员。

任务分析

因为意外情况要退出比赛，在C语言中可以使用break来实现；而在接力比赛中，一名运动员跑完了当前赛道后，把接力棒传递给下一名运动员，在C语言中可以使用continue语句来实现。

相关知识

在前面的switch结构一节中已简要说明了break语句的用处。实际上，break语句在循环结构中也有着广泛的应用。此外，还有continue语句，本节会一一讲述。

一、用break跳出循环

如果把重复结构视为一层壳，那么break的作用可以说是“破壳而出”。当流程执行到循环结构中的break语句时，循环结构提前结束，程序转而执行循环结构之后的那条语句，如图5-11所示。

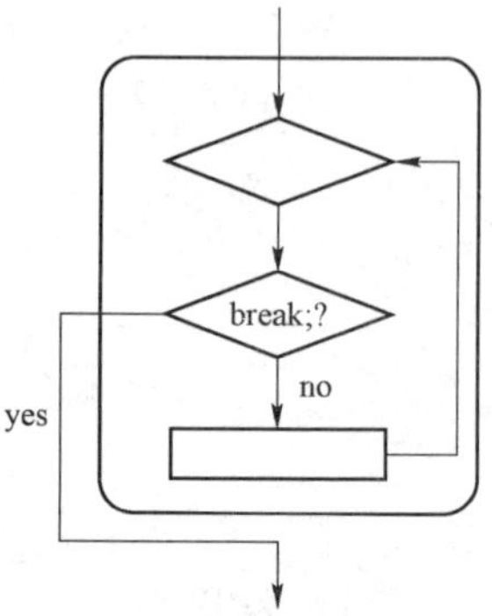

图5-11　流程转向控制语句break的用法

图5-11中，阴影部分代表循环结构，如果在循环体内部执行了break语句，程序流程会直接从循环结构中跳出，转而执行循环结构后面的语句，这类似于电路中的“短路”。

前面讲过，“如非故意为之，不要让循环成为死循环”，那么“故意为之”是怎么回事？如何从死循环中跳出？可用break语句实现，见例5-13。

【例5-13】使用break从循环结构中跳出。

```
#include <stdio.h>
void main()
{
        int i=0;                          /*声明整型变量 i,标记次数*/
        while(1)                        /*条件恒成立,持续重复*/
                {
                        printf("Hello\n");
                        i++;
                        if(i>5)         /*输出5次后,break跳出*/
                                break;
                }
        getch();                      /*按任意键结束程序,等待*/
}
```

程序运行的结果为：

Hello

Hello

Hello

Hello

Hello

从表面上看起来，代码中的循环结构“while（1）”似乎是个死循环，但巧妙利用 break 语句可使流程从该 while 循环中跳出，每输出一次“Hello”，整型变量 i 的值便增加 1，这样，当 i 的值大于 5 时，“if（i>5）”分支结构条件成立，break 语句被执行，程序流程跳出循环。

break 语句适用于 3 种循环结构，但只能用于 switch 一种分支结构，即无法通过执行 break 语句跳出 if 或 if else 结构。下述语句已经体现了这一点。

```
if(i>5)                     /*输出 5 次后,break 跳出*/
      break;
```

此时，break 跳出的是 if 语句所在的循环代码块。还有一点要注意，在多重循环嵌套的情况下，break 只能剥一层“壳”，向外跳出一层。

二、用 continue 重来一次

break 语句结束的是整个循环结构，而 continuc 语句结束的只是当前一次循环，形象地说，是“再来一次”，流程图如图 5-12 所示。

比较图 5-11 和图 5-12，很容易发现两者的不同。continue 短路的只是本次循环中的后续内容，不会跳出循环结构，所以，continue 语句被称为循环继续语句。

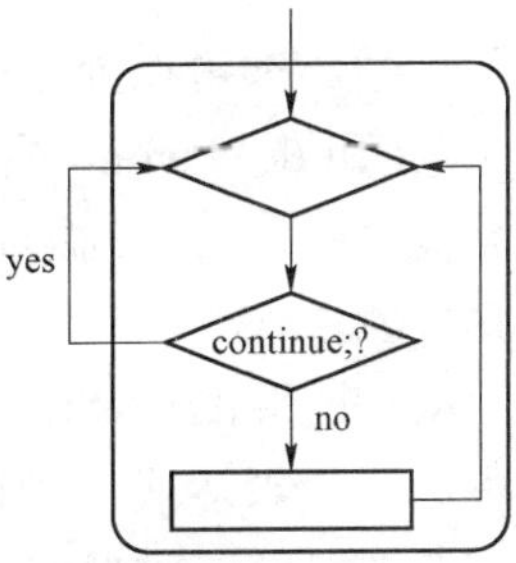

图 5-12　流程转向控制语句 continue

【例 5-14】跳转语句 continue 的用法示例。

```
#include <stdio.h>
void main()
{
      for(int i=0;i<=20;i++)                /*for 循环结构,控制变量是 i*/
            {
                  if(i%3!=0)          /*判断是否能被 3 整除*/
                        continue;          /*单条语句作块语句*/
                  printf("%d 可被 3 整除\n",i);
            }
      getch();                           /*按任意键结束程序,等待*/
}
```

程序运行的结果为：

0 可被 3 整除

3 可被 3 整除

6 可被 3 整除

9 可被 3 整除
12 可被 3 整除
15 可被 3 整除
18 可被 3 整除

程序中使用的是 for 循环结构，如果控制变量 i 不能被 3 整除，调用 continue 语句结束本次循环，重新开始新的循环；否则，输出提示信息。

任务 5 总 结 应 用

通过前面几节了解了循环结构程序设计的三种重要的语句结构，三种结构形式不同，判断条件不同，在解决时也有差异。

一、几种循环的比较

本章前面共讲述了 while、do…while、for 循环结构，这几种循环结构之间有什么区别与联系？

几种循环都可以处理同一问题，一般情况下可以互换。

while 和 do…while 循环，在 while 后面只指定循环的条件，而使循环趋于结束的语句包含在循环体中；而 for 循环可以在“表达式 3”中包含使循环趋于结束的操作，甚至可将循环体放到“表达式 3”中。

用 while 和 do…while 循环时，循环变量初始化应在 while 和 do…while 语句之前；而 for 循环可以在“表达式 1”中实现循环变量的初始化。

while 循环，先判断后执行；do…while 循环，先执行后判断；for 循环，先判断后执行。

对 while 循环、do…while 循环、for 循环，用 break 语句跳出循环，可以用 continue 语句结束本次循环。

下面用同一题目来举例说明这几种循环结构之间的关系。

【例 5-15】求 1+2+…+100 的和。

（1）用 while 语句构成的循环。

```
void main( )
{
    int i,sum=0;
    i=1;
    while (i<=100)            /*while 循环*/
    {
        sum=sum+i;
        i++;
    }
    printf("%d",sum);
}
```

（2）用 do…while 语句构成的循环。

```
void main( )
{
    int i,sum=0;
    i=1;
    do                          /*do…while 循环*/
    {
        sum=sum+i;
        i++;
    }while(i<=100);
    printf("%d",sum);
}
```

（3）用 for 语句构成的循环。

```
void main( )
{
    int i,sum=0;
    for(i=1;i<=100;i++)              /*for 循环*/
    {
        sum=sum+i;
    }
    printf("%d",sum);
}
```

二、循环语句的嵌套

本章学习了 while 语句、do…while 语句和 for 语句，这些循环语句不仅可以各自嵌套，也可以相互嵌套。

（1）while 与 do…while 嵌套。格式为：

```
while()
{
    …
    do
    {
    …
    }while();
}
```

（2）while 与 for 嵌套。格式为：

```
while()
{
    …
```

```
    for(;;)
    {
        …
    }
}
```

（3）do…while 与 for 嵌套。格式为：

```
do
{
    …
    for(;;)
    {
        …
    }
}while();
```

【例 5-16】输入两个数字字符，编写程序，将其转换为十进制后显示出来。

```
#include <stdio.h>
void main( )
{
    char ch;
    int i,data;
    data=0;
    for(i=0;i<2;i++)                          /*for 循环*/
    {
        while(1)                              /*无限循环*/
        {
            ch=getchar( );                    /*得到 ch 的值*/
            if(ch>='0'&&ch<='9')              /*如果是数字*/
            {
                break;                        /*跳出 while 循环*/
            }
        }
        data=data*10+ch - '0' ;               /*将所得数字转换成十进制数字*/
    }
    printf("data=%d",data);                   /*输出转换后的结果*/
}
```

程序运行时，输入字符串：

abc2def3↙

运行程序后，输出结果为：

data=23

说明：程序中的 if 语句用于排除数字字符之外的其他字符，只有是数字字符时，才跳出 while 语句，执行转换成十进制数字的语句。data = data*10 + ch - '0'; 是将字符转换成数字的一般格式语句。

【例 5-17】 将一个正整数分解质因数。例如，输入 90，打印出 90 = 2*3*3*5。

程序分析：

对 n 分解质因数，应先找到一个最小的质数 k，然后按下述步骤完成：

（1）如果这个质数恰好等于 n，则说明分解质因数的过程已经结束，打印出来即可。

（2）如果 n≠k，但 n 能被 k 整除，则应打印出 k 的值，并用 n 除以 k 的商作为新的正整数 n，重复执行第（1）步。

（3）如果 n 不能被 k 整除，则用 k+1 作为 k 的值，重复执行第（1）步。

程序设计如下：

```
#include<stdio.h>
void main()
{
    int n,i;
    printf("\nplease input a number:\n");
    scanf("%d",&n);                        /*输入一个整数*/
    printf("%d=",n);
    for(i=2;i<=n;i++)
    {
        while(n!=i)
        {
            if(n%i==0)
            {
                printf("%d*",i);           /*如果能除尽，说明是该数的因子*/
                n=n/i;
            }
            else
                break;                     /*如果不是，则跳出内层循环*/
        }
    }
    printf("%d",n);
}
```

程序运算结果为：

please input a number:

49 = 7*7

对于循环嵌套，需要说明以下几点：

使用嵌套，一个循环结构应完整地嵌套在另一个循环体内，循环体间不能交叉。例如：

```
while()
```

```
{
    …
do
    {
        …
    }
}while();
```

这种表达式方式是错误的。

嵌套的外循环与内循环的循环控制变量不能同名，并列的内外循环控制变量可以同名。下列代码中：

```
for (i=1; i<=9; i++)
    for (j=0; j<=9; j++)
        for (k=0; k<=9; k++)
        {
            a=i*100+j*10+k ;
            if(a==i*i*i+j*j*j+k*k*k)
            printf("%d\n", a) ;
        }
```

for 循环的三层嵌套，分别使用三个循环控制变量 i、j、k，不能相同。

三、应用举例

本章学习了三种循环结构语句，并对它们做了一定的区分；讲解了三种循环结构自身的嵌套和它们之间的相互嵌套。下面的一些例子帮助巩固对本章知识的理解。

【例 5-18】判断一个数是否是素数。

```
#include <stdio.h>
#include <math.h>                                  /*添加所需头文件*/
void main( )
{
    int n,m,i,flag;
    scanf("%d",&n);                                /*输入一个整型数值*/
    m=sqrt(n);                                    /*开平方*/
    flag=0;
    for(i=2;i<=m;i++)                              /*for 循环*/
    {
if(n%i==0)                           /*取余判断*/
        {
            flag=1;
            break;
        }
```

```
    }
    if(flag)
    {
        printf("%d is not a prime number",n);
    }
    else
    {
        printf("%d is a prime number",n);
    }
}
```

程序运行时，输入：

7

运行后，输出结果：

7 is a prime number

【例 5－19】测试下面的程序并思考相关知识点。

```
#include <stdio.h>
void main( )
{
    int  x,y,z;
    x=y=1;                              /*首次赋值*/
    while(y<10)                          /*如果 y 小于 10*/
    {
        ++y;                            /*自增*/
    }
    x+=y;
    printf("x=%d y=%d\n", x,y);          /*输出此时 x、y 的值*/
    x=y=1;                              /*再次复制*/
    while(y<10)
    {
        x+=++y;
    }
printf("x=%d y=%d\n", x,y);             /*输出此时 x、y 的值*/
    y=2 ;                               /*为 y 赋值*/
    while(y<10)
    {
        x=y++ ;
        z=++y ;
    }
```

```
    printf("x=%d y=%d z=%d\n", x,y,z) ;     /*输出此时 x、y 的值*/
    for(x=1, y=1 000; y>2; x++, y/=10)
    {
        printf("x=%d y=%d\n", x,y) ;        /*输出此时 x、y 的值*/
    }
}
```

运行结果如下：

x=11 y=10

x=55 y=10

x=8 y=10 z=10

x=1 y=1 000

x=2 y=100

x=3 y=10

【例 5-20】用“辗转相除法”对输入的两个正整数 m 和 n 求其最大公约数和最小公倍数。

程序分析：

（1）将两数备份为 a、b。

（2）将两数中大的放在 m 中，小的放在 n 中。

（3）求出 m 被 n 除后的余数 r。

（4）若余数 r 为 0，则执行步骤（7）；否则，执行步骤（5）。

（5）把除数（n 中的）作为新的被除数（放在 m 中），把余数（r 中的）作为新的除数（放在 n 中）。

（6）重复步骤（3）、（4），直到 r 为 0。

（7）输出 n，即为最大公约数。

（8）原数（在备份 a、b 中）相乘，除以最大公约数即为最小公倍数。

程序设计如下：

```
#include <stdio.h>
void main( )
{
    int m, n, a, b, r, t ;
    printf("输入两个正整数:");
    scanf("%d,%d",&m, &n);
    a=m; b=n;
    if (m>0 && n>0)
    {
        if(m<n)
        {
            t=m ;
            m=n ;
            n=t ;
```

```
        }
        r=m%n;
        while(r!=0)
        {
            m=n;
            n=r ;
            r=m%n;
        }
        printf("%d 和%d 的最大公约数为%d\n", a, b, n);
    }
    else
        printf("输入了负数!\n");
    printf("%d 和%d 的最小公倍数为%d\n", a, b, a*b/n);
}
```

程序运行的结果如图 5－13 所示。

图 5－13　程序运行结果

【例 5－21】 猴子吃桃子问题。猴子第一天摘下若干个桃子，当即吃了一半，还不过瘾，又多吃了一个。第二天早上又将剩下的桃子吃掉一半，又多吃了一个。以后每天早上都吃了昨天的一半零一个。到第 10 天早上一看，只剩下一个桃子了。求第一天共摘下多少个桃子。

程序分析：

设今天的桃子数为 y，昨天的桃子数为 x。则有：

$y=x-(x/2+1)$

$x=2(y+1)$

从第 10 天 y=1 起，求出 x，把 x 又当成今天的（y=x），求昨天的（x），这样向前推 9 天，即得第一天的桃子数。

程序设计：

```
#include <stdio.h>
void main( )
{
    int  i, x,y=1;
    for(i=1; i<10; i++)
    {
        x=2* (y+1);
        y=x;
```

```
    }
    printf("第一天共摘下桃子数为:%d\n", x ) ;
}
```

程序运行的结果为：

第一天共摘下桃子数为：1 534

实训　循环结构训练

实训目的

- 熟练掌握用 while 语句、do…while 语句和 for 语句实现循环的方法。
- 掌握在程序设计中用循环方法解决一些常用问题。
- 进一步学习调试程序。

实训要求

学会使用 VC++ 6.0 编写 C 语言循环结构程序，并进行编辑、修改、运行。

实训内容

① 输入一行字符，分别统计出其中英文大写字母、小写字母、空格、数字和其他字符的个数。

② 计算输入的 10 个整数中正数的个数及正数平均值（要求使用 continue 语句）。

实训过程

① 打开 VC++ 6.0 应用程序。

② 新建.c 程序文件。

③ 编写程序。

④ 执行“组建”菜单下的“编译”→“组建”→“执行”子菜单，每一步都正确的情况下，得到如下结果。

第一个程序运行结果如图 5-14 所示。

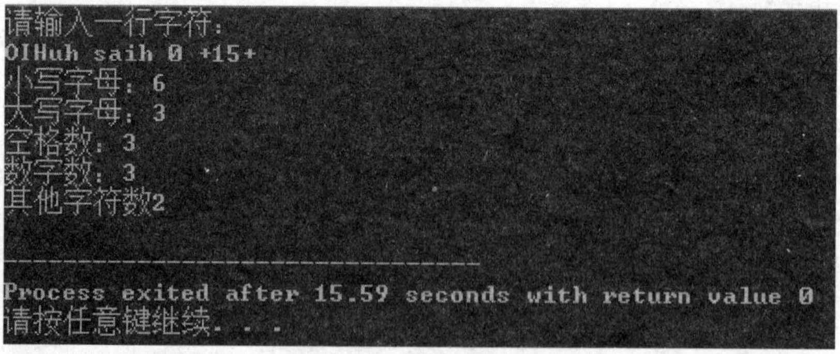

图 5-14　程序运行结果

第二个程序运行结果如图 5－15 所示。

图 5－15　程序运行结果

实训总结

熟练掌握 while、do…while、for 循环结构及跳转语句的使用。编写程序时，一定要细心，出现错误时，要认真查找错误的原因。

实训拓展

编程实现如图 5－16 所示的图案。

图 5－16　程序运行结果

任务小结

本章讨论了循环结构的详细用法，结合实例详细讲解了 while 循环、for 循环和 do…while 循环的基本格式和语义。这三种循环中，while 循环和 for 循环属于当型循环，而 do…while 循环属于直到型循环。

循环结构可以互相包含、互相嵌套，以组成更为复杂的流程。为了方便流程转向，C 语言中还提供了和循环结构密切相关的流程转向控制语句，平时使用最多的是 break 语句和 continue 语句。简单地讲，break 语句用于“脱一层壳”，continue 语句用于“重来一次”。

习　题 <<<

一、选择题

1. 下列语句中，属于循环语句的有（　　）。（多选）

A. for 语句　　B. if 语句　　C. while 语句　　D. switch 语句

2. 以下选项中，描述正确的有（　　）。（多选）

A. 循环语句必须要有终止条件，否则不能编译

B. break 关键字用于跳出当前循环

C. continue 用于终止本次循环，执行下一次循环

D. switch 条件语句中可以使用 break 语句

3. 以下程序片段运行结束后，输出结果是（　　）。

```
for (int i = 1; i<7; i++)
{
        if (i % 3 == 0)
        {
            break;
        }
        printf("%d", i);
}
```

A. 123456　　B. 1245　　C. 123　　D. 12

4. 若有定义：int x,i;，则对于 for 循环语句：

```
for(i = 0,x = 0; i<= 9 && x!=876;i++)
scanf("%d",&x);
```

下列选项中，描述正确的是（　　）。

A. 最多执行 10 次　　B. 最多执行 9 次

C. 是无限循环　　D. 循环体一次也不执行

5. 定义 int t=0;，则对于循环 while(t=1){…}，下列描述中正确的是（　　）。

A. 循环控制表达式的值为 0　　B. 循环控制表达式的值为 1

C. 循环控制表达式的值不合法　　D. 以上说法都不对

6. 在 C 语言程序中，若希望结束循环，则 do…while 语句构成的循环中的条件为（　　）。

A. 0　　B. 1　　C. true　　D. 非

7. 有如下程序：

```
void main()
{
    int i,sum;
    for(i=1;i<=3;sum++)
        sum+=i;
    printf("%d\n",sum);
}
```

该程序的执行结果是（　　）。

A. 6　　B. 3　　C. 死循环　　D. 0

8. 以下程序的输出结果是（　　）。

```
void main()
{
    int x=10, y=10, i;
    for (i=0; x>8; y=++i)
        printf("%d %d ", x--, y);
```

```
}
```

A. 10 1 9 2　　B. 9 8 7 6　　C. 10 9 9 0　　D. 10 10 9 1

二、简答题

1. 请说出你知道的跳转语句，并分别说明它们之间的区别。

2. 请说明 while 循环与 for 循环的异同。

三、程序填空题

1. 将以下程序补充完整，使其能统计输入的正整数的各位数字中零的个数。

```
void main()
{
long  num, t;
int  count;
count=0;
scanf("%ld", &num);
do {
t=____;
if(t==0)
++count;
____;
}while(num);
printf("零的个数为%d\n", count);
}
```

2. 将以下程序补充完整，该程序的功能是计算 n!的值。

```
void main()
{
    int i, s, n;
    printf("enter n:");
    scanf("%d",&n);
    ________
    for (i=1; i<=n; i++)
        ________
    printf("s=%d",s);
}
```

3. 将以下程序补充完整，该程序的功能是：输出 100 以内能被 3 整除且个位数为 6 的所有整数。

```
#include<stdio.h>
void main()
{
    int i, j;
    for (i=0;________; i++)
```

```
    {
        j=i*10+6;
        if (j%3 != 0)
            ________
        printf("%d",j);
    }
}
```

四、编程题

1. 编写程序，实现对 1+3+5+7+…+99 的求和功能。

提示：

（1）使用循环语句实现自然数 1～99 的遍历。

（2）在遍历过程中，判断当前遍历的数是否为奇数，如果是，就累加，否则不加。

2. 计算并输出 200～400 之间不能被 3 整除的整数的和。

3. 一个数恰好等于它的平方数的右端，这个数称为同构数。

例如 5 的平方是 25，5 是 25 的同构数。

编写程序，找出 1～1 000 之间全部的同构数；

提示：

（1）遍历 1～1 000 之间的数可以用循环。

（2）取出数据的最右端数字。

第6章 数　组

【知识导读】

本章主要介绍一维数组、二维数组、多维数组及字符数组的定义，初始化，数组元素的引用方式；使用字符数组定义及处理数据的方法。掌握数组的排序、查询等基本操作方法。学习数组知识为后续章节做好准备，也为后续面向对象语言课程的学习打下基础。

【能力目标】

- 掌握一维数组、二维数组及多维数组的定义及应用。
- 理解字符数组与字符串的区别，掌握字符数组处理方式。
- 熟悉字符串处理函数的功能及使用。
- 熟练地使用数组进行程序设计，解决实际问题。

【任务设置】

任务 1　一维数组的定义及应用

任务 2　二维数组与多维数组的定义及应用

任务 3　字符数组与字符串

实训 1　求最大值和最小值

实训 2　神奇魔方

实训 3　校园十大歌手比赛

实训 4　杨辉三角形

实训 5　矩阵转置

任务1　一维数组的定义及应用

任务目标

➢ 了解运用数组的意义。

➢ 掌握一维数组的定义。

➢ 掌握对一维数组元素的引用及初始化。

任务描述

10 个小孩围成一个圈分糖果，张老师随意地分给每个小孩几块糖果。然后要求所有的小孩同时将自己手中的糖果分一半给右边的小孩；糖果块数为奇数的人可向老师要一块。问：经过几次调整后，大家手中的糖果块数都一样？每人各有多少块糖？

任务分析

问题描述的分糖过程是一个机械的重复过程，编程算法完全可以按照描述的过程进行模拟。但是如果按照前面学过的知识进行计算，就需要10个简单变量来存储小孩手中的糖果数，每次调整糖果时，要对 10 个变量进行操作，非常复杂，这显然是不合理的，必须引入数组存储数据。

在解决实际问题过程中，常常需要处理同类型的大批数据，例如，对某班学生成绩进行排序就是这种情况。这类问题，就算法而言是十分简单的，但如果每个学生每门课程的成绩用一个简单变量来保存，就需要很多变量，解决起来将十分烦琐，给程序设计带来极大不便。

本案例如果用10个简单变量存储小孩的糖果数，每次调整糖果数的操作就非常复杂，这显然不合理。所以，必须引入一种新的数据结构——用数组来存储批量数据。

相关知识

一、数组的概念

数组是相同性质类型的数据按照一定有序顺序组成的集合。数组属于构造类型，又称导出类型。

在程序设计中，数组是十分有用的。例如，输入 100 名学生的成绩，要求输出高于平均分的那些成绩。这个问题本身的算法很简单，但如果不用数组，解决起来会十分烦琐。平均分可以在读入数据的同时，用边累加成绩边统计数据个数的方法最后求出，但只有读入最后一个学生的分数之后才能求出平均分，因此，必须把 100 个学生的分数全部保留下来，然后逐个与平均分比较，才能把高于平均分的成绩打印出来。为了保存学生的成绩，就需要有 100 个变量（假定为 a1、a2、…、a100）来存放，并且用变量与平均分 average 一一比较。

```
if(a1>average)printf("%f\n",a1);
    if(a2>average)printf("%f\n",a2);
…
    if(a100>average)printf("%f\n",a100);
```

这样的程序是无法让人接受的。如果使用数组元素 a[1]、a[2]、…、a[100] 来代替 a1、a2、…、a100，则程序就会简单得多，只需要用一个 for 循环就能完成 100 次比较：

```
for(i=1;i<=100;i++)
if(a[i]>average)
printf("%f\n",a[i]);
```

在这里，a 代表数组名，a[i] 代表 a 数组中的一个元素，i 是数组元素的下标，当 i 的值为 1 时，a[i] 代表 a[1]；当 i 的值为 2 时，a[i] 代表 a[2]。在循环中，当 i 从 1 变化到 100 时，a[i] 也就逐个代表 a[1] 到 a[100]。由此可见，引用数组可以使十分烦琐的程序变得非常简单。

二、一维数组

只有一个下标的数组称为一维数组。数组中的某个元素只需一个下标变量就可以表示该元素在数组中的位置，可以通过下标变量引用其中的一维数组的定义与元素。

（一）一维数组的定义

一维数组通常是指由一个下标数组元素组成的数组，其定义形式如下：

```
存储类型 数据类型 数组名[常量表达式]=(初始值)
```

例如：

```
Static float [10]
```

此语句定义了一个由10个元素组成的一维数组，数组名为a，这10个元素分别为a[0]、a[1]、…、a[9]，每个元素都是实数类型。

说明：

① 在数组定义格式中，存储类型是任选项，可以是auto、static、extern存储类型，但没有register型。

② 数据类型可以是int、float、char。

③ 数组名符合标识符定义，但不能与其他变量同名。例如“int b,b[7]”就是不对的。数组元素的下标是从0开始编号的，如定义static float，第一个元素为a[0]，最后一个为a[9]，而不是a[10]，否则，要产生数组越界。

④ 常量表达式中可以包括常量和符号常量，不能包含变量。

下面的数组定义是合法的，因为SIZE已经在宏定义中说明了，在程序中作为符号常量：

```
#define SIZE 20 ;
char str[SIZE];
int m[10*SIZE);
float x[2*5+1];
```

而下面4个数组的定义是非法的：

```
intsizel,size2;
float aa[sizel];            /*使用变量定义数组大小*/
char w[size]+size2+2];       /*使用含变量的表达式定义数组大小*/
int num[-8];     /*使用负数定义数组大小*/
int bb(8);     /*数组名后使用了()*/
```

一维数组在内存中存储时，按下标递增的次序连续存放，对于“int a[15];”，数组名a或&a[0]是数组存储区域的首地址，即数组第一个元素存放的地址。

（二）一维数组的引用

与变量类似，任何一个数组都应先定义，然后再引用。数组元素的引用形式为：

```
数组名[下标]
```

数组元素的实质是该数组所属数据类型的一个具有下标的变量，故又称为下标变量，因此，数组元素与具有相同数据类型的普通变量的引用完全相同。

【例 6-1】随机输入 10 个整数存储在数组中，然后将数组元素输出。

编程要点：

（1）定义有 10 个元素的一维数组。

（2）输入 10 个数，存储到数组元素中。

（3）将数组元素逐个输出。

实现代码：

```
#include "stdio.h"
void main()
{
    int  iA[10];                    //定义 10 个 int 类型存储单元的数组 iA
    int  i;
    printf("请输入 10 整数:\n");
    for(i=0;i<10;i++)
        scanf("%d",&iA[i]);        //输入 10 个数，存储到数组元素中
    for(i=0;i<10;i++)              //输出数组中的 10 个数
        printf("%d  ",iA[i]);
}
```

程序运行结果如图 6-1 所示。

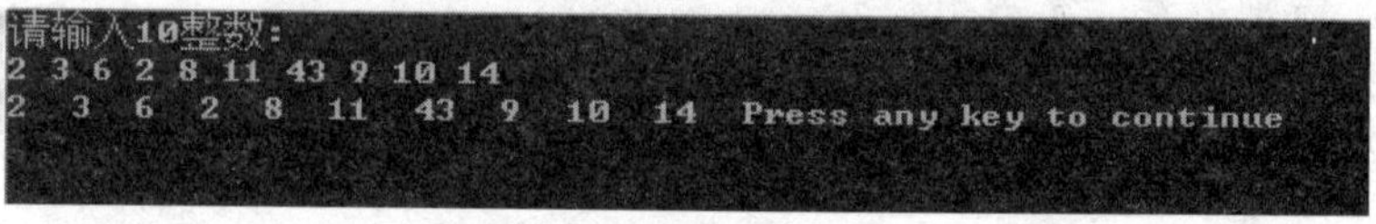

图 6-1　程序运行结果

在 C 语言中，既不能对数组整体进行操作，也不能对整个数组进行赋值或其他各种运算，只能对数组元素进行操作。例如：

```
int a[10],b[10],c[10];
…
c=a+b;
```

该操作希望的是数组 a 和 b 的对应元素相加，送入数组 c，这是错误的，因为不能对数组进行整体操作。

（三）一维数组的初始化

同其他类型数据一样，在定义数组的同时为其赋初值，称为数组的初始化。初始化的具体实现方法有以下几种：

（1）定义数组时对数组元素赋初值。例如：

```
float score[5]={85.2, 90.1, 75.0, 69.3, 82.9};
```

将数组元素的初值依次放在一对花括号内。经过上述的定义和初始化后，score[0]=85.2，score[1]=90.1，score[2]=75.0，score[3]=69.3，score[4]=82.9。数组在内存中的存储

状态见表 6-1。

表 6-1　score 数组内存状态

score 数组	score［0］	score［1］	score［2］	score［3］	score［4］
数值	85.2	90.1	75.0	69.3	82.9

（2）只给前面的一部分元素赋初值。例如：

```
float score[5]={85.2, 90.1, 75.0 };
```

定义的 score 数组共有 5 个元素，但花括号里只提供了 3 个初值，操作结果是这 3 个初值分别赋给前 3 个数组元素，后面 2 个元素的值为 0。

如果想给一个数组的全部元素赋初值为 0，可以用如下语句：

```
float score[5]={0, 0, 0, 0 ,0 };
```

或

```
float score[5]={0 };
```

（3）花括号内初值的个数不允许大于定义的数组长度。例如：

```
float score[5]={85.2, 90.1, 75.0, 69.3, 82.9, 60.0, 70.0, 80.0};
```

这是错误的。

（4）对全部数组元素赋初值时，由于初值的个数可以确定数组元素的个数，所以可以不指定数组长度。

例如：

```
float score[ ]={85.2, 90.1, 75.0, 69.3, 82.9};
```

上述语句中，由于初值的个数是 5，所以系统自动定义 score 数组的长度为 5。

【例 6-2】 初始化一维数组。

编程要点：

本例中，对定义的数组变量进行初始化操作，然后隔位输出。

实现代码：

```
#include <stdio.h>
void main()
{
    int i;
    int iArray[10] = {100,92,91,88,78,69,60,55,48,99};//对数组元素赋初值
    for(i=0;i<10;i += 1)                //隔位输出数组中的元素
        printf("%5d",iArray[i]);        //每个数占 5 个字符位且右对齐
  printf("\n");
}
```

程序运行结果如图 6-2 所示。

图 6-2　程序运行结果

【例 6-3】利用一维数组求 Fibonacci 数列的前 20 项。

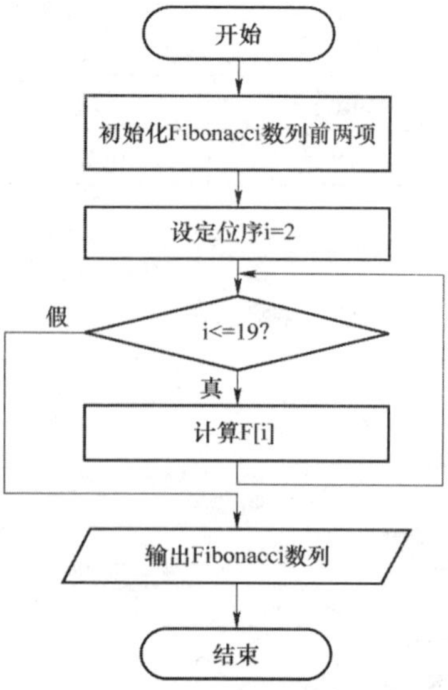

图 6-3 流程图

编程要点：

需要设计一长度为 20 的整型数组 F，用来存放求得的 Fibonacci 数列。另外需设一变量 i 来定位数列中的每一个数。流程图如图 6-3 所示。

实现代码：

```
#include<stdio.h>
void main()
{int i,F[20]={1,1};          /* 初始化数组 F  */
 for(i=2;i<=19;i++)
 F[i]=F[i-1]+F[i-2];
 for(i=0;i<=19;i++)
 { if(i%5==0) printf("\n");
  printf("%8d",F[i]);
 }
 }
```

程序运行结果如图 6-4 所示。

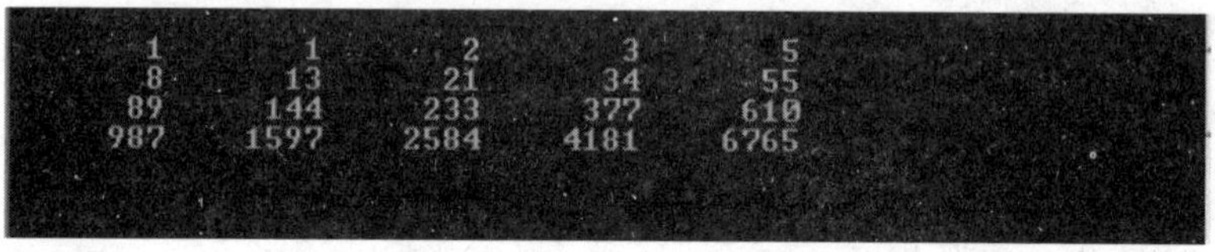

图 6-4 程序运行结果

任务实施

【例 6-4】10 个小孩围成一个圈分糖果，张老师随意地分给每个小孩几块糖果。然后要求所有的小孩同时将自己手中的糖果分一半给右边的小孩；糖果块数为奇数的人可向老师要一块。问：经过几次调整后，大家手中的糖果块数都一样？每人各有多少块糖？

实现代码：

```
//10 个小孩分糖
#include <stdio.h>
void main()
{
   int sweet[10] = { 5,2,8,2,16,4,1,6,4,9};
   int i,temp[10],k=0;
   printf("第%2d 次调整:",k++);
   for(i=0;i<10;i++)                /*输出每个小孩手中的糖果数*/
    printf("%3d",sweet[i]);
```

```
 while(1)
 {
   for(i=1;i<10;i++)
       if(sweet[0] != sweet[i])break;
       if(i>=10)break;

   for(i=0;i<10;i++)        /*将每个人手中的糖果分出一半*/
       temp[i] = sweet[i]=(sweet[i]+1)/2;

   for(i=0;i<9;i++)         /*将分出的一半给右边的孩子*/
       sweet[i+1] += temp[i];
   sweet[0] += temp[9];
   printf("\n 第%2d 次调整:",k++);
   for(i=0;i<10;i++)        /*输出当前小孩手中的糖果数*/
       printf("%3d",sweet[i]);

 }
printf("\n");
}
```

程序运行结果如图 6-5 所示。

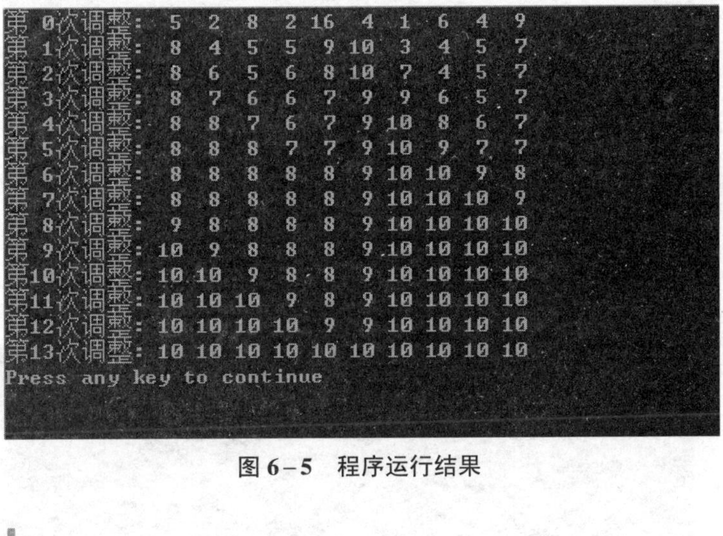

图 6-5　程序运行结果

任务拓展

【例 6-5】 随机输入 10 个整数存入数组中，分别计算出正数的和及负数的和，并显示在屏幕上。

编程要点：

需要设计一个长度为 10 的整型数组，用来存放输入的数据。判定数组中的每个元素的正负情况，分别相加运算，并输出。

实现代码：

```
#include <stdio.h>
int main()
{
   int i,x,a[10];
   int posi,nega;
   for(i=1;i<=10;)
   {
      printf("输入第%d 个元素: ",i);
      scanf("%d",&x);
      if(x!=0)
      {
         a[i-1]=x;
         i++;
      }
   }
   posi=nega=0;
   for(i=9;i>=0;i--)
      if(a[i]>0)
         posi+=a[i];
      else
         nega+=a[i];
   printf("正数和=%d\n",posi);
   printf("负数和=%d\n",nega);
   return 0;
}
```

程序运行结果如图 6-6 所示。

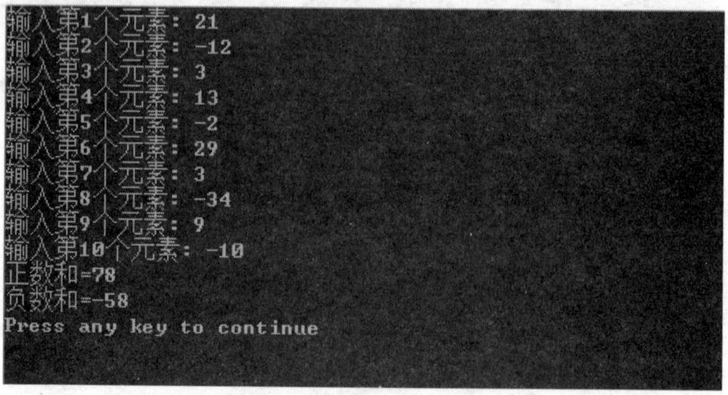

图 6-6　程序运行结果

【例 6-6】用初始化方法把某班前 6 名学生 C 语言程序设计课程的考试成绩存储在数组中，再从键盘输入一个考分，查找该数是否在数组中，如果在，输出是第几名学生的成绩。

编程要点：

判定数组中的每个元素与输入的数据是否一致，并输出是第几个元素。

实现代码：

```
#include <stdio.h>
void main()
{
     int  fScore[ ]={98,97,91,89,88,85}; //不指定数组元素个数
     int  fA;
     int  i;
     printf("请输入你要查找的数:");
     scanf("%d",&fA);                                   //输入要查找的成绩
     for( i=0;i<6;i++)
     {
        if(fA == fScore[i])
        {
          printf("这是第 %d 名学生的成绩。\n",i+1);
          break;
       }
    }
}
```

程序运行结果如图 6-7 所示。

图 6-7　程序运行结果

任务小结

通过本章的学习，了解了运用数组的意义，掌握了一维数组的定义及对一维数组元素的引用和初始化；学习了如何使用一维数组来解决实际中的问题，学习了利用一维数组编写程序的方法和技巧。

任务 2　二维数组与多维数组的应用

任务目标

➢ 掌握二维数组的定义。

➢ 掌握二维数组的引用及初始化。
➢ 掌握多维数组的定义及应用。

任务描述

将一个二维数组的行元素和列元素互换，存到另一个二维数组中：

$$a\begin{pmatrix}1 & 2 & 3\\ 4 & 5 & 6\end{pmatrix}\xrightarrow{\text{a 行、列互换并存储到 b}} b\begin{pmatrix}1 & 4\\ 2 & 5\\ 3 & 6\end{pmatrix}$$

任务分析

要完成上面的任务，要熟练掌握二维数组的定义、赋值，熟练掌握数组的输入和输出方法。

相关知识

一、二维数组

数组名后有两对方括号，即有两个下标，此数组叫二维数组；有三对方括号的数组叫三维数组。方括号对数大于或等于 2 的数组称为多维数组。

（一）二维数组的定义

定义二维数组的一般形式为：

```
类型标识符  数组名[第一维长度][第二维长度];
```

例：

```
int a[2][3];
```

功能：

定义一个二维数组，数组在这两个“维”上的长度分别是“第一维长度”和“第二维长度”。例如，上例定义了一个二维整型数组 a，它是一个 2×3（即 2 行 3 列）数组。

说明：

（1）“类型标识符”可以是任意基本数据类型，也可以是任意构造类型。

（2）“数组名”的命名规则和变量名的一样，遵循标识符命名规则。

（3）“第一维长度”和“第二维长度”必须是常量表达式，可以是直接常量或者符号常量，不可以是变量。

（4）每一维的数组下标都是从 0 开始的。例如，上述例子中定义的 a 数组，它的数组元素分别是 a [0] [0]、a [0] [1]、a [0] [2]、a [1] [0]、a [1] [1]、a [1] [2]，不存在 a [2] [3] 这个数组元素。

（5）C 语言中，二维数组可以看作是一种特殊的一维数组，它的每一个元素又是一个一维数组。例如，上例中，二维数组 a 可以看作是由 2 个元素 a [0]、a [1] 构成的一维数组，其中，a[0]又是一个由 3 个元素 a[0][0]、a[0][1]、a[0][2]构成的一维数组，a[1]又是一个由 3 个元素 a[1][0]、a[1][1]、a[1][2]构成的一维数组，如图 6－8 所示。

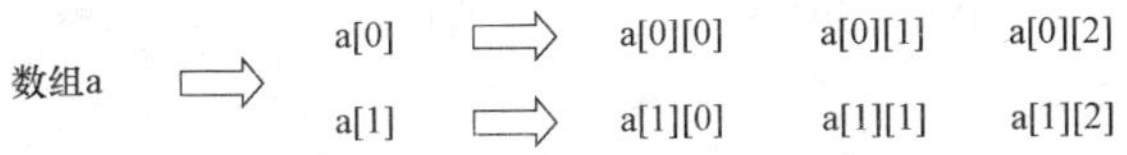

图 6－8　二维数组示例

（6）C 语言中，对二维数组的存储采取“按行优先”顺序，即先顺序存放第一行的所有元素，再顺序存放第二行的所有元素。例如，二维数组 a 在内存中的存储形式见表 6－2。

表 6－2　二维数组存储形式

a [0]	a [0] [0]
	a [0] [1]
	a [0] [2]
a [1]	a [1] [0]
	a [1] [1]
	a [1] [2]

（二）二维数组的初始化

格式：

```
类型说明符　二维数组名[行下标][列下标]={{常量列表},…};
```

说明：

（1）分行给二维数组所有元素赋初值。

例如：

```
int a[3][4]={{1,2,3,4},{5,6,7,8},{9,10,11,12}};
```

把第一个花括弧内的数据赋给第一行元素，第二个花括弧内的数据赋给第二行数据，……，即按行赋初值，这种方法比较直观。

（2）将所有数据写在一个花括弧内，按数组排列的顺序对各元素赋初值。

例如：

```
int a[3][4]={1,2,3,4,5,6,7,8,9,10,11,12};
```

（3）可以对部分元素赋初值。

例如：

```
int a[3][4]={{1},{5},{9}};
```

对各行第 1 列的元素赋初值，其余元素值自动为 0。

结果为：

$$\begin{pmatrix} 1\,0\,0\,0 \\ 5\,0\,0\,0 \\ 9\,0\,0\,0 \end{pmatrix}$$

也可以对各行中的某一元素赋初值。

例如：

```
int a[3][4]={{1},{0,6},{0,0,9}};
```

结果为：

$$\begin{pmatrix} 1\,0\,0\,0 \\ 0\,6\,0\,0 \\ 0\,0\,9\,0 \end{pmatrix}$$

还可以对某几行元素赋初值。

例如：

```
int a[3][4]={{1},{5,6}};
```

结果为：

$$\begin{pmatrix} 1\,0\,0\,0 \\ 5\,6\,0\,0 \\ 0\,0\,0\,0 \end{pmatrix}$$

（4）如果对全部元素都赋初值，则定义数组时，对第一维的长度可以不指定，但第二维的长度不能省略。

例如：

```
int a[3][4]={1,2,3,4,5,6,7,8,9,10,1112};
```

等价于：

```
int a[][4]={1,2,3,4,5,6,7,8,9,10,11,12};
```

在定义时，也可以只对部分元素赋初值，而省略第一维的长度，但应分行赋初值。

例如：

```
int a[][4]={{0,0,1},{0},{0,6}};
```

这样的写法能通知编译系统，数组共有 3 行。

结果为：

$$\begin{pmatrix} 0\,0\,1\,0 \\ 0\,0\,0\,0 \\ 0\,6\,0\,0 \end{pmatrix}$$

（三）二维数组的引用

格式：

```
数组名[行下标][列下标]
```

说明：

（1）下标可以是整型常量或表达式。例如：

```
a[2][3],a[2-1][2*2-1]
```

（2）数组元素可以出现在表达式中，也可以被赋值。例如：

```
b[1][2]=a[1][2]/3;
```

（3）在使用数组元素时，因为下标从零开始，要注意下标值应在已定义的数组大小范围内。

例如：

```
int a[3][4];
```

二、多维数组的定义和引用

在处理三维空间问题等其他复杂问题时，要使用到三维及三维以上的数组，通常把三维及三维以上的数组称为多维数组。例如，三维图形的点坐标（x,y,z）就要用到三维数组。

定义三维数组的格式如下：

```
类型符说明符  数组名[常量表达式1][常量表达式2][常量表达式3];
```

例如：

```
int a[5][5][5];
//定义a是三维数组
float b[2][6][10][5];
//定义b是四维数组
```

多维数组的使用与二维数组的使用大同小异，只要确定各维的下标值，就可以使用多维数组的元素了。操作多维数组常常要用到多重循环，一般每一层循环控制一维下标。要注意下标的位置和取值范围。

另外要说明的是，由于数组在内存中占据一片连续的存储空间，多维数组如果每维下标定义太大，可能造成大量存储空间浪费，从而严重影响程序的执行速度。例如，定义一个双精度数组 a[100][100][100]，则存储这一数组需要用 100×100×100×8 字节的连续存储空间，这是一块非常大的内存空间，极有可能使计算机内存不够用。

任务实施

【例 6-7】将一个二维数组行和列元素互换，存到另一个二维数组中：

$$a\begin{pmatrix}1&2&3\\4&5&6\end{pmatrix}\xrightarrow{\text{a 行、列互换并存储到 b}}b\begin{pmatrix}1&4\\2&5\\3&6\end{pmatrix}$$

编程要点：

二维数组的操作，一般用二重循环配合。外循环处理数组中的行数，内循环处理数组中的列数。

实现代码：

```
/*
    功能:将一个二维数组行和列元素互换,存到另一个二维数组中。
*/
#include <stdio.h>
void main()
{
   int a[2][3]={{1,2,3},{4,5,6}} ;             /*定义 a 二维数组*/
   int b[3][2],i,j ;                        /*定义 b 二维数组*/
   printf("数组 a:\n") ;
   for (i=0;i<=1;i++)
   {
       for (j=0;j<=2;j++)
       {
          printf("%5d",a[i][j]) ;              /*输出 a 二维数组*/
          b[j][i]=a[i][j] ;                   /*a 数组行和列元素互换,存到 b 数组*/
       }
       printf("\n") ;
   }
  printf("数组 b:\n") ;
  for (i=0;i<=2;i++)
  {
      for(j=0;j<=1;j++)
      printf("%5d",b[i][j]) ;                /*输出 b 二维数组*/
      printf("\n") ;
  }
}
```

程序运行结果如图 6-9 所示。

图 6-9　程序运行结果

任务拓展

【例 6-8】 定义一个整数数组 a[5][6]，用随机函数值填写每个单元，找出最大值的单元，输出其行号及列号。

编程要点：

定义 a 二维数组，定义 i、j 为循环变量，k、l 为最大值所在的行和列。

实现代码：

```
/*
    功能:找出二维数组中最大值的单元,输出其行号及列号。
*/
#include <stdio.h>
#include <stdlib.h>
void main()
{
  int a[5][6] ;                  /*定义 a 二维数组*/
  int i,j,k,l,max ;               /*定义 i、j 为循环变量,k、l 为最大值所在的行和列,
  max 为最大值*/
  for(i=0;i<5;i++)
     for(j=0;j<6;j++)
        a[i][j]=rand()%100 ;       /*给 a 二维数组赋值*/
  max=a[0][0] ; k=0 ; l=0 ;          /*把 a[0][0]假设为最大值*/
  for(i=0;i<5;i++)
     for(j=0;j<6;j++)
        if(a[i][j]>max)
          { k=i ; l=j ; max=a[i][j] ;}  /*保存最大值及其行号 k 及列号 l*/
  printf("数组是\n");
  for(i=0;i<5;i++)
  {
     for(j=0;j<6;j++)
        printf("%4d",a[i][j]) ;       /*输出 a 二维数组的值*/
     printf("\n") ;
  }
  printf("最大值是 a[%d][%d]=%d\n",k,l,max) ;
}
```

程序运行结果如图 6-10 所示。

```
数组是
  41  67  34   0  69  24
  78  58  62  64   5  45
  81  27  61  91  95  42
  27  36  91   4   2  53
  92  82  21  16  18  95
最大值是a[2][4]=95
Press any key to continue
```

图 6-10 程序运行结果

【**例 6–9**】在二维数组 a 中选出各行最大的元素组成一个一维数组 b。

$$a=\begin{pmatrix}10 & 16 & 87 & 65\\ 14 & 32 & 11 & 108\\ 10 & 25 & 12 & 37\end{pmatrix} \qquad b[3]=\{87,108,37\}$$

编程要点：

在数组 a 的每一行中寻找最大的元素，找到之后把该值赋予数组 b 相应的元素即可。

实现代码：

```
#include<stdio.h>
main()
{
  int a[][4]={{10,16,87,65},{14,32,11,108},{10,25,12,37}};
  int b[3],i,j,l;
  for(i=0;i<=2;i++)
  {
    l=a[i][0];
    for(j=1;j<=3;j++)
        if(a[i][j]>l) l=a[i][j];
    b[i]=l;
  }
   printf("\narray a:\n");
   for(i=0;i<=2;i++)
   {
        for(j=0;j<=3;j++)
      printf("%5d",a[i][j]);
   printf("\n");
   }
     printf("\narray b:\n");
    for(i=0;i<=2;i++)
      printf("%5d",b[i]);
    printf("\n");
}
```

程序运行结果如图 6–11 所示。

图 6–11　程序运行结果

任务小结

通过本任务的学习，了解了二维数组在实际运用中的意义，掌握了二维数组的定义及对二维数组元素的引用和初始化，掌握了利用二维数组编写程序的方法和技巧。

任务 3　字符数组与字符串

任务目标

- 掌握字符数组的定义。
- 掌握字符数组的初始化。
- 掌握字符数组的输入/输出。
- 掌握字符串与字符数组之间的应用。

任务描述

输入一组字符串，以输入空串来结束输入，找出最大的字符串（设串长不超过 80 字符）。

任务分析

要完成上面的任务，需要熟练掌握字符数组的定义、赋值，熟练掌握数组的输入和输出方法。

相关知识

字符数组就是类型为 char 的数组，用于存储一串连续的字符，字符数组中每个数组元素存放的值都是单个字符（1 个字节），对这些单个字符连续操作就构成了字符数组。字符数组既可以是一维的，也可以是多维的。

一、字符数组的定义

一维字符数组的定义格式：

```
char  数组名[常量表达式];
```

例如：

```
char a[10];
```

二维字符数组的定义格式：

```
char 数组名[常量表达式 1][常量表达式 2];
```

例如：

```
char b[3][4];
```

二、字符数组的初始化

关于字符数组的初始化，有如下两种方式。

（1）用字符常量初始化数组。例如

```
char ch[4]={'a','b','c','d'};
```

或者

```
Char ch[]=('a','b','c','d');
```

这里定义了包含 4 个字符的字符数组 ch，同时可以缺省数组定义长度。对于二维字符数组，可以缺省行下标，但不能缺省列下标。例如：

```
char st[3][5]=
{{'c','h','i','n,'a'},{'j,'a','p','a','n'},{'k','o','r','e','a'};
```

或者

```
char st[][5]=
{{'c','h','i','n','a'},{'j','a','p','a','n'},{'k','o','r','e','a'}};
```

（2）用字符串常量初始化数组。例如：

```
char ch[5]=I"abcd");
```

该初始化法自动在末尾一个字符后加“0 作为结束符。用字符串常量方式赋值比用字符常量赋值方式每行要多占一个字节。例如：

```
char st[3][6]={"china,"japan","korea"};
```

在初始化中，如果提供的字符个数多于数组元素的个数，则作为语法错误处理；如果字符个数小于元素个数，则多余的数组元素自动赋空格字符。

三、字符数组的引用

用数组的下标指定要引用的数组元素。

一维字符数组的引用格式：

```
数组名[下标]
```

二维字符数组的引用格式：

```
数组名[行下标][列下标]
```

【例 6-10】输出一个字符串。

编程要点：

利用数组存储字符串并输出。

实现代码：

```
/*
  功能:输出一个字符串。
*/
#include <stdio.h>
void main()
{
 char c[10]={'I','','a','m',' ','a',' ','b','o','y'};
```

```
    int i;
    for(i=0;i<10;i++)
        printf("%c",c[i]);                    /*输出c字符数组的值*/
    printf("\n") ;
}
```

程序运行结果如图 6-12 所示。

图 6-12 程序运行结果

四、字符串

在 C 语言中，“字符串常量”是用双引号括起来的一串字符，并用“\0”（ASCII 码值为 0）作为字符串的结束标志，它占一个字节的内存空间，但不计入串的长度。C 语言中没有专门的字符串变量，所以用字符型一维数组处理字符串。

1. 用字符串常量给字符数组赋初值（初始化）

例如：

```
char c[6]="China";
```

说明：

（1）如果提供的字符个数大于数组长度，系统报错。

（2）如果提供的字符个数小于数组长度，则在最后一个字符后添加“\0”作为字符串结束标志。

2. 通过赋初值隐含确定数组长度

例如：

```
char str[]="China";/*数组的长度为6;系统自动在末尾加'\0'*/
char str[]={'c','h','I','n','a'};/*数组的长度为5*/
```

说明：

（1）用字符串赋值时，无须指定长度，系统自行处理。

（2）以字符串常量形式对字符数组初始化，系统会自动在该字符串最后加字符串结束标志“\0”。

（3）若定义的字符数组准备作为字符串使用，则要求其最后一个字符。

3. 字符串的存储

字符串是用字符数组来存储的，例如，对于字符数组 char s[15]，若将它用来存放字符串“I am a student”，则在内存中，该字符数组存放形式如图 6-13 所示。

I		a	m		a		s	t	u	d	e	n	t	\0
s[0]	s[1]	s[2]	s[3]	s[4]	s[5]	s[6]	s[7]	s[8]	s[9]	s[10]	s[11]	s[12]	s[13]	s[14]

图 6－13　字符数组存放形式

五、字符数组的输入和输出

1. 逐个字符的输入和输出

在标准输入输出函数 printf 和 scanf 中，用格式符“%c”输入或输出一个字符。逐个输入字符结束后，系统不会自动在末尾添加“\0”，不能以字符串的形式输出，因此，输出时也用格式符“%c”逐个输出字符。

2. 整个字符串的输入和输出

用格式符“%s”输入或输出字符串。

例如：

```
char c[]={"China"};
printf("%s",c);
```

在内存中，数组 c 的状态如图 6－14 所示，输出时，遇到结束符“\0”就停止输出，输出结果为：

China

C	h	i	a	\0

图 6－14　c 数组的状态图

注意：

（1）用“%s”格式输入字符串时，scanf 函数中的输入项为数组名，如 scanf（"%s", c）。

（2）若利用一个 scanf 函数输入多个字符串，则以空格分隔。

例如：

```
char str1[5],str2[5],str3[5];
scanf("%s%s%s",str1,str2,str3);
```

输入数据：

How ⊔ are ⊔ you？ ↙

在内存中，数组 str1、str2、str3 的状态如图 6－15 所示。

H	o	w	\0	
a	r	e	\0	
y	o	u	?	\0

图 6－15　内存中 str1、str2、str3 的状态图

（3）由于 C 语言中规定 scanf()函数在输入数据时以空格、制表符 Tab 和回车（Enter）键来进行数据的分隔，因此，按照%s 格式输入字符串时，不能有空格或制表符。如果输入了“Turbo C”，则只有字符串“Turbo”被存储到数组中，如果要输入含有空格的字符串，可以使用字符串处理函数 gets()函数。

（4）按照%s 格式输入字符串时，系统自动在最后加字符串结束标志“\0”，但“\0”并不输出。如果一个字符数组中包含一个以上“\0”，则只输出第一个“\0”前面所有字符。

例如，char str[ ] ="abcd\0efg\0";，则输出字符串为“abcd”。

注意：

scanf()函数中的输入项是字符数组名。下面的写法是错误的：

scanf("%s",&str);

因为 C 语言编译系统对数组名的处理是：数组名代表该数组的起始地址，因此，在输入数据时，不需要再加地址符号“&”。

六、字符串处理函数

C 语言编译系统中，提供了很多有关字符串处理的库函数。下面介绍几个常用的字符串处理函数。使用输入、输出字符和字符串函数时，应在函数前加上头文件“stdio.h”；使用其他字符串操作函数时，则应加上头文件“string.h”。

1. 字符串输出函数

格式：puts（字符串）

功能：将一个字符串（以“\0”为结束标志）输出到终端。输出的字符串中可以包含转义字符。例如：

```
        char str[]={"China\nBei jing"};
puts(str);
```

输出：

```
China
Bei jing
```

在输出时，将字符串结束标志“\0”转换成“\n”，即输出完字符串后换行。

说明：

字符串可以是字符数组或字符串常量。

2. 字符串输入函数

格式：gets（字符数组）

功能：从终端输入一个字符串（可包含空格），以回车为输入结束标志，将接收到的字符依次赋给字符数组各个元素，并自动在字符串末尾加结束标记“\0”。

例如：gets(str);

注意：用 puts 和 gets 函数只能输入或输出一个字符串，不能写成：

puts(str1,str2);

或

gets(str1,str2);

3. 连接两个字符串函数

格式：strcat(字符串 1,字符串 2)

功能：连接两个字符串中的字符，把字符串 2 的字符连接到字符串 1 的字符后面，结果放在字符串 1 中。函数调用后，得到一个函数值——字符串 1 的起始地址。

例如：

```
char str1[30]={"people's republic of"};
char str2[]={"china"};
printf("%s",strcat(str1,str2));
```

输出：

people's republic of china

说明：

（1）字符串 1 必须足够大，以便能容纳连接后的新字符串。

（2）连接前，两个字符串后面都有一个“\0”；连接时，将字符串 1 后面的“\0”取消，只在新串的最后保留一个“\0”。

4. 字符串拷贝函数

格式：strcpy(字符数组,字符串)

功能：将字符串拷贝到字符数组中去。

例如：

```
char str1[10],str2[]={"china"};
strcpy(str1,str2);   /* 或 strcpy(str1,"china"); */
```

执行后，str1 的内容为：

china\0\0\0\0\0

说明：

（1）字符数组必须足够大，以便能容纳被拷贝的字符串。

（2）拷贝时，连同字符串后面的“\0”一起拷贝到字符数组中。

（3）不能用赋值语句将一个字符串常量或字符数组直接赋给一个字符数组。下面的用法是错误的：

```
str1={"china"};str1=str2;
```

而只能用拷贝函数 strcpy 处理。

用赋值语句只能将一个字符赋给一个字符型变量或字符数组元素。

例如，下面的是合法的：

```
char a[5],c1,c2;
 c1='A';c2='B';
 a[0]='c';a[1]='h';a[2]='i';a[3]='n';a[4]='a';
```

（4）可以用 strcpy 函数将字符串中前面若干个字符拷贝到字符数组中去。

例如：strcpy(str1,str2,2);

将 str2 中前面 2 个字符拷贝到 str1 中去，然后再加一个“\0”。

5. 字符串比较函数

格式：strcmp(字符串 1,字符串 2)

功能：比较字符串 1 和字符串 2 的大小。

说明：

按照 ASCII 码值大小比较，将两个字符串自左至右逐个字符比较，直到出现不同的字符或遇到“\0”为止。如果全部字符相同，则认为相等；如果出现不相同的字符，则以第一个不相同字符的比较结果为准。

① 字符串 1==字符串 2，函数值=0；

② 字符串 1>字符串 2，函数值>0；

③ 字符串 1<字符串 2，函数值<0。

注意：

对两个字符串的比较，不能用以下形式：

```
if(str1==str2) printf("yes");
```

而只能用：

```
if(strcmp(str1,str2)=0)printf("yes");
```

6. 测试字符串长度函数

格式：strlen(字符数组)

功能：测试字符串长度，函数值为字符串的实际长度，不包括“\0”。例如：

```
char str[10]={"china"};
printf("%d",strlen(str));
```

结果为：

5

7. 字符串小写函数

格式：strlwr(字符串)

功能：将字符串中的大写字母转换成小写字母。lwr 是 lowercase（小写）的缩写。

8. 字符串大写函数

格式：strupr(字符串)

功能：将字符串中的小写字母转换成大写字母。upr 是 uppercase（大写）的缩写。

【例 6-11】 用 gets()函数读取字符串，并用 puts()函数输出字符串。

编程要点：

掌握 gets()函数和 puts()函数的调用方法。

实现代码：

```
/*
功能:gets 读取字符串与 puts 输出字符串。
*/
#include <stdio.h>
void main()
{
```

```
    char s[18] ;                              /*定义 s 字符数组的初值*/
    printf("输入字符串:") ;
    gets(s) ;                                 /*读取字符串*/
    puts(s) ;                                 /*输出字符串*/
    printf("读取的字符串是\"%s\"\n",s) ;        /*输出 s 字符数组的值*/
}
```

程序运行结果如图 6-16 所示。

图 6-16　程序运行结果

任务实施

【例 6-12】 输入一组字符串，以输入空串结束输入，找出最大的字符串（设串长不超过 80 字符）。

编程要点：

判定数组中的每个元素与输入的数据是否一致，并输出是第几个元素。

实现代码：

```
#include <stdio.h>
#include <string.h>
void main()
{
   char smax[80],s[80] ;             /*定义 s 数组和 smax 数组*/
   strcpy(smax, " ") ;              /*设置 smax 数组为空,也可以设置 smax[0]='\0'*/
   do
   {
     printf("输入字符串:") ;
     gets(s) ;                       /*读取字符串*/
     if(strcmp(s,smax)>0)
         strcpy(smax,s) ;     /*s 数组比 smax 数组大的话,把 s 数组赋值给 smax 数组*/
    }while(s[0]!='\0');
   puts("最大的字符串是:") ;
   puts(smax) ;
}
```

程序运行结果如图 6-17 所示。

图 6-17　程序运行结果

任务拓展

【例 6-13】输入一个字符串，把其中的所有大写字母变成小写字母，其余不变。

编程要点：

输入的字符串为 s，逐个去考察它的每一个字符 s[i]，i=0,1,…,strlen(s)-1，查看 s[i] 是否是大写，如果是，则把它转为小写，否则不变。

实现代码：

```
#include <stdio.h>
#include <string.h>
void main()
{
   char s[80] ;                    /*定义 s 数组*/
   int i=0 ;
   printf("输入字符串:") ;
   gets(s) ;                       /*读取字符串*/
   while(s[i])                     /*s[i]='\0'时条件才为假*/
   {
     if(s[i]>='A'&&s[i]<='Z')
          s[i]=s[i]+32 ;                /*把大写字母转化为小写字母*/
   }
   puts("变换后的字符串是:") ;
   puts(s) ;
}
```

程序运行结果如图 6-18 所示。

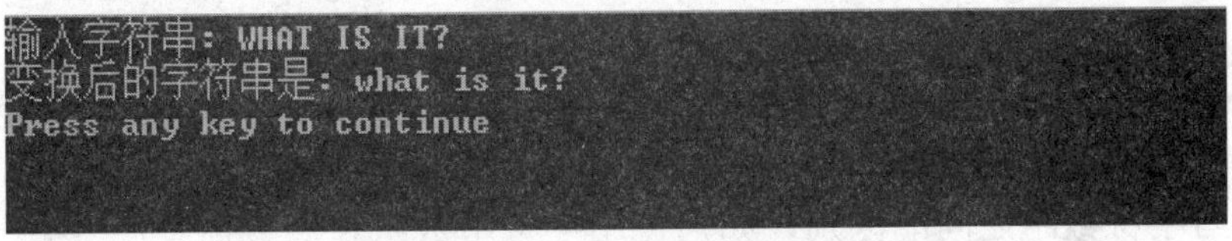

图 6-18　程序运行结果

【例 6-14】输入一个日期，计算这一天是当年的第几天。

编程要点：

设输入的日期是 y 年 m 月 d 日，这一日期首先要合法，其次才能计算是该年的第几天（例如 2008－2－19 为第 50 天），计算是第几天可以根据 m 是第几月来计算，它包含 1，2，…，m－1 月的天数及当月的 d 天。注意，如果是闰年，2 月份天数是 29。

实现代码：

```
#include <stdio.h>
void main()
{
   int i,k,y,m,d,days ;          /*y为年,m为月,d为日,days为总天数*/
   int months[12]={31,28,31,30,31,30,31,31,30,31,30,31} ;
   printf("输入日期(Y-M-D):") ;
   scanf("%d-%d-%d",&y,&m,&d) ;        /*从键盘上输入年、月、日*/
   if(y>0&&m>=1&&m<=12)
   {
      if(y%4==0&&y%100!=0||y%400==0)
         months[1]=29 ;                    /*闰年2月份为29天*/
      if(d>=1&&d<=months[m-1])
      {
         days=d ;
         for(k=0;k<m-1;k++)
            days=days+months[k] ;          /*累计1到m-1月份的天数*/
         printf("%d-%d-%d是当年第%d天\n",y,m,d,days) ;   /*输出天数*/
      }
      else puts("无效日期!") ;
   }
   else puts("无效日期!") ;
}
```

程序运行结果如图 6－19 所示。

图 6－19　程序运行结果

任务小结

通过本任务的学习，掌握了字符数组的定义、字符数组的初始化及字符数组的输入/输出；了解了字符串与字符数组之间的区别，如何使用字符串数组存储数据及使用字符串函数编写程序。

实训1 最大值和最小值

最值问题可谓是经典中的经典了，说它是每个程序员都该掌握的知识一点也不为过。本案例要求先输入数组的大小和各个数组元素，然后求出数组中的最大值和最小值及它们所在的位置，最后把它们依次输出到屏幕上。

实训目的

- 掌握一维数组的定义。
- 掌握一维数组的赋值、引用方法。
- 掌握与一维数组有关的程序设计方法。

实训要求

练习使用 VC++ 6.0 集成环境，学会使用 VC++ 6.0 编写程序，并进行编辑、修改、运行。

实训内容

① 开机，进入 Windows 操作平台。

② 进行 VC++ 6.0 集成环境的安装。

③ 进行 C 语言程序的编辑、保存、编译、组建和执行。

代码如下：

```
#include <stdio.h>
int main()
{
    int a[50];                                          //定义数组存放元素
    int MAX, MIN;                                       //定义最大值和最小值变量
    int i, n;
    int j = 0;
    int k = 0;
    printf("Please input the size of array:\n");
    scanf("%d", &n);                                    //输入数组的元素个数
    printf("Please input the elements of the array one by one:\n");
    for (i = 0; i < n; i++)                             //依次输入数组中的元素
    scanf("%d", &a[i]);
 MIN = a[0];                        //数组首元素默认为最小值
 for(i = 1; i < n; i++)                              //找出数组元素中的最小值
 {
    if(a[i] < MIN)                                   //如果有比 MIN 小的元素
```

```
        {
            MIN = a[i];                                    //就把此元素赋值给 MIN
            j = i + 1;                                     //将存储最小值的位置赋给 j
        }
    }
    MAX = a[0];                                            //数组首元素默认为最大值
    for(i = 1; i < n; i++)                                 //找出数组元素中的最大值
    {
        if(a[i] > MAX)                                     //如果有比 MAX 大的元素
        {
            MAX = a[i];                                    //就把此元素赋值给 MAX
            k = i + 1;                                     //将存储最大值的位置赋给 k
        }
    }
    printf("The position of the MIN is:%d\n", j);     //输出最小值所在的位置
    printf("The MIN is:%d\n", MIN);
    printf("The position of MAX is:%d\n", k);         //输出最大值所在的位置
    printf("The MAX is:%d\n", MAX);
    return 0;
}
```

实训过程

① 打开 VC++6.0 应用程序。

② 新建.c 程序文件。

③ 编写程序。

依次执行“组建”菜单下的“编译”→“组建”→“执行”子菜单，每一步都正确的情况下，得到如图 6-20 所示结果。

```
Please input the size of array:
6
Please input the elements of the array one by one:
2 12 3 45 1 32
The position of the MIN is:5
The MIN is:1
The position of MAX is:4
The MAX is:45
Press any key to continue
```

图 6-20 程序运行结果

实训总结

熟练掌握一维数组的使用，编写程序时，一定要细心，出现错误时，要认真查找错误的原因。

实训拓展

用初始化方法，把某班前 6 名学生的 C 语言程序设计课程的考试成绩存储在数组中，再从键盘输入一个考分，查找该数是否在数组中，如果在，输出它是第几名学生的成绩。

实训 2　神奇魔方阵

所谓魔方阵，古代又称为“纵横图”，就是指由自然数组成的方阵。那么什么是方阵呢？

若一个矩阵由 n 个横列与 n 个纵行所构成，共有 n×n 个小方格，则称这个方阵是一个 n 阶方阵。方阵中的每个元素都不相等，并且每行和每列及主副对角线上的各元素之和都相等。

实训要求编程实现一个 5 行 5 列的魔方阵，如图 6-21 所示。

11	24	7	20	3
4	12	25	8	16
17	5	13	21	9
10	18	1	14	22
23	6	19	2	15

图 6-21　5 行 5 列魔方阵

实训目的

- 掌握二维数组的定义。
- 掌握二维数组的赋值、引用方法。
- 掌握与二维数组有关的程序设计方法。

实训要求

练习使用 VC++ 6.0 集成环境，学会使用 VC++ 6.0 编写程序，并进行编辑、修改、运行。

实训内容

① 开机，进入 Windows 操作平台。

② 进行 VC++ 6.0 集成环境的安装。

③ 进行 C 语言程序的编辑、保存、编译、组建和执行。

代码如下：

```
#include <stdio.h>
```

```
int main()
{
    int i, j;
    int x = 1, y = 3;                  //要求从第一行中间位置开始
    int a[6][6] = { 0 };               //定义一个二维数组来储存魔方阵
    for (i = 1; i < 25; i++)           //魔方阵中共 25 个数字
    {
     a[x][y] = i;                      //把此时的 i 存储到 a[x][y]这个位置
     if (x == 1 && y == 5)             //如果位置在右上角,下一个数放在正下方
     {
         x++;
         continue;                     //结束本次循环
     }
     if (x == 1)                       //如果在第一行
         x = 5;                        //则将下一个数放在最后一行
     else                              //否则
         x--;                          //将下一个数放在上一行
     if (y == 5)                       //如果在最后一列
         y = 1;                        //则将下一个数放在第一列
     else                              //否则
         y++;                          //将下一个数放在下一列
     if (a[x][y] != 0)                 //判断经过上面步骤确定的位置上是否有非零数
     {
         x = x + 2;                    //若表达式为真,则行数加 2
         y = y - 1;                    //列数减 1
     }
  }
  for (i = 1; i <= 5; i++)             //输出二维数组
  {
     for (j = 1; j <= 5; j++)
     {
         printf("%4d", a[i][j]);
     }
     printf("\n");                     //每输出一行就回车
  }
  return 0;
}
```

实训过程

① 打开 VC++6.0 应用程序。

② 新建.c程序文件。

③ 编写程序。

④ 依次执行“组建”菜单下的“编译”→“组建”→“执行”子菜单，每一步都正确的情况下，得到如图6-22所示结果。

图6-22　程序运行结果

实训总结

熟练掌握二维数组的使用方法，编写程序时，一定要细心，出现错误时，要认真查找错误的原因。

实训拓展

将两个二维数组对应元素加起来，存到另一个二维数组中。

实训3　校园十大歌手比赛

转眼又迎来了一年一度的校园十大歌手比赛，选手们个个积极应战，奋力抢夺冠军的宝座。如今最终得分已经揭晓，但是并没有按照升序顺序排列好，为了知晓冠军、亚季和季军的得主，实训要求通过编程将这十位歌手的得分从低到高进行排序。

先将每位歌手的得分存储到一维数组中，然后构建一个排序函数，使用该函数实现对一维数组的排序，因此需要将一维数组作为函数参数传入函数。排序算法有很多种，这里使用冒泡排序算法进行排序。

实训目的

- 掌握冒泡排序法的实现原理。
- 了解如何将一维数组作为函数参数传递到函数中。

实训要求

练习使用VC++6.0集成环境，学会使用VC++6.0编写程序，并进行编辑、修改、运行。

实训内容

① 开机，进入Windows操作平台。

② 进行 VC++6.0 集成环境的安装。

③ 进行 C 语言程序的编辑、保存、编译、组建和执行。

代码如下：

```
#include <stdio.h>
//冒泡排序
void BubbleSort(int s[], int n)                 //函数参数:数组与数组大小
{
   int i, j, temp;
   for (i = 0; i < n - 1; i++)                    //从 i=0 开始,共进行 n-1 轮排序
   {                                           //每轮排序都使一个较大的值到达较大的位置
     for (j = 0; j < n - i - 1; j++)  //每轮两两比较的数据逐层递减
     {
        if (s[j] > s[j + 1])              //符合条件则交换,将两个元素进行交换
        {
           temp = s[j];
           s[j] = s[j + 1];
           s[j + 1] = temp;
        }

     }
  }
}

int main()
{
   int i;                                            //用于循环控制
   int a[10];                                        //定义一个数组 a 来储存歌手的得分
  printf("Please input the final score of the ten singers:\n");
  for (i = 0; i < 10; ++i)
      scanf("%d", &a[i]);                             //依次输入各个得分

  BubbleSort(a, 10);                                //调用冒泡排序的函数

  printf("After Quick Sort:\n");
  for (i = 0; i < 10; ++i)
      printf("%d ", a[i]);                            //依次输出排序后的各个得分
  printf("\n");
  return 0;
}
```

实训过程

① 打开 VC++6.0 应用程序。

② 新建.c 程序文件。

③ 编写程序。

④ 依次执行“组建”菜单下的“编译”→“组建”→“执行”子菜单，每一步都正确的情况下，得到如图 6-23 所示结果。

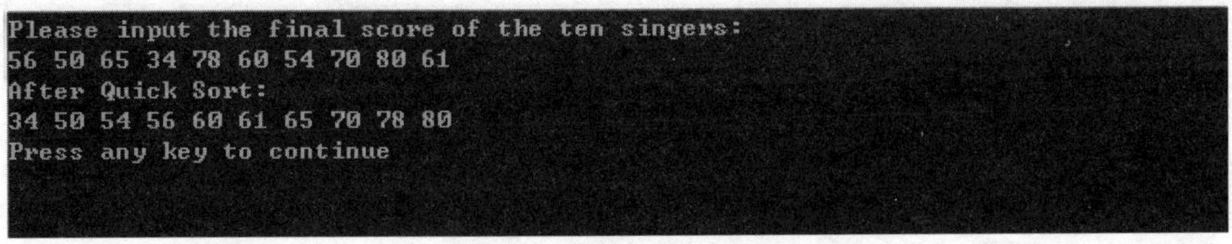

图 6-23　程序运行结果

实训总结

熟练掌握冒泡排序法的实现原理，了解如何将一维数组作为函数参数传递到函数中。

编写程序时，一定要细心，出现错误时，要认真查找错误的原因。

实训拓展

从键盘输入 10 个学生的一门课程成绩，使用冒泡法排序后输出。

实训 4　杨辉三角形

杨辉三角形，又称贾宪三角形、帕斯卡三角形，是二项式系数在三角形中的一种几何排列。案例要求通过编程在屏幕上打印出杨辉三角的前 10 行。

其前 10 行样式如下所示：

1									
1	1								
1	2	1							
1	3	3	1						
1	4	6	4	1					
1	5	10	10	5	1				
1	6	15	20	15	6	1			
1	7	21	35	35	21	7	1		
1	8	28	56	70	56	28	8	1	
1	9	36	84	126	126	84	36	9	1

实训目的

- 掌握二维数组的定义、赋值和引用方法。
- 掌握 for 循环语句的应用。

实训要求

练习使用 VC++6.0 集成环境，学会使用 VC++6.0 编写程序，并进行编辑、修改、运行。

实训内容

① 开机，进入 Windows 操作平台。

② 进行 VC++6.0 集成环境的安装。

③ 进行 C 语言程序的编辑、保存、编译、组建和执行。

代码如下：

```
#include <stdio.h>
#include <stdlib.h>
int main()
{
    int i, j;
    int arr[10][10] = { 1 };            //定义一个10行10列的二维数组,初始化为1
    for (i = 1; i < 10; i++)            //外层循环控制杨辉三角的行数
    {
        arr[i][0] = 1;                  //每一行第1个元素都赋值为1,即第1列都为1
        for (j = 1; j <= i; j++)         //内层控制杨辉三角的列数
            //每个元素等于其上一行左边和上边两个元素之和
            arr[i][j] = arr[i - 1][j - 1] + arr[i - 1][j];
    }
    for (i = 0; i < 10; i++)            //双重for循环打印这个二维数组中的元素
    {
        for (j = 0; j <= i; j++)
            printf("%-5d", arr[i][j]);
        printf("\n");
    }
    return 0;
}
```

实训过程

① 打开 VC++6.0 应用程序。

② 新建.c 程序文件。

③ 编写程序。

④ 依次执行“组建”菜单下的“编译”→“组建”→“执行”子菜单，每一步都正确的情况下，得到如图 6-24 所示结果。

```
1
1    1
1    2    1
1    3    3    1
1    4    6    4    1
1    5    10   10   5    1
1    6    15   20   15   6    1
1    7    21   35   35   21   7    1
1    8    28   56   70   56   28   8    1
1    9    36   84   126  126  84   36   9    1
Press any key to continue
```

图 6-24　程序运行结果

实训总结

熟练掌握二维数组的定义、赋值和引用方法，掌握 for 循环语句的应用。编写程序时，一定要细心，出现错误时，要认真查找错误的原因。

实训拓展

打印 8 行杨辉三角形。具有如下特性：每行左右对称，由 1 开始逐渐增大，然后变小，回到 1。第 n 行数字个数为 n。每个数字等于上一行的左右两个数字之和，结果如图 6-25 所示。

```
                  1
               1     1
            1     2     1
         1     3     3     1
      1     4     6     4     1
   1     5    10    10     5     1
1     6    15    20    15     6     1
1   7    21    35    35    21     7     1
Press any key to continue
```

图 6-25　程序运行结果

实训 5　矩 阵 转 置

设 A 为 m×n 阶矩阵（即 m 行 n 列），第 i 行第 j 列的元素是 a(i,j)。定义 A 的转置为这样一个 n×m 阶矩阵 B：满足 B=a(j,i)，即 $b(i,j)^T=a(j,i)$（B 的第 i 行第 j 列元素是 A 的第 j 行第 i 列元素），记作 $A^T=B$。

简单的矩阵转置如下：

$$\begin{vmatrix} a & b \\ c & d \\ e & f \end{vmatrix}^T = \begin{vmatrix} a & c & e \\ b & d & f \end{vmatrix}$$

实训目的

- 掌握二维数组的定义、赋值和引用方法。
- 掌握 for 循环语句的应用、双层 for 循环的应用。

实训要求

练习使用 VC++6.0 集成环境，学会使用 VC++6.0 编写程序，并进行编辑、修改、运行。

实训内容

① 开机，进入 Windows 操作平台。

② 进行 VC++6.0 集成环境的安装。

③ 进行 C 语言程序的编辑、保存、编译、组建和执行。

代码如下：

```
#include <stdio.h>
int main()
{
    int i, j, row, column;                          //定义表示数组行、列的变量
    int a[10][10], b[10][10];                       //定义二维数组
    printf("Please input the number of rows (<10)\n");
    scanf("%d", &row);                              //输入行数
    printf("please input the number of columns(<10)\n");
    scanf("%d", &column);                           //输入列数
    printf("Please input the elements of the array\n");
    for (i = 0; i < row; i++)                       //控制输出的行数
    {
        for (j = 0; j < column; j++)                //控制输出的列数
        {
            scanf("%d", &a[i][j]);                  //输入数组中的元素
        }
    }
```

```
    //矩阵转置之前
    printf("array a:\n");                        //将输入的数据以二维数组的形式输出
    for (i = 0; i < row; i++)                    //控制输出的行数
    {
        for (j = 0; j < column; j++)             //控制输出的列数
        {
            printf("\t%d", a[i][j]);             //输出元素
        }
        printf("\n");                            //每输出一行，要在末尾换行
    }
    //矩阵转置过程
    for (i = 0; i < row; i++)
    {
        for (j = 0; j < column; j++)
        {
            b[j][i] = a[i][j];    //将a数组的i行j列元素赋给b数组的j行i列元素
        }
    }
    //矩阵转置之后
    printf("array b:\n");                        //将互换后的b数组输出
    for (i = 0; i < column; i++)                 //b数组行数最大值为a数组列数
    {
        for (j = 0; j < row; j++)                //b数组列数最大值为a数组行数
        {
            printf("\t%d", b[i][j]);             //输出b数组元素
        }
        printf("\n");                            //每输出一行，要在末尾换行
    }
    return 0;
}
```

实训过程

① 打开 VC++6.0 应用程序。

② 新建.c 程序文件。

③ 编写程序。

④ 依次执行“组建”菜单下的“编译”→“组建”→“执行”子菜单，在每一步都正确的情况下，得到如图 6-26 所示结果。

```
Please input the number of rows (<10)
5
please input the number of columns(<10)
2
Please input the elements of the array
12 3
2 15
34 5
23 13
78 18
array a:
        12      3
        2       15
        34      5
        23      13
        78      18
array b:
        12      2       34      23      78
        3       15      5       13      18
Press any key to continue
```

图 6-26　程序运行结果

实训总结

掌握二维数组的定义、赋值和引用方法，掌握 for 循环语句的应用、双层 for 循环的应用。遍历二维数组中的每一个元素，可以使用循环结构。在这里使用双层 for 循环实现矩阵转置。

实训拓展

求一个 3×4 阶矩阵元素的最小值。

知识梳理与总结

① 数组的概念。

② 一维数组。

③ 二维数组。

④ 多维数组的定义和引用。

⑤ 字符数组与字符串。

⑥ 实训 1 求最大值和最小值。

⑦ 实训 2 神奇魔方。

⑧ 实训 3 校园十大歌手比赛。

⑨ 实训 4 杨辉三角形。

⑩ 实训 5 矩阵转置。

习 题 <<<

一、单选题

1. 若有语句 int a[8];，则下述对 a 的描述中，正确的是（　　）。

A. 定义了一个名称为 a 的一维整型数组，共有 8 个元素

B. 定义了一个数组 a，数组 a 共有 9 个元素

C. 说明数组 a 的第 8 个元素为整型变量

D. 以上可选答案都不对

2. 以下对一维整型数组 a 的正确说明是（　　）。

A. int a(10);

B. int n=10,a[n];

C. int n;
```
scanf("%d",&n);
int a[n];
```

D. #define SIZE 10
```
int a[SIZE];
```

3. 若有说明 int a[3][4];，则对 a 数组元素的正确引用是（　　）。

A. a[2][4]

B. a[1,3]

C. a[1+1][0]

D. a(2)(1)

4. 以下能对二维数组 a 进行正确初始化的语句是（　　）。

A. int a[2][]={{1,0,1},{5,2,3}};

B. int a[][3]={{1,2,3},{4,5,6}};

C. int a[2][4]={{1,2,3},{4,5},{6}};

D. int a[][3]={{1,0,1}{},{1,1}};

5. 经过 int b[2][3]={ {3,7,8},{2} }; 定义之后，b[1][2]的值是（　　）。

A. 0　　B. 2　　C. 7　　D. 8

6. 若二维数组 a 有 m 列，则计算任一元素 a[i][j]在数组中位置的公式为（　　）（假设 a[0][0]位于数组的第一个位置上）。

A. i*m+j　　B. j*m+I　　C. i*m+j−1　　D. i*m+j+1

7. 设有 char str[10]，下列语句正确的是（　　）。

A. scanf("%s",&str);

B. printf("%c",str);

C. printf("%s",str[0]);

D. printf("%s",str);

8. 下列说法正确的是（　　）。

A. 在 C 语言中，可以使用动态内存分配技术，定义元素个数可变的数组

B. 在 C 语言中，数组元素的个数可以不确定，允许随机变动

C. 在 C 语言中，数组元素的数据类型可以不一致

D. 在 C 语言中，定义了一个数组后，就确定了它所容纳的具有相同数据类型元素的个数

9. 若用数组名作为函数调用的实参，传递给形参的是（　　）。

A. 数组的首地址

B. 数组的第一个元素的值

C. 数组中全部元素的值

D. 数组元素的个数

10. 以下程序的输出结果是（　　）。

```
main()
 {
    int  m[4][3] , j , k ;
    for(j=0 ; j<4 ; j++)
    for(k=0 ; k<3 ; k++)
    m[k][j]=j-2*k ;
    printf("%d,%d", m[2][1],m[1][2]) ;
 }
```

A. −3,0　　B. 0,3　　C. −1,3　　D. 3,0

11. 下述对 C 语言字符数组的描述，错误的是（　　）。

A. 字符数组可以存放字符串

B. 字符数组中的字符串可以整体输入、输出

C. 可以在赋值语句中通过赋值运算符“=”对字符数组整体赋值

D. 不可以用关系运算符对字符数组中的字符串进行比较

12. 设有 char str1[10],str2[10],c1;，则下列语句正确的是（　　）。

A. str1 = {"china"};str2 = str1;

B. c1 = "ab";

C. str1 = {"china"};str2 = {"people"};strcpy(str1,str2);

D. c1 = 'a';

13. 以下能正确进行字符串赋值、赋初值的语句组是（　　）。

A. char s[5]= {'a','b','c','d','e'};

B. char *s;s = "abcde";

C. char s[5]= "abcde";

D. char s[5];s = "abcd";

14. 有下面的程序段

```
char a[3],b[]="China";a=b;printf("%s",a);
```

则（　　）。

A. 运行后，将输出 China　　B. 运行后，将输出 Ch

C. 输出 Chi　　D. 编译出错

15. 下述对 C 语言字符数组的描述，正确的是（　　）。

A. 任何一维数组的名称都是该数组存储单元的开始地址，并且其每个元素按照顺序连续占用存储空间

B. 在引用一维数组的元素时，其下标大小没有限制

C. 任何一个一维数组的元素，可以根据内存的情况按照其先后顺序以连续或非连续的方式占用存储空间

D. 一维数组的第一个元素是其下标为 1 的元素

二、填空题

1. 若有说明 int a[][3]= {1,2,3,4,5,6,7};，则 a 数组第一维的大小是____________。

2. 定义如下变量和数组：

```
int i;
int x[3][3]={1,2,3,4,5,6,7,8,9};
```

则下面语句的输出结果是____________。

```
for(i=0; i<3; i++)
printf("%d",x[i][2-i]);
```

3. 下面程序的运行结果是____________。

```
main()
 {int a[6];
    for(i=1; i<6; i++)
      {a[i]=9*(i-2+4*(i>3))%5;
      printf("%2d",a[i]);}}
```

4. 下列语句的执行结果是____________。

```
static char str[10] = "china";printf("%d",strlen(str));
```

5. 若有以下程序片段：

```
char str[] = "ab\n\012\\\"";printf("%d",strlen(str));
```

则输出结果是____________。

6. 下面程序段的运行结果是____________。

```
char a[7] = "abcdef "; char b[4] ="ABC";  strcpy(a,b);
printf("%c",a[5]);
```

7. 在 C 语言中，将字符串作为__________________处理。

8. 数组名的命名规则和变量名的相同，遵循____________命名规则。

9. 设 int a[10]={1,2,3,4,5};，则 a[2]的值是____________，a[5]的值是____________。

10. 设 int a[][3]={55,44,33,22,11,99,88,77};，则 a[1][2]的值是___________，a[2][2]的值是___________。

三、阅读程序题

1.

```
main()
   {
   char  ch[]="54321" ;
   int k;
             for(k=0 ; k<3 ; k++)
      printf("%s, ", ch+k) ;
   }
```

程序的运行结果是___________________________。

2.

```
main()
   {
   int  a[10]={1,2,3,4,5,6,7,8,9,0},k , j=0 ;
```

```
            for(k=0;k<10;k++)
          {
                if (k%3= =0)  j+=a[k];
                    }
       printf("%d " , j) ;
    }
```

程序的运行结果是____________。

四、编程题

1. 建立一个数组，数组元素 a[0]~a[9]的值为 0～9，然后按反序输出 9～0。

2. 输入一组字符，要求分别统计出其中英文字母、数字、空格及其他字符的个数。

3. 由键盘输入 N 名学生姓名，再按字典排列输出 N 名学生的姓名。

4. 回文字符串就是正读、反读都一样的字符串，如“radar”。要求从键盘输入字符串，判断该字符串是否为回文字符串。

第7章　函　　数

【知识导读】

本章主要介绍结构化程序设计的基础——函数，介绍函数的定义、函数间参数的传递方式、函数的调用等问题，同时对函数变量的作用域进行详尽的说明。

【能力目标】

- 了解模块化的程序设计思想。
- 掌握函数的定义。
- 掌握函数的编写及调用方法。
- 了解函数间的参数传递。
- 掌握变量的作用域。

【任务设置】

任务1　模块化程序设计思想

任务2　函数的调用

任务3　变量的作用域和生存期

实训　利用模块化程序设计思想设计程序

任务1　模块化程序设计思想

任务目标

- 了解模块化程序设计思想。
- 掌握函数的定义。

任务描述

学会编写一个简单的用户自定义函数，并掌握模块化程序设计方法。

任务分析

编写一个简单的用户自定义C语言程序，并验证结果。

相关知识

一、模块化程序设计思想

前面章节里介绍的程序，都是由一个主函数main()构成的，程序的所有操作都在main函数中完成。

一个较大的程序，一般都会分解成若干个模块编写，每个模块都负责完成一定的功能，这个模块又称作子程序。在C语言中，子程序的功能是由函数来完成的。图7-1所示是一个函数调用的示意图。

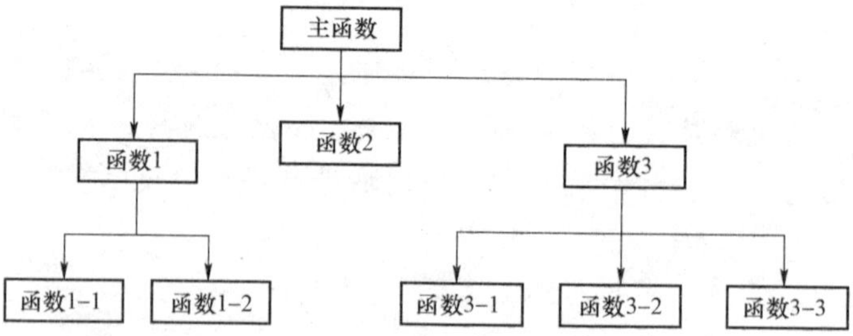

图7-1　函数调用示意图

C语言函数有以下特点：

（1）结构上，一个C语言程序可以由一个main函数和若干个其他函数构成，由main函数调用其他函数，其他函数也可以相互调用（但是不能调用main函数），并且同一个函数也可以被重复调用多次。

（2）执行顺序上，C语言程序从main函数开始，到main函数结束。

（3）函数定义上，函数之间不可嵌套定义，但可以嵌套调用。

函数是实现程序模块化的必要手段。合理地编写函数，可以简化程序结构，提高程序的可读性，减少重复编码的工作量。更重要的是，可以实现多人合作完成一个大型程序，缩短程序设计周期，提高程序设计和调试效率。

二、函数概述

一个C语言程序可以由一个main函数和若干个其他函数构成。由main函数调用其他函数，不能被其他函数调用。如果不考虑函数的功能和逻辑，其他函数没有主从关系，可以相互调用。程序总体功能通过函数的调用来实现。

（一）函数的定义

一个完整的函数定义包括两部分内容：一是函数头，二是函数体。函数头包括函数类型、函数名和形式参数列表。函数体包括声明和语句两部分，具体完成函数功能的实现。

函数一般的定义格式为：

```
返回值的数据类型 函数名(数据类型 参数名1,数据类型 参考名2)
{
/*函数的功能代码部分*/
/*用return语句返回结果值*/
}
```

【说明】在上面的定义格式中，函数名、参数名1、参数名2等是标识符，与前面学过的函数名和变量名的命名方法是一样的。

返回值的数据类型，即 int、float、double、char 等关键字，根据函数的具体功能及其要返回的数据的类型而定。

每个参数名前面的“数据类型”也是关键词。

要注意的是，“数据类型　参数名　1”或“数据类型　参数名　2”分别是一个参数的定义。（想一想，这与普通变量的定义格式是不是有点类似？）

另外，函数可以是一个变量，也可以是多个变量。上面的格式中，就描述了一个具有两个参数的“带参数有返回值函数”。

在函数中，返回值需要用 return 语句。return 语句的格式为：

```
return 表达式;
```

在 return 语句中，“表达式”通常是计算结果或由结果构成的表达式，当然，也可以是用户想让函数返回的任意值（但要注意，表达式的值最好与返回值类型相匹配）。

（二）库函数和用户自定义函数

1. 库函数

库函数是由 C 语言系统提供的，用户无须定义，也不必在程序中做类型说明，只需在程序最前面使用 include 命令包含相关函数原型的头文件，就可以在程序中直接调用。

C 语言的库函数非常丰富，ANSI C 提供了 100 多个库函数，Turto C 提供了 300 多个库函数。常用的库函数如下。

（1）数学函数（头文件 math.h）：abs、fabs、sin、cos、tan、exp、sqrt、pow、log、log10。

（2）字符串处理函数（头文件 string.h）：strcmp、stcpy、strcat、strlen。

（3）字符处理函数（头文件 ctype.h）：isalpha、isdigit、islower、isupper、isspace。

（4）输入/输出函数（头文件 stdio.h）：getchar、putchar、gets、puts、fopen、fclose、fprintf、fscanf、fgetc、fputc、fgets、fputs、feof。

（5）动态存储分配函数（头文件 stdlib.h）：malloc、free。

【例 7-1】 调用库函数，计算 e^x。

程序代码如下：

```
# include <stdio.h>
# include <math.h>
main()
{
   double x,y;
   printf("Input data:");
   scanf("%lf",&x);
   y= exp(x);
   printf("e 的%lf 次方=%lf\n",x,y);
}
```

程序运行结果如图 7-2 所示。

图 7-2　程序运行结果

【程序说明】

程序中的 exp(x)是系统提供的库函数，使用时，要在程序的开始处加上命令行“#include <math.h>”。exp(x)要求参数 x 是 double 类型，并且计算结果也是 double 类型。

【例 7-2】 调用库函数，计算 lnx。

```
# include <stdio.h>
# include <math.h>
main()
{
   double x,y;
   printf(" Input data:");
   scanf("%lf" ,&x);
   y= sin(x);
   printf("sin%lf =%lf\n",x,y);
}
```

程序运行结果如图 7-3 所示。

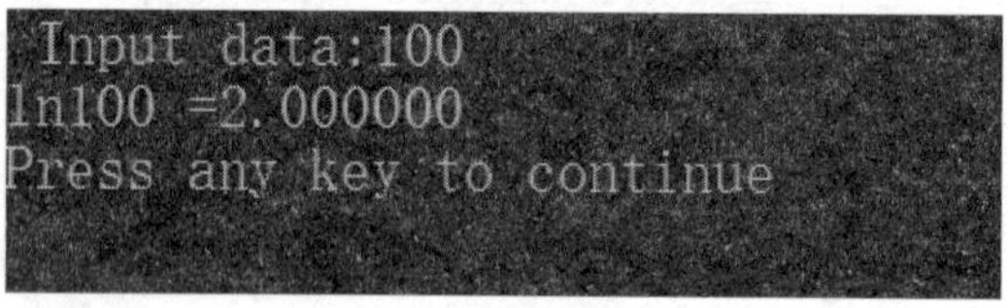

图 7-3　程序运行结果

【程序说明】

程序中的 log10(x)是系统提供的库函数，通过调用库函数计算 lnx。

2. 用户自定义函数

自定义函数是由用户根据实际需要编写的函数，专门用来解决用户的特定需求。

【例 7-3】 使用用户自定义函数，计算 e^x。

程序代码如下：

```
#define E 2.718 28
#include <stdio.h>
double myexp(int x)
{
   double y=1;
```

```
    int i;
    for(i=1;i<=x;i++)
      y=y*E;
    return y;
}
main()
{
    int x;
    double y;
    printf("Input data x:");
    scanf("%d",&x);
    y=myexp(x);
    printf("e 的为%d 次方=%1f\n",x,y);
}
```

程序运行结果如图 7-4 所示。

图 7-4 程序运行结果

【例 7-4】从键盘输入一个数，求它的绝对值。

程序代码如下：

```
#include <stdio.h>
void main()
{
int a,b;
scanf("%d",&a);
b=fun(a);
printf("%d\n",b);
}
int fun(int x)
{
if(x<0) x=-x;
return(x);
}
```

程序运行结果如图 7-5 所示。

图 7-5　程序运行结果

有人会提出，只用一个 main 函数就可以编程，没有必要将程序分解到函数。对于小程序，可以这样做，但是对于一个有一定规模的程序，这样做就不合适了。使用函数的几个原因如下：

（1）使用函数可以控制任务的规模。一般应用程序都具有较大的规模。使用函数可以将程序划分为若干个功能相对独立的模块，这些模块还可以划分为更小的模块，直到各个模块达到程序员所能控制的规模。然后程序员再进行各个模块的编制。因为各个模块功能相对独立，步骤有限，所以流程容易控制，程序的层次结构清晰，便于程序的编写、阅读和调试，一般一个模块的规模控制在 60 行代码以内。

（2）使用函数可以控制变量的作用范围。变量在整个模块范围内全局有效，如果将一个程序全部写在 main 函数内，变量可以在 main 函数内任何位置不加控制地被修改。如果发现变量的值有问题，可能要在整个程序中查找在哪里对此变量进行了修改，什么操作会对此变量有影响，改动了一个地方或许一不留神又造成了新的问题，最后程序越改越乱，有时连程序员自己都不愿意再看自己编写的程序。使用函数后，变量局限于自定义函数的 60 行代码内，很容易控制。另外，还可以使用函数通过接口（参数表、返回值）通信，交换数据。

（3）使用函数，程序的开发可以由多人分工协作。将程序划分为若干模块（函数），各个相对独立的模块可以由多人完成，每个人按照模块的功能要求、接口要求编制与调试代码，确保每个模块的正确性。最后将所有模块合并，统一调试、运行。

（4）使用函数，可以重新利用已有的、调试好的、成熟的程序模块。C 语言的库函数（标准函数）都是系统提供的，是调试好的常用的模块，可以直接利用。用户自定义的代码也可以维护，以重新利用。可以将已经调试好的、功能相对独立的代码改成函数，供以后调用，易于扩充和维护。

任务实施

编写一个用户自定义函数：求两个数的和函数。

程序代码如下：

```
#include <stdio.h>
 int  add(int a,int b)
 {
   int t=0;
   t=a+b;
 return t;
 }
```

这个用户自定义的函数可在 main 函数中调用使用。例如：

```
#include <stdio.h>
```

```
void  main()
{
 int a,b,sum;
scanf("%d,%d",&a,&b);
sum=add(a,b);
printf("%d+%d=%d",a,b,sum);
}
int  add(int a,int b)
{
  int t=0;
  t=a+b;
return t;
}
```

程序运行结果如图 7-6 所示。

```
23,87
23+87=110
Press any key to continue
```

图 7-6 程序运行结果

任务拓展

定义一个函数，并在主函数中调用，求两个数中的大者。

程序代码如下：

```
#include <stdio.h>
int  max(int a,int b)
{
  int max=0;
  if (a>b)
    max=a;
  else
    max=b;
return max;
}
main()
{
  int a,b,c;
scanf("输入两个数:");
scanf("%d,%d",&a,&b);
c=max(a,b);
```

```
printf("max=%d\n",c);
}
```

程序运行结果如图 7-7 所示。

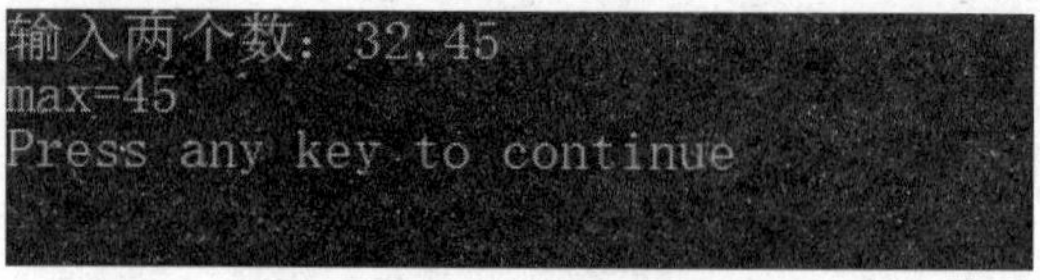

图 7-7　拓展程序运行结果

【程序说明】

程序中首先定义了 3 个变量，a、b、c 为整型变量，在输入两个变量 a、b 后，调用用户自定义函数 max，在调用的 max 函数中，运用 if…else 语句找出两数中的大者，并返回大者，最后用 printf 语句进行输出显示。

任务小结

① 一个 C 语言程序一般由一个主程序和多个子程序构成。
② 函数模块化的思想在很大程度上简化了程序结构，减少了重复编码的工作量。
③ 用户自定义的函数在主程序中实现调用，要注意其在主程序中的位置和返回值。

任务 2　函数的调用

任务目标

- 掌握函数的调用。
- 掌握参数的传递方式。
- 了解函数的嵌套调用。

任务描述

运用模块化程序设计方法，编写一个函数调用程序。

任务分析

编写一个含有子程序的 C 语言程序，并验证结果。

相关知识

一、函数的调用格式

（一）函数调用的一般形式

函数的调用是程序控制从调用函数转到被调函数，执行被调函数的函数体，直至执行完函数体中的语句或者遇到 return 语句为止。

函数调用的一般形式为：

```
函数名(实参表列);
```

【说明】如果被调函数是无参函数，则没有实参列表，但是括号不能省略。如果调用有参函数，实参的类型必须和形参的类型一致，各个实参之间用逗号分隔。

函数调用方式有以下 3 种：

（1）函数语句：把函数调用作为一个语句，适合于函数调用不需要返回值的情况。

例如：printf("名 d,d\n",a,b);

（2）函数表达式：把函数调用作为表达式的一部分，这种表达式称为函数表达式。

例如：add(8,9)*20 是函数表达式，将函数调用 add(8,9)作为算术表达式的操作数。

（3）函数参数：函数调用作为一个函数的实参。

例如：m=add(add(a,b),c);，其中，add（a，b）是一次函数调用，它的值作 add 函数另一次调用的实参。m 的值是 a、b、c 三个数的和。

【例 7-5】用函数调用的方法求 1+2+3+…+100。

程序分析：在前一节任务的基础上进行程序编写，将求 1+2+3+…+100 的值写成函数 sum()，然后在 main 函数中进行调用。

程序代码如下：

```
#include <stdio.h>
int sum(int n)
{
    int i,t=0;
    for(i=1;i<=n;i++)
          t=t+i;
     return(t);
 }
 main()
 {
   int sum();
   int s;
   s=sum(100);
   printf("1+2+3+…+100=%d\n",s);
 }
```

程序运行结果如图 7-8 所示。

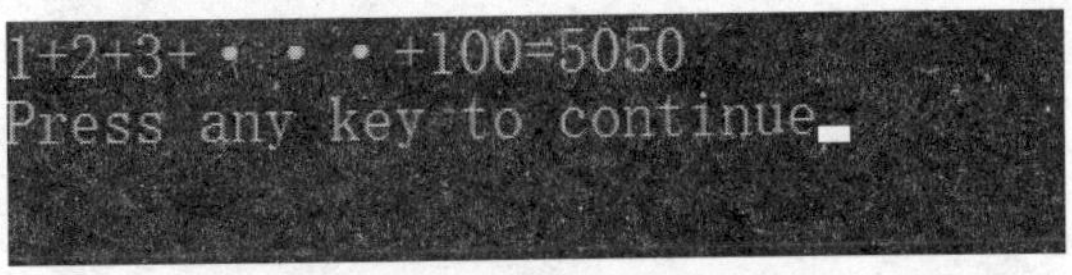

图 7-8　程序运行结果

（二）函数调用时的语法要求

（1）调用函数时，函数名必须与所定义的函数名完全一致。

（2）实参的个数必须与形参的个数一致。实参可以是表达式，在类型上应按位置与形参一一对应匹配。如果类型不匹配，C 编译程序按赋值兼容的规则进行转换。

（3）函数必须遵循“先定义，后调用”的原则，但函数类型为 int 或 char 的函数除外。

【例 7-6】调用函数，输出两个整型数据中的较大者。

程序分析：编写一个比较两个数大小的子程序 max()，在 main 中直接调用。

程序代码如下：

```
#include <stdio.h>
main()
{
    int x,y;
    printf("input data:" );
    scanf("%d%d",&x,&y);
    printf("max=%d\n",max(x,y));
}
int max(int a,int b)
{
  return a>b?a:b;
}
```

【程序说明】

该程序实现了两个整型数据比较的子程序的调用。在 main 函数中先调用实参 x、y，然后在子程序中定义形参 a、b。

程序运行结果如图 7-9 所示。

图 7-9　程序运行结果

【例 7-7】设计一个函数，用于判断一个数是否为素数。

程序分析：编写一个判断素数的子程序 IsPrime()，在 main()中直接调用。

程序代码如下：

```
#include <stdio.h>
#include <math.h>
int IsPrime(int num)
{
    int flag = 1,i;
    for(i = 2; i<=sqrt(num);i++)
```

```
    if(num%i == 0)
      { flag = 0;break;}
    return flag;
  }
  void main()
  {
    int n;
    printf("请输入整数n:\n");
    scanf("%d",&n);
    if(IsPrime(n)==1)
          printf("%d是素数。\n",n);
        else
          printf("%d不是素数。\n",n);
   }
```

程序运行结果如图7-10所示。

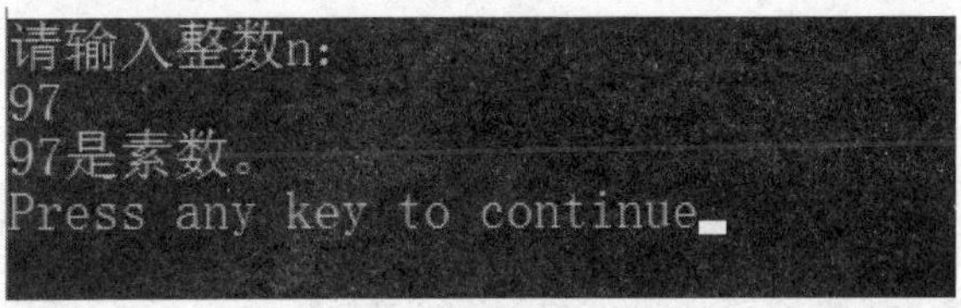

图7-10 程序运行结果

(三)函数的声明

在C语言中，除了主函数，对于用户定义的函数，遵循“先定义，后使用”的规则。凡是未在调用前定义的函数，C语言编译程序都默认其类型为int。对于返回值为其他类型的函数，若把函数的定义放在调用之后，应该在调用之前对函数进行声明。

函数声明的格式：

```
函数类型 函数名([参数类型][,…,[参数类型]]);
```

说明：C语言的库函数就是位于其他模块的函数，为了正确调用，C编译系统提供了相应的.h文件。.h文件内许多都是函数声明，当源程序要使用库函数时，就应当包含相应的头文件。

例如：

```
float max(float,float);
```

或者

```
float max(float a,float b);
```

二、函数的调用方式

1. 无返回值无参数的函数调用

不需要为调用无返回值无参数的函数做任何额外准备，直接调用即可。

【例 7-8】求三个整数的平均值并显示。

程序分析：编写一个求三个数平均值的子程序 average1()，在 main 中直接调用。

程序代码如下：

```
#include <stdio.h>
void  average1();
main()
{
  average1();
}
void  average1()
{
 int x,y,z;
 printf("请输入三个整数(用空格分开):");
 scanf("%d%d%d",&x,&y,&z);
 printf("平均值为:%1f\n",(x+y+z)/3.0);
}
```

程序运行结果如图 7-11 所示。

图 7-11　程序运行结果

【程序说明】

（1）由于是无返回值无参数的函数，故在 average1 函数中，只需要按照顺序结构程序设计的过程（定义变量→输入变量→计算结果→输出结果）编写完函数代码即可。

（2）在 main 函数中调用 average1 时，无须额外的调用前准备。

2. *无返回值有参数的函数调用*

【例 7-9】根据传递过来的三个整数，计算并显示三个整数的平均值。

程序分析：由于是无返回值有参数的函数，故函数原型可声明为：

```
void average2 (int x ,int y,int z);
```

在 main 函数中要调用 average2 函数，需要提前为它准备好三个整数变量，并给它们输入值，然后才能调用。

程序代码如下：

```
#include <stdio.h>
void  average2();
main()
{
```

```
  int a,b,c;
  printf("请输入三个整数(用空格分开):");
  scanf("%d%d%d",&a,&b,&c);
  average2(a,b,c);
 }
void  average2(int x,int y,int z)
 {
  printf("平均值为:%lf\n",(x+y+z)/3.0);
 }
```

程序运行结果如图 7－12 所示。

图 7－12 程序运行结果

【程序说明】

（1）由于 average2 是无返回值有参数的函数，故其参数在 average2 内不需要输入，直接引用即可。

（2）在 main 函数中，要调用 average2，就要先为其准备好三个变量的值，故需要先定义三个整型变量且给它们输入值。

3. 有返回值无参数的函数调用

【例 7－10】 编写一有返回值无参数的函数，并在主函数中调用它。输入三个整数，计算它们的平均值，并将计算结果返回给调用它的函数。

程序分析：由于是有返回值无参数的函数，故函数原型可声明为：

```
double average3 ();
```

函数无参数，所以需要在 average3 内先输入三个整数，然后才能进行平均值计算。

程序代码如下：

```
#include <stdio.h>
double average3();
main()
{
  double result;
  result=average3();
  printf("平均值为:%lf\n",result);
 }
double average3()
 {
```

```
  int x,y,z;
  printf("请输入三个整数(用空格分开):");
  scanf("%d%d%d",&x,&y,&z);
  return(x+y+z)/3.0;
}
```

程序运行结果如图 7-13 所示。

图 7-13　程序运行结果

【程序说明】

（1）由于 average3 是一个无参数的函数，故它用来计算平均值的三个变量需要自己定义，并从键盘上输入值。

（2）由于 average3 是一个有返回值的函数，故在计算出平均值后，需要用 return 语句将计算后的表达式结果返回给主调函数（main 函数）。

（3）在 main 函数中，由于 average3 是有返回值无参数的函数，故只需要准备一个与 average3 返回值类型一致的变量来保存其返回结果即可，不需要准备参数。

4. 有返回值有参数的函数调用

【例 7-11】 编写一有返回值有参数的函数，并在主函数中调用它。输入三个整数，计算它们的平均值，并将计算结果返回给主调函数。

程序分析：由于是有返回值有参数的函数，故函数原型可声明为：

```
double average4(int x,int y,int z);
```

在 average4 函数中，直接引用参数平均值，然后用 return 语句返回即可。

程序代码如下：

```
#include <stdio.h>
double average4(int x,int y,int z);
main()
{
  int a,b,c;
  double result;
  printf("请输入三个整数(用空格分开):");
  scanf("%d%d%d",&a,&b,&c);
  result=average4(a,b,c);
  printf("平均值为:%lf\n",result);
}
double average4(int x,int y,int z)
{
```

```
  return(x+y+z)/3.0;
}
```

程序运行结果如图 7－14 所示。

图 7－14　程序运行结果

【程序说明】

（1）在 average4 函数中，直接引用参数来计算三个数的平均值，并用 return 语句将计算后的平均值返回给主调函数。

（2）在 main 函数中，为了调用 average4 函数，必须先为其三个参数准备好值，故需要先定义三个整型变量，再给它们输入值。

（3）在 main 函数中，为了调用 average4 函数，还需要为其准备一个与返回值类型一样的变量，用来保存函数的返回值。

（4）调用函数 average4 获得了返回值并赋值给变量 result 后，将 result 输出到屏幕上，以确定计算结果是否正确。

三、函数间的数据传递

在 C 语言程序中，函数的参数分为两种：一种是形式参数，一种是实际参数。

1. 形式参数

在定义函数时，函数名后面括号中的变量名称为“形式参数”（简称“形参”）或“虚拟参数”。例如 int func(int a,int b); 中的参数就是形式参数。

2. 实际参数

在主调函数中调用一个函数时，函数名后面括号中的参数称为“实际参数”（简称“实参”），实际参数可以是常量、变量或表达式。例如 int n＝func(3,5); 中的参数就是实际参数。

C 语言中，调用函数和被调用函数之间的数据传递可以通过三种方式进行：

（1）实际参数和形式参数之间进行数据传递。

（2）通过 return 语句把函数值返回调用函数。

（3）通过全局变量（通常不提倡）。

完成一个大型程序的各个函数模块之间一般都需要交换数据。一个函教可以从函数之外获得数据，并可以向其调用者返回数据。这些数据主要是通过函数的参数和函数的返回值来传递的。

C 语言中，参数的传递方式有两种：值传递和地址传递。本节只介绍值传递方式。

值传递的特点是，实参对形参的数据传递是单向的，函数调用时，实参仅仅将其值传递给形参，当实参为变量时，形参和实参分别占着不同的存储单元，因此，形参的值发生改变不会影响到实参的值。需要说明的是：

（1）单向传递：不管是“传值”还是“传址”，C 语言都是单向传递数据的，一定是实参传递给形参，反过来不行。

（2）“传值”“传址”只是传递的数据类型不同。传址实际是传值方式的一个特例，本质还是传值，只是此时传递的是一个地址数据值。

（3）系统分配给实参、形参的内存单元是不同的。对于传值，即使函数中修改了形参的值，也不会影响实参的值。对于传址，即使函数中修改了形参的值，也不会影响实参的值，但因为传递的是地址，那么就可能通过实参所指向的空间间接返回数值。

（4）两种参数传递方式中，实参可以是变量、常量、表达式，形参一般是变量，要求两者个数一致、类型匹配、赋值兼容。

（5）形参在函数未调用时，并不占内存中的存储单元，只有在函数调用时，函数中的形参才被分配内存单元。在调用结束后，形参所占的内存单元被释放。

【例 7-12】分析下列程序，写出运行结果，得出必要结论。

程序代码如下：

```
#include <stdio.h>
void swap(int x,int y)
{
  int t;
  t=x;
  x=y;
  y=t;
printf("\nx=%d, y=%d\n" ,x,y);
}
main()
{
  int  a=10,b=20;
  swap(a,b);
  printf("\na=%d,b=%d\n" ,a,b);
}
```

程序的运行结果如图 7-15 所示。

图 7-15　程序运行结果

【程序说明】

该程序实现了数据交换。main 函数调用 swap 函数时，将变量 a、b 的值传递给对应的形参 x、y。在 w 函数中，交换了形参 x、y 的值。但由于在 C 语言中，参数中的数据只能由实参单向传递给形参，形参数据的变化并不影响对应实参的值，因此不能通过 swap 函数将 main 函数中的变量 a、b 的值进行交换。值传递方式的好处是，减少了调用函数和被调用函数之间的数据依赖，增强了函数自身的独立性。

通过以上程序，看出了形参和实参之间的数据传递，在例 7－11 的基础上，通过例 7－12 能更明显地看出形参和实参数据传递在程序中的工作过程。

【例 7－13】 分析下列程序，写出运行结果，得出必要结论。

程序代码如下：

```
#include <stdio.h>
void swap(int x,int y)
{
  int tmp=x;
  x=y;
  y=tmp;
  printf("after swap,x=%d, y=%d\n" ,x,y);
}
main()
{
  int  a=10,b=20;
  printf("before swap,a=%d,b=%d\n" ,a,b);
  swap(a,b);
  printf("after swap,a=%d,b=%d\n" ,a,b);
}
```

程序的运行结果如图 7－16 所示。

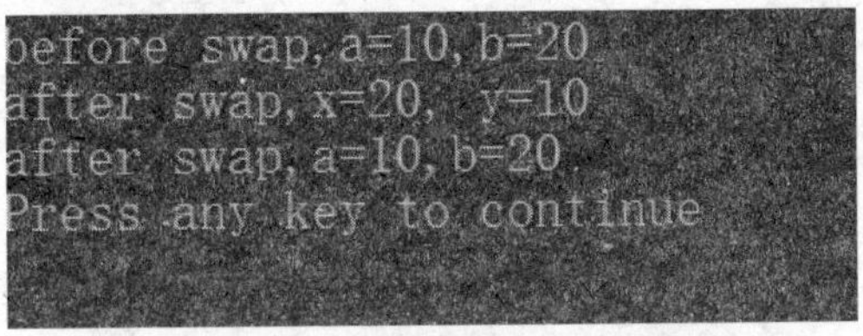

图 7－16 程序运行结果

四、函数的嵌套调用和递归调用

（一）函数的嵌套调用

C 语言中不允许做嵌套的函数定义，因此各函数之间是平行的，不存在上一级函数和下一级函数的问题。但 C 语言允许在一个函数的定义中出现对另一个函数的调用，这样就出现了函数的嵌套调用。即在被调函数中又调用其他函数。图 7－17 形象地说明了函数嵌套调用的过程。

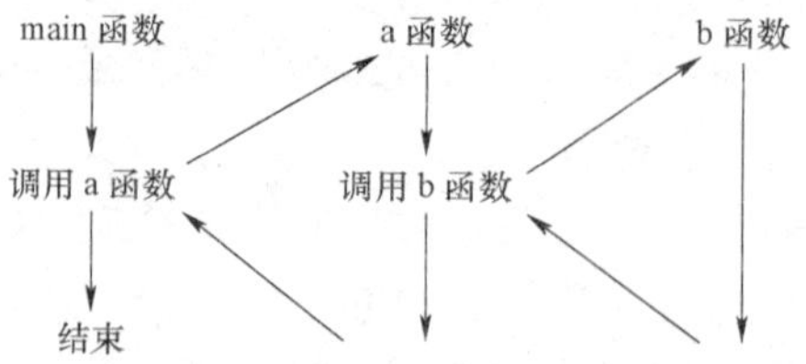

图 7－17　函数嵌套程序过程示意图

图 7－17 的执行过程是：执行 main 函数的开头部分；遇到函数调用语句，调用 a 函数的语句，即转去执行 a 函数；执行 a 函数的开头部分；遇到调用语句，调用 b 函数的语句，又转去执行 b 函数；执行 b 函数，执行完毕后返回；程序返回到 a 函数的断点位置，继续执行，直到 a 函数执行完毕；返回到程序断点位置，继续执行 main 函数的剩余部分，直到整个 main 函数程序结束。

【例 7－14】 计算 $1^2+2^2+3^2+\cdots+n^2$ 的值。

程序分析：为了说明函数嵌套调用的过程，本例采用如下设计思路：程序中涉及 3 个函数，分别是 main 函数、sum 函数和 square 函数。main 函数的作用是负责输入 n 值，对 sum 函数的调用及最后结果的输出：sum 函数负责调用 square 函数，并求 $1^2+2^2+3^2+\cdots+n^2$；square 函数负责求 n^2 的值，并将值返回。通过这两个函数的嵌套调用，实现了平方求和。

程序代码如下：

```
#include <stdio.h>
 long square(long  a)
 {
   long b;
   b=a*a;
   return b;
 }
 long sum(long n)
 {
   long c=0,d,i;
   for (i=1;i<=n;i++)
   {
     d=square(i) ;
     c=c+d;
   }
   return c;
 }
 main()
 {
  long  result, n;
```

```
    printf ("please input n:");
    scanf ("%d",&n);
    result=sum(n);
    printf ("the result is %d\n",result);
}
```

程序运行结果如图 7-18 所示。

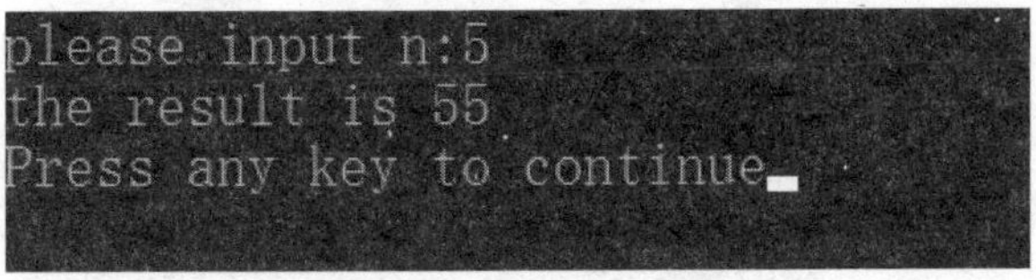

图 7-18 程序运行结果

【例 7-15】分析下面的程序，体会程序执行的过程。

程序代码如下：

```
#include <stdio.h>
void beijing();
void shanghai();
main()
{
  printf("I'm in main.\n");
  beijing();
  printf ("I'm  finally  back  in  beijing.\n");
}
void beijing ()
{
  printf("Here I'm back in beijing.\n");
}
void shanghai ()
{
  printf ("Now  I'm  in  shanghai. \n");
}
```

程序运行结果如图 7-19 所示。

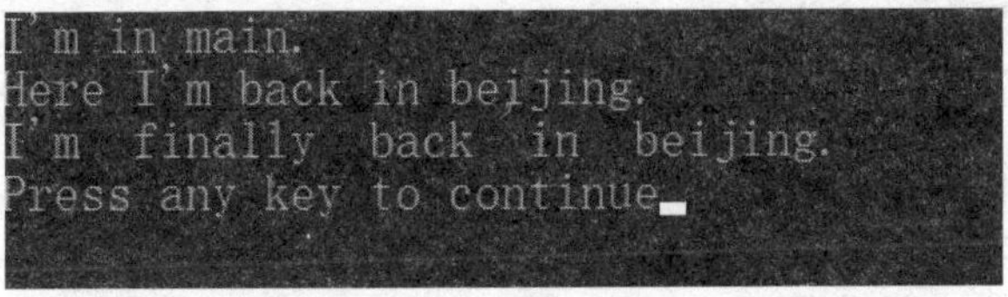

图 7-19 程序运行结果

【程序说明】

从该程序的运行结果看，可能有点乱，认真分析后，发现这是一个无参函数嵌套调用的程序，注意函数的起始、结束及返回。当想输出一段话或一个图案时，一定要理清思路，注意调用的顺序。

【例 7-16】 用函数的嵌套调用来比较四个整数，求出最大者并输出。

程序代码如下：

```
#include <stdio.h>
int max2(int a,int b)
 {
    if(a>b)
    {
      return a;
    }
    else
    {
      return b;
    }
 }
int max(int a,int b,int c,int d)
{
  int res;
  res=max2(a,b);
  res=max2(res,c);
  res=max2(res,d);
  return res;
}
main()
{
  int a,b,c,d;
  int max;
  printf("请输入四个数:") ;
  scanf ("%d  %d  %d  %d",&a,&b,&c,&d) ;
  max=max4(a,b,c,d);
  printf ("the max is %d\n",max);
}
```

程序运行结果如图 7-20 所示。

```
请输入四个数：32 543 21 8
the max is 543
Press any key to continue
```

图 7－20　程序运行结果

【程序说明】

从该程序的运行结果看，main 函数调用了 max4()函数，max4()函数又调用了 max2()函数。程序一共包含了三层函数嵌套调用的情形。

在函数的调用中，嵌套调用和一般的调用看上去没有什么区别，具体能嵌套调用多少层也是根据程序运行中的栈来决定的。通过粗略的计算，函数调用大约能嵌套 1 000 层，也只有另外一种调用方法——递归调用才能达到。

（二）函数的递归调用

C 语言中，main 函数可以调用其他函数，其他函数相互之间也可以调用。函数的递归调用是指函数直接调用或间接调用自己，或调用一个函数的过程中出现直接或间接调用该函数自身。前者称为直接递归调用，后者称为间接递归调用。

递归调用通常用来解决可以用数学递推公式或逻辑递推出来的问题。递归函数中必须有一个终止条件。

【例 7－17】编写递归函数，求 n!。

程序分析：由于 n!=n*(n－1)!，因此，若要求 n!，可以先求（n－1)!，而要求（n－1)!，又要先求（n－2)!，…，最后递推到必须先求出 1!，才可以得出其他阶乘。因此，n=1 就是这个递归函数的终止条件。

程序代码如下：

```
#include <stdio.h>
void main()
{
  long fac(int n) ;
  int n;
  long s;
  scanf("%d", &n);
  s=fac(n);
  printf("g=%ld\n",s);
}
long fac(int n)
{
  if(n==1)
  return 1;
  else
```

```
  return n*fac(n-1);
 }
```

程序运行结果如图 7-21 所示。

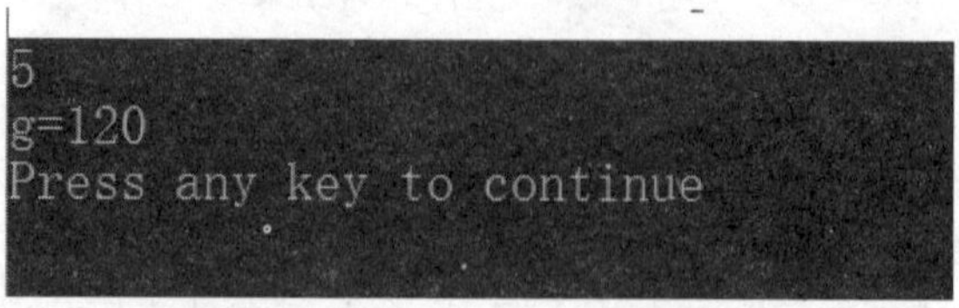

图 7-21　程序运行结果

【程序说明】

当 n=5 时，fac 函数的递归调用过程如图 7-22 所示。

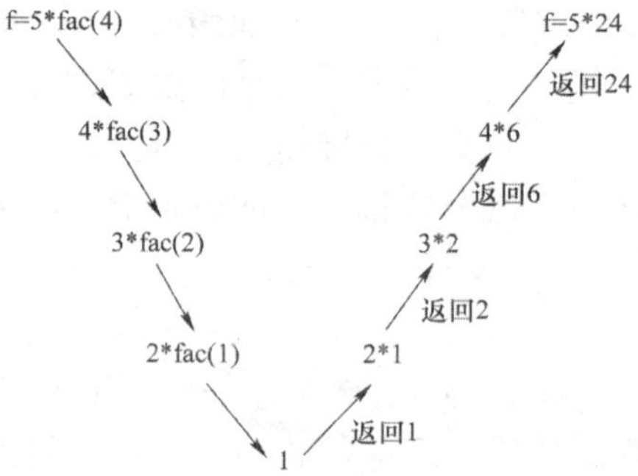

图 7-22　求 n！递归函数的调用及返回过程

【例 7-18】 编写递归函数，求 fibonacci 数列的第 n 项的值。

程序分析：先弄清楚 fibonacci 数列的数学递推思想：

当 n≥3 时，fib(n)=fib(n-1)+fib(n-2)；当 n=1 或者 2 时，fib(n)=1。

根据递推公式，可将函数声明为：

```
int fib(int n);
```

程序代码如下：

```
#include <stdio.h>
int fib(int n);
main()
{
 int n;
 int result;
 printf("请输入一个整数 n:\n");
 scanf ("%d", &n);
 result= fib(n);
```

```
 printf("fib(%d)=%d\n",n,result);
 }
int fib(int n)
{
  if(n==1||n==2)
  {
   return 1;
  }
  else
  {
   return fib(n-1)+fib(n-2);
  }
}
```

程序运行结果如图 7-23 所示。

图 7-23　程序运行结果

一般情况下，能够用数学递推公式推导出来的问题都可以用循环来解决，并且用循环解决问题时，耗费的资源较少且运行速度更快，以上所举的例子只是为了说明一个递推函数的编写方法。有的逻辑推理问题只能用递归问题来解决，例如著名的汉诺塔问题。

【例 7-19】运用递归思想，求一数列：1、12、123、1234、12345、123456、…的前 n 项（n≤9）。

程序分析：这是一个逐渐增加位数的数列，在程序中需要添加的函数要实现计算前 n 个数。

程序代码如下：

```
#include <stdio.h>
long fnFn(int n)
{
     if(n==1)
          return 1L;
       else
         return(10L*fnFn(n-1)+n);
}
void main()
{
       int i,n;
```

```
   scanf("%d", &n);
   printf("一数列: 1、12、123、...的前%d 项:\n",&n);
   for(i=1;i<=n;i++)
   printf("%-7ld",fnFn(i));
   printf("\n");
}
```

程序运行结果如图 7-24 所示。

图 7-24　程序运行结果

汉诺塔是一个流传在 Brahma 庙内的游戏，庙内的和尚认为完成这个任务是不可能的事情。汉诺塔问题可描述为：有三根木桩，共有 n（如图 7-21 所示，n=3）个盘子套在 A 木桩上，要将盘子从木桩 A 移动到木桩 C，如图 7-25 所示，同时符合以下规定：

（1）每次只能移动一个盘子，并且只能从最上面的盘子搬动。

（2）任何盘子可以搬到任何一根木桩上。

（3）必须维持每根木桩上盘子的大小是由上而下依次递增的。

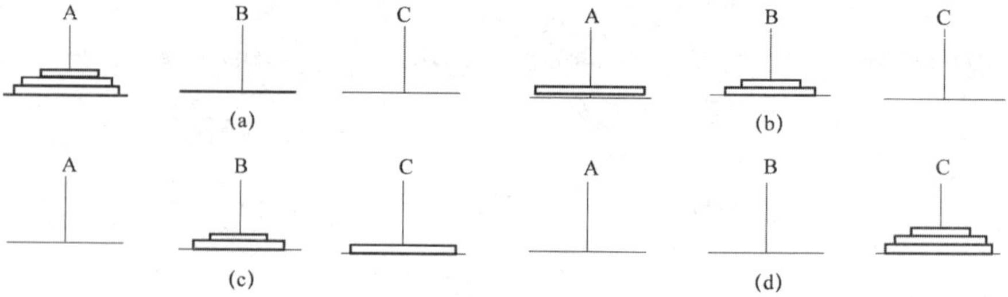

图 7-25　汉诺塔问题及求解过程

【例 7-20】编写递归函数，求解汉诺塔问题。

程序分析：要将 A 木桩上的 n 个盘子移放到 C 木桩上，则需要先将上面的 n-1 个盘子移动到木桩 B 上，然后把最后一个盘子移到木桩 C 上即可（这个过程需要借助木桩 B 来完成）。这里用递归来实现。

函数声明为：

```
void hano(int dishs,char peg1,char peg2,char peg3)
```

其中参数 dishs 表示盘子的个数，后三个参数分别表示在某一步中，要将 dishs 个盘子从 peg1 上移动到 peg3 上，要借助 peg2 先移动上面的 dishs-1 个盘子。

程序代码如下：

```
#include <stdio.h>
void hano(int dishs,char peg1,char peg2,char peg3);
main()
{
   int n;
   printf("请输入汉诺塔的盘子个数:\n");
   scanf ("%d", &n);
   hano(n,'A','B','C');
}
void hano(int dishs,char peg1,char peg2,char peg3)
{
  if(dishs==1)
  {
   printf("盘子从%c 移动到%c \n",peg1,peg3);
  }
  else
  {
   hano(dishs-1,peg1,peg3,peg2);
   printf("盘子从%c 移动到%c \n",peg1,peg3);
   hano(dishs-1,peg2,peg1,peg3);
  }
}
```

程序运行结果如图 7-26 所示。

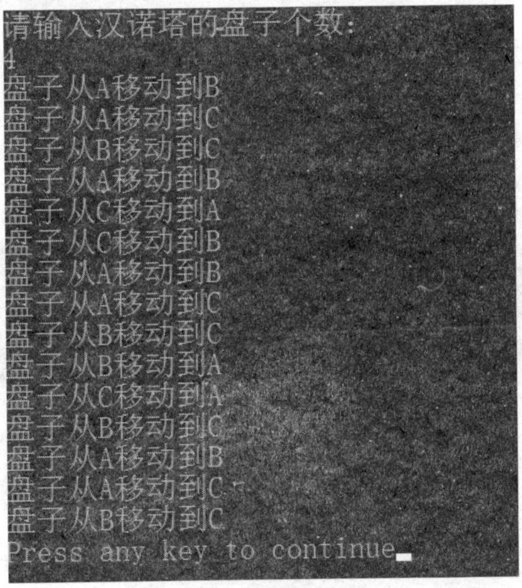

图 7-26 程序运行结果

【程序说明】

（1）程序中关键的语句为else语句中的3条语句，它是先将上面的3个盘子借助C移动到B上，然后将B上的3个盘子借助A移动到C上，这样才算全部移动成功。

（2）剩下的3个盘子的移动又可以类似于上面4个盘子的移动方法，对3个盘子上面的2个盘子进行移动，最终完成任务。

任务实施

运用函数调用，编写一个C程序，求整数前n项的和。

程序代码如下：

```
#include <stdio.h>
void main()
{
  long fac(int n) ;
  int n;
  long s;
  scanf("%d", &n);
  s=fac(n);
  printf("g=%ld\n",s);
}
long fac(int n)
{
  long s;
  int i;
  for(i=1,s=i;i<n;i++)
  s=s+i;
  return s;
}
```

程序运行结果如图7-27所示。

```
67
g=2212
Press any key to continue
```

图7-27　程序运行结果

【程序说明】

① 函数定义出现在主调函数之后，应做函数声明“long fac(int m)”。

② fac函数的功能是通过for 循环求前几项的和。求得的结果通过“return s”语句返回到主调函数处，即主函数中的“s=fac(n);”位置处，将函数值赋给long型变量s。

C语言规定，以下几种情况不必做函数声明：

① 对库函数的调用不必声明，须用 include 命令将相应的头文件加在源文件开头。例如：#tinclude＜stdio.h＞，#include＜math.h＞。

② 如果被调函数的定义出现在主调函数之前，可以不必声明，直接调用函数。

任务拓展

在前面程序的基础上，运用函数调用，编写一个 C 程序求整数前的和，即求 n!+(n−1)!+(n−2)!+⋯+2!+1!的值。

程序代码如下：

```
#include <stdio.h>
void main()
{
int m,j;
int s=0,s1=1;
scanf("%d",&m);
for(j=1;j<=m;j++)
{
s=fac(m);
s1=s1+s;
m--;
}
printf("g=%d\n",s1);
}
int fac(int m)
{
int s=1;
int i;
for(i=1;i<=m;i++)
s=s*i;
return s;
}
```

程序运行结果如图 7−28 所示。

```
5
g=151
Press any key to continue
```

图 7−28 拓展程序运行结果

【程序说明】

从 s=1!+(1!+2!)+⋯+(1!+2!+⋯+n!) 可以看出，从第 2 项开始，第 n 项的值是第 n−1 项的值加上 n!。所以可以编制一个求 n！的函数 fac，在主函数中用一个 for 循环，计数变量 i

从 1 开始，以步长 1 增值到 n。另设一变量 s 始终记录当前项的值，那么下一项的值就是 s+fac(n−1)。用一个值为 0 的变量 s 记录和，s1=s1+s 则便是所求的结果。

任务小结

① 一个 C 语言程序一般由一个主程序和多个子程序构成，主程序可以调用子程序。
② 在函数多次被调用时，要注意返回值的处理方式。
③ 在函数调用中，函数间的参数传递方式有两种：值传递和地址传递。

任务 3　变量的作用域和生存期

任务目标

- 掌握变量的作用域概念。
- 学会在程序中对变量进行合理的定义。
- 了解变量的生存期。

任务描述

根据函数变量的作用域不同编写程序。

任务分析

编写一个含有局部变量和全局变量的 C 语言程序，并验证结果。

相关知识

一、变量的作用域

变量的作用域也称为可见性，指变量能够被访问的范围，分为局部变量和全局变量两类。

（一）局部变量

在一个函数内部定义的变量称为局部变量。它只在本函数范围内有效，也就是说，只有在本函数内才能使用它们，在此函数以外是不能使用这些变量的。例如：

```
float f1(int a, float x)
{
 int b, c;
 ...
}
char f2(int x, int y)
{
```

```
float c;
...
    }
void main()
    {
int m, n;
...
}
```

说明：

（1）在主函数 main 中定义的变量 m、n 只能在主函数中有效，而在 f10 和 f20 中是无效的，即变量 b、c 只能在 f1 函数中有效；变量 a 只能在 f2 函数中有效。

（2）不同函数中可以使用相同的变量名，它们代表不同的对象，在内存中占不同的存储单元，互不干扰。例如函数 f1 中的变量 c 和 f2 函数中的变量 c。

（3）形式参数也是局部变量。它们与函数中的其他变量类似，代表不同的对象，例如，函数 f1 中的形参 x 和函数 f2 中的 x。

（二）全局变量

程序的编译单位是源程序文件，源文件可以包含一个或若干个函数。在函数内部定义的变量称为局部变量。在函数外部定义的变量称为全局变量，又称为外部变量。全局变量可以为该文件中其他函数所共用。它的有效范围为从定义变量的位置开始，到本源文件结束。

例如：

```
int p, q;            /*全局变量*/
float f1(int a)       /*全局变量 f1*/
{
  Int b,c;
  ...
}
char c1, c2;          /*全局变量*/
char f2(int x, int y)   /*全局变量 f2*/
{
 float  i,j;
   ...
}
void main()       /*主函数*/
{
   int m,n;
   ...
}
```

全局变量 c1,c2 的作用范围

全局变量 p, q 的作用范围

p、q、c1、c2 都是全局变量，但它们的作用范围不同，在 main()函数和 f2 函数中可以使用全局变量 p、q、cl、c2，但在函数 f1 中只能使用全局变量 p、q。

【例 7-21】全局变量与局部变量同名。

程序代码如下：

```
#include<stdio.h>
int a=3,b=5;
max(int a,int b)
{
  int c;
      c=a>b?a:b;
      return c;
}
void main()
{
  int a= 8;
  printf("%d", max(a, b));
}
```

程序运行结果如图 7-29 所示。

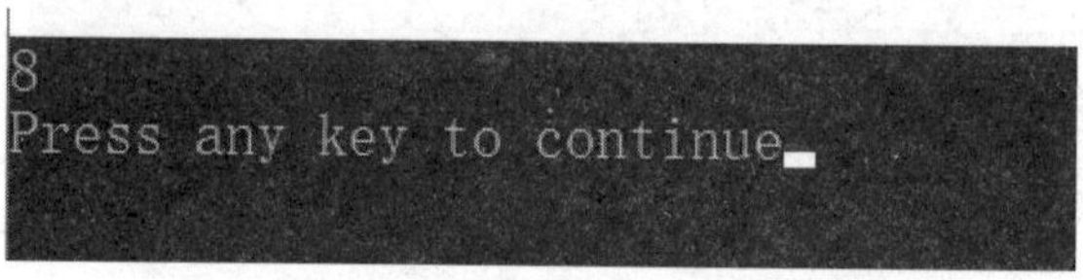

图 7-29 程序运行结果

【程序说明】

程序中第 1 行定义了全局变量 a、b，并进行了初始化。第 2 行开始定义函数 max，a 和 b 是形式参数，形参也为局部变量。函数 max 中的 a、b 不是全局变量，它们的值是由实参传给形参的，全局变量 a、b 在 max 函数内不起作用。在主函数 main 中定义了一个局部变量 a，因此全局变量 a 在 main 函数内不起作用，而全局变量 b 在此范围内有效。

如果在同一个源文件中全局变量与局部变量同名，则在局部变量的作用范围内，全局变量被“屏蔽”，即它不起作用。

设置全局变量增加了函数间数据联系的渠道。由于同一文件中的所有函数都能引用全部变量的值，因此，如果在一个函数中改变了全局变量的值，就能影响到其他函数，相当于各函数间有直接的传送通道。由于函数的调用只能带回一个返回值，因此有时可以利用全局变量增加与函数之间的联系，从函数得到一个以上的返回值。

【例 7-22】输入一个立方体的长、宽、高，计算立方体的体积和三个面的面积。

程序代码如下：

```
#include <stdio.h>
float s1,s2,s3;    /*外部变量定义*/
```

```
float vs(float a,float b,float c)
{
    float v;
    v=a*b*c;
    s1=a*b;
    s2=b*c;
    s3=a*c;
    return v;
}
main()
{
    float v,l,w,h;
    printf("\ninput length,width and height:\n") ;
    scanf("%f,%f,%f",&l,&w,&h);
    v=vs(l,w,h);
    printf("v=%f s1=%f s2=%f s3=%f\n",v,s1,s2,s3);
}
```

程序运行结果如图7-30所示。

```
input length,width and height:
32,2.6,20
v=52.000000 s1=2.600000 s2=52.000000 s3=20.000000
Press any key to continue
```

图7-30 程序运行结果

【程序说明】

（1）本程序定义了3个外部变量s1、s2、s3，用来存放3个面的面积，其作用域为整个程序。

（2）函数vs用来求正方体的体积和三个面的面积，函数的返回值为体积v。C语言规定，函数的返回值只能有1个，所以将s1、s2、s3定义为外部变量，使得在函数vs中求得的sl、s2、s3值，在返回main函数时仍然有效。

对于全局变量，还需做以下几点说明。

（1）对局部变量的定义和说明可以不加区分，而外部变量则不然，外部变量的定义和说明并不是一回事。外部变量的定义必须在所有函数之外，并且只能定义一次，其一般形式为：

```
extern 类型说明符变量名:
```

其中，extern可以省略不写。

例如：

```
int a,b;
```

等效于：

```
extern int a,b;
```

外部变量在定义时就已经分配了内存单元。外部变量定义可做初始赋值，外部变量说明则不能再赋初始值，只是表明在函数内要使用某外部变量。

（2）外部变量可加强函数模块之间的数据联系，但是由于函数要依赖这些变量，使得函数的独立性降低。从模块化程序设计的观点来看，这是不利的。因此，在不必要时尽量不要使用全局变量。

（3）在同源文件中，允许全局变量和局部变量同名，在局部变量的作用域内，全局变量不起作用。

二、变量的生存期和存储类型

（一）变量的生存期

变量在调用时，必须分配内存单元（或寄存器），所以变量就有生存期的问题。变量什么时候分配内存单元（或寄存器），什么时候释放内存单元（或寄存器），都是值得思考的问题。这样就引入了变量生存期的概念。

变量从开始分配单元（或寄存器）到释放所分配的单元（或寄存器）的期间，被称为变量的生存期。

变量按其生存期，可分为动态存储变量和静态存储变量。

静态存储变量是在定义变量时就分配好存储单元，并一直保持不变，直至整个程序结束。全局变量即属于此类存储方式。

动态存储变量是在程序执行过程中，使用它时才分配存储单元，使用完立即释放。典型的例子是函数的形式参数，在函数定义时，并不给函数的形参分配内存单元，只是被调用时才予以分配，调用函数完毕后立即释放。如果一个函数被多次调用，则会反复地分配、释放形参变量的存储单元。

从以上分析可知，静态存储变量是一直存在的，而动态存储变量则时而存在时而消失。

【例 7-23】编写使用动态存储变量和静态存储变量的程序。

程序代码如下：

```
#include <stdio.h>
void func();
main()
{
 int m=0,i;
 for(i=0;i<3; i++)
  {
  func();
  }
}
```

```
void func()
{
  auto int a=1;
  static int b=2;
a+=3;
 b+=3;
 printf("a=%d,b=%d\n",a,b);
}
```

程序运行结果如图7-31所示。

图7-31　程序运行结果

【程序说明】

（1）main函数中总共调用了三次func函数，但三次的输出结果却各不相同。

（2）观察图7-13中的输出结果，我们发现，每次调用func函数后，a的值都是一样的，均为4。

这是因为a定义为动态存储变量，当func函数被调用时，a被分配一个单元；当func函数调用结束后，分配给a的单元就被释放了。因此，每次调用func函数时，a都会被重新分配单元，并赋值为1，然后再进行增3的运算。所以每次输出a的值均为4。

（3）b的值却越来越大。这是因为b被定义为静态存储变量，它是在程序编译时就分配好了一个固定的存储单元，并且在整个程序运行期间一直占据这个固定单元，不会被释放，直到程序运行结束才被释放。由于每次调用函数func时，b均未被释放，因此，第一次调用时，b的初始值为2，增3后变为5，故第一次输出b的值为5。第二次再调用func函数时，b的存储单元并未释放，因此，其初值保留为第一次调用后的结果（即5），再做增3的运算，得到b的值为8，因此第二次输出b的值是8。第三次调用时，b的初值保留为第二次调用的结果（即8），故增3后得到b值为11。

关于动态存储变量和静态存储变量的分析结论：

（1）动态存储变量（用auto修饰，也可以省略），当其所在函数被调用时，才会被分配内存单元；当其所在的函数调用结束后，动态存储变量即被释放。

（2）静态存储变量（用static修饰，不可省略），在程序编译时被分配内存单元并赋初始值，并且静态存储变量整个程序运行期间所占据的内存单元不会被释放。这就导致一种后果：若多次调用包含静态存储变量的函数，则后一次调用时，静态存储变量的初值是上一次调用结束前该变量的计算值。

（3）静态存储变量若未被显式赋初始值，则系统会自动为其赋初始值0。

（二）变量的存储类型

为了表示变量的存储位置、作用域和生存周期这三种属性，C 语言中将变量按存储类型分为四类：auto、register、extern、static。

四种存储类型的性质见表 7-1。

表 7-1　变量的四种存储类型

存储属性	register	auto	extern	static
存储位置	寄存器	内存		
作用域	局部		全局	局部或全局
生存期	动态存储		静态存储	

下面分别介绍这四种存储方式。

1. 自动变量 auto

auto 存储类型是 C 语言中应用最广泛的类型。C 语言规定，函数内凡未加存储类型说明的变量，均视为自动变量，即自动变量可以省去说明符 auto。在前面各章的程序中所定义的变量，凡未加存储类型说明符的，都是自动变量。例如：

```
{
  int 1,j,k;
  char C;
  ...
}
```

等价于

```
{
  auto int i,j,k;
  auto char C ;
  ...
}
```

自动变量有以下几个特点：

（1）自动变量的作用域仅限于定义该变量的个体。在函数中定义的自动变量，只在该函数内有效；在复合语句中定义的自动变量，只在复合语句内有效。

（2）自动变量属于动态存储方式，只有在使用它时（即定义该变量的函数被调用时），才给它分配存储单元，开始它的生存期。函数调用结束，释放存储单元，结束生存期。在复合语句中定义的自动变量，在退出复合语句之后也不能使用。

（3）由于自动变量的作用域和生存期都局限于定义它的个体（函数或复合语句内），因此，不同的个体中允许使用同名的变量而不会混淆。

（4）对构造类型的自动变量，如数组等，不可做初始化赋值。

2. 寄存器变量 register

当对一个变量频繁读写时，必须反复访问内存储器，从而花费大量的存取时间。为此，C 语言提供了另一种变量，即备存器变量。这种变量存放在 CPU 的寄存器中，使用时，不需要访问内存，而直接从寄存器中读写，这样可以提高效率。寄存器变量的说明符是 register。对于循环次数较多的循环控制变量及循环体内反复使用的变量，均可以定义为寄存器变量。

【例 7-24】寄存器变量应用举例。

程序代码如下：

```
#include <stdio.h>
main()
{
 register i.s=0;
 for(i=1;i<=100;i++)
 s=s+i;
 printf("s=%d\n",s);
}
```

【程序说明】

本程序循环 100 次，i 和 s 都将频繁地被使用，因此可以定义为寄存器变量。

【例 7-25】编写一个用 register 说明变量的程序。

程序代码如下：

```
#include <stdio.h>
 void registerPrint(register int n);
main()
{
int x=10 000;
registerPrint(x);
        }
        void registerPrint(register int n)
{
      while(n>0)
    {
      printf("%d",n--);
    }
}
```

【程序说明】

（1）用 register 声明的变量是寄存器变量，其存放在 CPU 的寄存器中，由于寄存器数量有限，系统不一定会将所有用 register 说明的变量都保留在寄存器中。当 CPU 中没有足够的寄存器时，系统会自动把其认为不适合存放在寄存器中的变量按 auto 变量来处理。

（2）寄存器变量的使用与 auto 变量完全一样，只是寄存器变量没有地址，不能在其前面使用取地址符，例如，在本例中，&n 是错误的使用形式。

对寄存器变量还有以下几点说明：

（1）只有局部自动变量和形式参数可以定义为寄存器变量，这是因为寄存器变量属于动态存储方式。凡需要采用静态存储方式的变量，都不能定义为寄存器变量。

（2）在 Turbo C、MS C 等微机上使用的 C 语言中，实际上是把寄存器变量当作自动变量处理的，因此速度并不能提高。而在程序中允许使用寄存器变最终是为了和标准 C 语言保持一致。即使能真正使用寄存器变量的机器，由于寄存器中 CPU 的个数是有限的，因此使用寄存器变量的个数也是有限的。

3. 外部变量 extern

在一个文件中，定义在所有函数之外的变量称为外部变量。前面介绍全局变量时，已经介绍过外部变量，这里再补充说明外部变量的几个特点。

（1）外部变量和全局变量是对同一类变量的两种不同角度的提法。全局变量是从它的作用域出发的，外部变量是从它的存储方式出发的，表示了它的生存期。

（2）当源程序由若干个源文件组成时，在一个源文件中定义的外部变量在其他源文件中也有效。

【例 7-26】编写一个用 extern 说明变量的程序。

程序代码如下：

```
#include <stdio.h>
void func();
main()
 {
     extern int a;
          printf("初始时a=%d\n",a);
          func();
     printf("修改后a=%d\n",a);
 }
 extern int a; (说明 a 是在外面定义的变量,本函数也要使用到它)
 ++a;  (修改外部变量 a 的值)
 int a=15;  (真正定义(外部)变量 a,并赋初值)
```

【程序说明】

（1）本程序中，将变量 a 定义在所有函数之后，故变量 a 是外部变量，但对于变量 a 的使用，却要发生在变量定义之前。C 语言规定，若是外部变量使用在前，定义在后，可在其使用位置用 extern 来说明该变量。在本程序中，main 函数和 func 函数中都需要使用变量 a，但变量 a 的定义却在所有函数之后，因此，在使用时均用到 extern 来说明变量 a。

（2）extern 说明变量时，只是声明本函数要使用的是外部变量，它并不真正定义一个新的变量，因此，也就不会为变量重新开辟内存空间。

register 修饰的变量是寄存器变量。寄存器变量的值保存在 CPU 的寄存器中，访问速度比普通内存变量快，因此，对频繁使用的变量适合用 register 进行说明。

4. 静态变量static

静态变量是静态分配的变量，其类型说明符为static。在编译时，在特定的存储区为其分配存储空间，所分配的存储空间在程序中自始至终都归该变量使用。静态变量属于静态存储方式，但是属于静态存储方式的不一定就是静态变量。例如，外部变量虽然属于静态存储方式，但是属于静态存储方式的不一定就是静态变量，必须由static定义后，才能成为静态外部变量，或称静态全局变量。静态变量分为静态局部变量和静态全局变量两种。

（1）静态局部变量。

在局部变量的说明前再加上static说明符就构成静态局部变量。

例如：

```
static int a;
static int array[3]={1,2,3};
```

静态局部变量属于静态存储方式，它具有以下特点：

① 静态局部变量在函数定义内，不像自动变量那样，当调用时就存在，退出函数时就消失，静态局部变量始终存在着，即它的生存期为整个源程序。

② 静态局部变量的生存期虽然为整个源程序，但是其作用域仍然与自动变量相同。即只能在定义它的函数内使用该变量。退出该函数后，尽管静态局部变量还继续存在，但不能使用它。

③ 允许对构造类静态局部变量赋初值。若未赋以初值，则系统自动赋以0值。

④ 对于基本类型的静态局部变量，若在说明时未赋以初值，则系统自动赋以0值。而对自动变量不赋初值，则其值是不定的。

根据静态局部变量的特点，可以看出它是一种生存期为整个源程序的变量。虽然离开定义它的函数后不能使用，但如果再次调用定义它的函数，则它又可继续使用，而且保留了前次被调用后留下的值。因此，当需要多次调用一个函数且要求在调用之间保留某些变量的值时，可以考虑采用静态局部变量。虽然用全局变量也能达到上述目的，但全局变量有时会造成意外的副作用，因此建议采用静态局部变量。

【例7-27】自动变量与局部静态变量的比较。

程序代码如下：

```
#include <stdio.h>
main()
 {
  int i;
  void f();
  for (i=1; i<=4; i++)
  f();
 }
 void f()
 {
```

```
    auto int j=0;
    ++j;
    printf("%d\n", j) ;
   }
```

程序运行结果如图 7–32 所示。

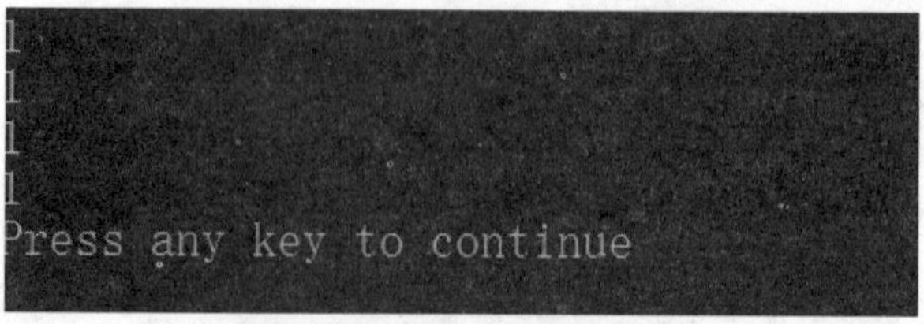

图 7–32　程序运行结果

【程序说明】

程序中定义了函数 f，其中的变量 j 说明为自动变量，并赋予初始值 0。当 main 中多次调用 f 函数时，j 均赋初值 0，故每次输出的 j 值都是 1。

现在把 j 改为静态局部变量，程序代码如下：

```
main()
{
  int i;
  void f() ;
  for(i=1;i<=4;i++)
  f() ;
 }
 void f()
 {
   static int j=0;
   ++j;
   printf("%d\n",j);
  }
```

【程序说明】

由于变量 j 说明为静态变量，因此能在每次调用后保留其值，并在下一次继续调用时使用，输出的 j 值是每次调用累加的结果，即为 1，2，3，4。

（2）静态全局变量。

在全局变量（外部变量）的说明之前再冠以 static，就构成了静态全局变量。

把局部变量改为静态变量后，是改变了它的存储方式，即改变了它的生存期。把全局变量改变为静态变量后，是改变了它的作用域，限制了它的使用范围。因此，static 说明符在不同的地方所起的作用是不同的，应予以注意。

任务实施

编写一个使用内部变量和外部变量的程序。

程序代码如下：

```
#include <stdio.h>
int m=5,n=6;
main()
{
  int m=2,k=0;
  k=m+n;
  printf("内部变量 k=%d\n",k);
  {
   int m=1,n=2;
   k=m+n;
    printf("复合语句中输出内部变量 k=%d\n",k);
  }
  k=m+n;
  printf("退出复合语句中输出内部变量 k=%d\n",k);
}
```

程序运行结果如图 7-33 所示。

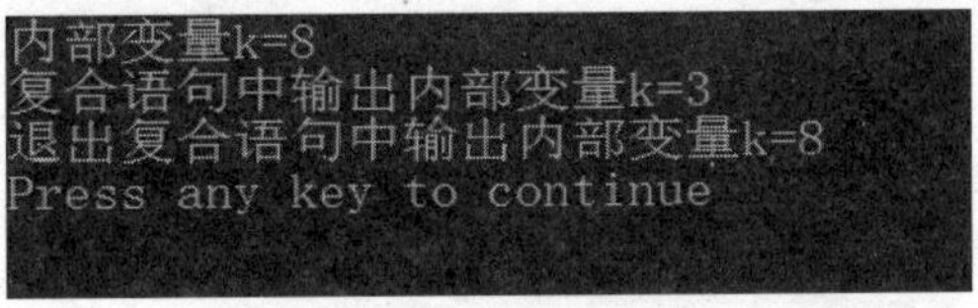

图 7-33　程序运行结果

【程序说明】

（1）一开始在函数的外部定义了两个变量 m 和 n（外部变量），它们从定义的位置开始，到程序的结束为止，一直占用存储单元。从定义位置后开始的所有函数，均可引用这两个变量（若某个函数内部又定义了重名的变量 m 或 n，则在这个函数内部，m 或 n 引用的是内部的，而不是外部的）。

（2）在 main 函数内部，一开始定义了内部变量 m 和 k，这两个变量从定义位置开始，直到 main 函数结束，一直占用存储单元（其中 m 与外部变量的 m 占用的存储单元是不同的）。这个 m 和 k 的可引用范围是 main 的内部，但不包括与它们重名的复合语句内部。

（3）在复合语句内部，定义两个内部变量 m 和 n，它们的作用范围是本复合语句内部。在这个区域内，m 会屏蔽 main 函数中的内部变量 m 及 main 函数的外部变量 m，n 会屏蔽外部变量 n。

（4）退出复合语句后，其内部定义的 m 和 n 变量失效，此时再引用 m，则又是引用 main 函数中的内部变量 m，再引用 n，则又是引用外部变量 n。

任务拓展

在任务 3 的基础上，编写一个外部变量与内部变量同名的程序，变量为 color='B'，并输出。

程序代码如下：

```
#include <stdio.h>
void first(void);
void second(void);
char color='B';
main()
{
   printf("color in main() is %c \n",color);
   first();
   printf("color in main() is %c \n",color);
   second();
   printf("color in main() is %c \n",color);
 }
 void first(void)
   {
 char color;
color='R';
     printf("color  in  first()  is %c \n",color);
   }
 void second(void)
   {
     char color;
     color='G';
     printf("color  in  second()  is %c \n",color);
   }
```

程序运行结果如图 7-34 所示。

```
color in main() is B
color  in  first ()  is R
color in main() is B
color  in  second ()  is G
color in main() is B
Press any key to continue
```

图 7-34　拓展程序运行结果

【程序说明】

① main 函数和 second 函数中使用的变量 color 是全局变量，在 second 函数中对 color 变量改变后，main 函数中输出改变后的变量值。

② first 函数中使用的变量 color 是局部变量，在 first 函数中对 color 变量的改变，并不

会影响 main 函数中的输出。

任务小结

① 定义全局变量时，理想的位置是在程序的开头，全局变量在程序执行过程中一直有效。

② 全局变量与局部变量同名时，在局部变量的作用域内，全局变量不起作用。

③ 不同函数中可以使用，它们代表不同的对象，互不干扰。

实训　利用模块化程序设计思想设计程序

实训目的

- 熟悉 C 语言函数的定义、函数的声明及函数的调用方法。
- 了解主调函数和被调函数之间的参数传递方式。
- 掌握变量的作用域和变量存储属性在程序中的应用。

实训要求

使用 VC++ 6.0 集成环境，能用自定义函数方式编写一般应用程序。

【技能实训 1】

① 编写一个程序，要求实现算术运算中的加、减、乘、除算法。

② 根据要求画出程序结构图。

③ 对程序进行编译、运行、修改。

程序分析：

根据用户选择的菜单项，由计算机为小学生随机出 10 道算术题，每题 10 分。小学生输入答案后，程序自动判断正确与否，最后给出小学生答对题目的总分。算术运算有加、减、乘、除四种，如图 7-35 所示。

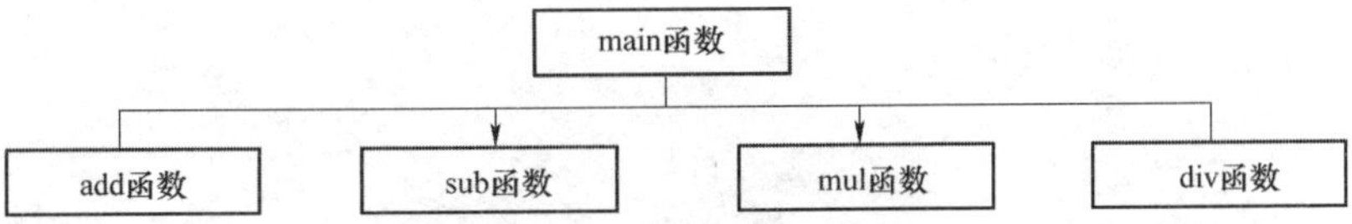

图 7-35　算术运算

程序代码如下：

```
#include <stdio.h>
#include <stdlib.h>
#include <time.h>
void add() ;      /*函数声明*/
void sub() ;
void mul() ;
```

```
void div() ;
main()
{
  int op;
  srand(time(NULL));
  while(1)
  {
    printf("\n  ****************************************  \n\n");
    printf("              1---ADD(+)  \n");
    printf("              2---SUB(-)  \n");
    printf("              3-- -MUL(*)  \n");
    printf("              4---DIV(/)    \n");
    printf("              0---exit   \n") ;
    printf("\n\n  ****************************************  \n") ;
    printf("请选择(0-4) :");
scanf("%d",&op) ;
    switch(op)
    {
      case 1:add();break;
      case 2:sub();break;
      case 3:mul();break;
      case 4:div();break;
      case 0:exit(0);
    }
  }
}
void add()
{
 int i,num1,num2,answer,grade=0;
 for(i=1.i<=10;i++)
  {
    num1=10+rand()%90;
    num2=10+rand()%90;
    printf("%d+%d=",num1,num2);
    scanf("%d",&answer);
    if(answer==num1+num2)
      grade=grade+10;
  }
  printf("总分:%d",grade);
}
```

```
void sub()
{
int i,num1,num2.answer,grade=0;
for(i=1,i<=10;i++)
 {
   num1=10+rand()%90;
   num2=10+rand()%90;
   printf("%d-%d=",num1,num2);
   scanf("%d",&answer);
   if(answer==num1-num2)
    grade=grade+10;
 }
 printf("总分:%d",grade);
}
void mul()
{
}
void div()
{
}
```

实训过程

① 打开 VC++6.0 应用程序。

② 新建“7-实训 1.c”程序文件。

③ 编写程序。

④ 依次执行“组建”菜单下的“编译”→“组建”→“执行”子菜单，每一步都正确的情况下，得到如图 7-36 所示结果。

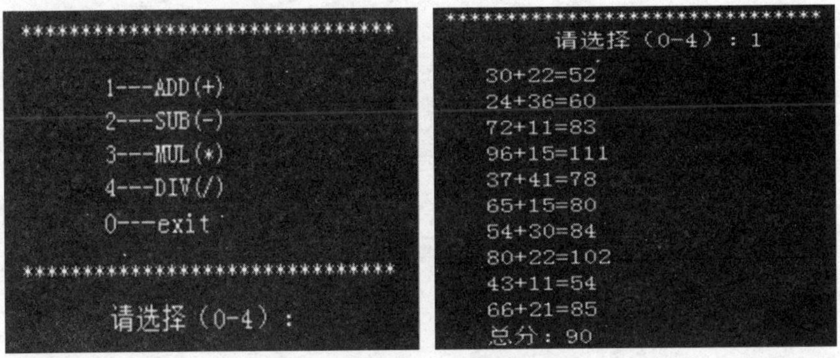

图 7-36　运行结果

实训总结

熟练运用模块化思想，合理划分程序结构，主程序和各子程序之间有序调用，程序结构清晰，出现错误时，要认真查找错误的原因，经历编译—修改—编译—修改循环过程。

实训拓展

在以上程序的基础上，再编写乘、除法。

【技能实训 2】

问题提出：一对兔子在出生两个月后，每个月能生出一对小兔子。现有一对刚出生的兔子，如果所有兔子都不死，那么一年后共有多少对兔子？

① 运用函数调用思想，编写一个程序，求解兔子数量。

② 对整个问题进行分析，并编写程序。

③ 对程序进行编译、运行、修改。

程序分析：

这是一道典型的函数递归调用问题，下面针对求解兔子个数问题进行分析，month 表示月份数，可分为以下几种典型的情况：

① 当 month 为 1 和 2 时，只有一对兔子。

② 当 month=3 时，这对兔子又生出一对小兔子，共有两对兔子。

③ 当 month=4 时，第一对兔子生出小兔子，第二对兔子只出生了一个月，所以没有生出小兔子，共有三对兔子。

④ 当 month=5 时，已有的三对兔子中，满两个月的兔子有两对，可以生出小兔子，加上满一个月的一对兔子，兔子的总数为五对。

⑤ 当 month=6 时，已有的五对兔子中，满两个月的兔子有三对，可以生出小兔子，加上满一个月的两对兔子，兔子的总数为八对。

……

依此类推，可知这是一个递归问题，兔子的总数等于 month-1 个月的兔子数量和 month-2 个月的兔子数量的和。

程序代码如下：

```
#include <stdio.h>
#include <stdlib.h>
        #include <time. h>
        int getNum(int month)      //参数 month 表示月数
        {
           if (month==1||month==2)    //如果仅经过 1 个月或 2 个月,那么兔子只有 1 对
           {
            return 1;
            }
    return getNum(month-2)+getNum(month-1); /*month 个月的兔子数量是 month-1
个月的兔子数量和 month-2 个月的兔子数量的和*/
```

```
    }
    void main()
    {
      int month = 12, num;
      num=getNum(month);  //调用函数,获取兔子数量
      printf("%d 个月后,兔子总数为%d\n",month,num);
     }
```

实训过程

① 打开 VC++6.0 应用程序。

② 新建“7-实训 2.c”程序文件。

③ 编写程序。

④ 依次执行“组建”菜单下的“编译”→“组建”→“执行”子菜单，每一步都正确的情况下，得到如图 7-37 所示结果。

图 7-37 运行结果

实训总结

熟练运用函数的递归调用的思想，在该程序中，通过 getNum()函数求出兔子的数量。当月份为 1 和 2 时，兔子未开始生小兔子，所以 getNum()函数返回 1。从第 3 个月开始，每个月都会有兔子出生，兔子总数量遵循的规律为，兔子数量等于前一个月和前两个月的兔子数量之和。最终，通过递归函数求出 12 个月后的兔子总数。

在函数调用的过程中，只需要合理划分程序结构，主程序和各子程序之间有序调用，程序结构清晰，就可以实现函数的调用。出现错误时，要认真查找错误的原因，经历编译—修改—编译—修改循环过程。

实训拓展

在以上程序的基础上，再编写程序，要求输入 n（任意整数）年后，输出兔子的数量。

知识梳理与总结

① 领会模块化的程序设计思想，能够利用函数解决实际问题。

② 定义函数一般包括这样几个方面：确定函数的类型；给函数取个名字；设计函数的形式参数；对函数中使用的变量进行定义；对函数的执行部分进行描述。

③ 函数调用时，实参和形参的个数应该相同，对应位置上的参数类型应该一致。

④ 函数间的数据传递方式有值传递和地址传递两种。当实参是常量、变量或表达式时，均采用值传递方式；形参接收实参传来的值，形参值的改变不影响实参值。

⑤ 按照变量的作用范围，变量可分为局部变量和全局变量。

习 题 <<<

一、选择题

1. 在C语言的函数中，下列说法正确的是（　　）。

A. 必须有形参　　B. 形参必须是变量名

C. 可以有也可以没有形参　　D. 数组名不能作形参

2. 若函数中有定义语句“int a;”，则（　　）。

A. 系统将自动给a赋初值0　　B. 这时a中的值不确定

C. 系统将自动给a赋初值-1　　D. 这时a中可以是任何值

3. 下面的函数调用语句中，fnNunc()函数的实参个数是（　　）。

```
fnNunc(f2(v1,v2),(v3,v4,v5),(v6,max(v7,v8)));
```

A. 3　　B. 4　　C. 5　　D. 8

4. 数组名作为实参传递给函数时，传递的是（　　）。

A. 该数组长度　　B. 该数组的元素个数

C. 该数组首地址　　D. 该数组中各元素的值

5. 下列叙述中，不正确的是（　　）。

A. 在不同的函数中可以使用相同名字的变量

B. 函数中的形参是局部变量

C. 在一个函数内定义的变量只能在本函数范围内有效

D. 在一个函数内的复合语句中定义的变量在本函数范围内有效

6. 以下关于宏的叙述中，正确的是（　　）。

A. 宏名必须用大写字母表示　　B. 宏定义必须位于源程序中所有语句之前

C. 宏替换没有数据类型限制　　D. 宏调用比函数调用耗费时间

7. 以下程序的运行结果是（　　）。

```
#include <stdio.h>
#define  f(x)  x*x*x
   void main()
   {
     int  a = 3,s,t;
     s = f(a+1);
     t = f((a+1));
      printf("%d,%d\n",s,t);
    }
```

A. 10，64　　　　B. 10，10

C. 64，10　　　　D. 64，64

8. 有一个名为 init.txt 的文件，内容如下：

```
#include <stdio.h>
#define  HDY(A,B)  A/B
#define  PRIN(Y)  printf("y=%d\n",Y)
有以下程序：
#include  "init.txt"
void main()
{
 int a = 1, b = 2, c = 3, d = 4, k;
 k = HDY(a+c,b+d);
 PRIN(k);
}
```

下面针对该程序，叙述正确的是（　　）。

A. 编译有错　　　　B. 运行出错

C. 运行结果 y=0　　　　D. 运行结果 y=6

二、填空题

1. 写出下列程序的输出结果：________。

```
#include <stdio.h>
int fun(int  x)
{
     static int t = 0;
     return ( t +=  x);
}
void main()
{
    int   s, i;
    for(i = 1;i<=5; i++)
        s = fun(i);
    printf("%d\n",s);
}
```

2. 写出下列程序的输出结果：________。

```
#include <stdio.h>
void fun1()
{
     int  x=5;
```

```
    printf("x=%d\n",x);
}
void fun2(int x)
{
    printf("x=%d\n", ++x);
}
void main()
{
    int x=2;
    fun1();
    fun2(x);
    printf("x=%d\n", x);
}
```

3. 写出下列程序的输出结果：________。

```
#include <stdio.h>
int  a = 5;
void fun(int b)
{
 int  a=10;
 a+=b;
 printf("%d\n",a);
}
void  main()
{
   int  c=20;
   fun(c);
   a+=c;
   printf("%d\n", a);
}
```

4. 写出下列程序的输出结果：________。

```
#include <stdio.h>
int fun(int n)
{
        if(n==1)return 1;
        else return fun(n-1)+1;
}
void  main()
{
```

```
    int  i,j=0;
        for(i=1;i<4;i++)
            j+=fun(i);
   printf("%d\n", j);
}
```

5. 分析以下一组宏所定义的输出格式：

```
#define  NL  putchar('\n')
#define  PR(value)  printf("value=%d\t",(value))
#define  PRINT1(x1)  PR(x1);NL
#define  PRINT2(x1,x2)  PR(x1);PRINT1(x2)
```

如果在程序中有以下的宏引用：

```
PR(x);
   PRINT1(x);
   PRINT2(x1,x2);
```

假设 x=5，x1=3，x2=8，分析宏展开后的情况，则输出的结果是________。

6. 设有以下宏定义：

```
#define N  3
#define Y(n) N*n
```

则执行语句“z=2*Y(5+1);”后，z 的值为________。

7. 下面程序执行后的输出结果是________。

```
#include <stdio.h>
#define MA(x)  x*(x+1)
void main()
{
    int a=1,b=2;
    printf("%d\n",MA(1+a+b));
}
```

三、编程题

1. 编写一个函数，求 $f(x)=\begin{cases} x^2+1 & (x>1) \\ x^2 & (-1\leqslant x\leqslant 1) \\ x^2-1 & (x<-1) \end{cases}$ 的值，要求函数原型为 double fun(double x)。

2. 用函数求 1～n 之和，要求函数原型为 long sum(int n);。

3. 用函数调用的方法，求 f(k,n)=1k+2k+⋯+nk，其中 k、n 用键盘输入。

4. 编写一个程序，求组合数 C(n,k)=n!/(k!*(n–k)!)。

5. 幻方填空：幻方是把一些数字填写在方阵中，使得行、列、两条对角线的数字之和都相等。欧洲最著名的幻方是德国数学家、画家迪勒创作的版画《忧郁》中给出的一个 4 阶幻方。他把 1，2，3，⋯，16 这 16 个数字填写在 4×4 的方格中。即

16	?	?	13
?	?	11	?
9	?	?	*
?	15	?	1

其中有些数字已经显露出来，还有些用？和*代替。请你计算出？和 * 所代表的数字。

6. 利用条件编译实现：如果输入的是2个实数，则交换后输出；如果输入的是3个实数，则只输出其中最大的数。

第8章 指 针

【知识导读】

指针是C语言中非常重要的一种数据类型，同时也是C语言的一个重要特色。利用指针变量可以表示各种数据结构，能够很方便地操作数组和字符串。有了指针，C语言能够像汇编语言一样处理内存地址，从而编制出更精练而高效的程序。对于每一个学习和使用C语言进行程序开发的人来说，没有掌握指针意味着没有掌握C语言的精华。因此，学习指针是学习C语言中很重要的一环，但是，指针也是C语言中最为难学的一部分。由于指针的概念比较复杂，使用也比较灵活，因此初学者常会出错，所以，在学习中除了要正确理解基本概念外，还必须多实践、多上机调试。只有这样，才能掌握指针的使用方法。

本章主要通过几个具体任务引出指针的基本概念，包括指针变量的定义、引用，指针与数组的关系（包括指针与一维及二维数组的关系、指针与字符串的关系等），指针与函数的关系等。

【能力目标】

- 掌握地址、指针与指针变量的概念。
- 理解变量、数组指针的概念。
- 掌握指向变量、一维数组的指针变量的定义与引用方法。
- 了解多级指针的概念。
- 掌握指针变量作为函数参数时的传递内容和过程。
- 熟练掌握指向二维数组指针的指针变量的定义与引用方法。
- 能正确地利用指针变量来引用所指向的二维数组。
- 了解指针数组的概念。
- 能理解指针数组的操作方法。
- 能正确地利用指针变量来引用所指向的字符数组和字符串。
- 能正确应用指针编写相应程序来解决实际问题。

【任务设置】

任务1 从键盘输入N个整数，将它们按照输入时的顺序逆序排列后输出

任务2 计算学生的最高分、最低分及总平均分

任务3 输入一个矩阵，输出它的转置矩阵

任务4 按英文字典顺序将5个国家名顺序输出

实训1 指针操作实例

实训2 利用指针处理字符串

任务1　从键盘输入N个整数，将它们按照输入时的顺序逆序排列后输出

任务目标

- 掌握地址、指针与指针变量的概念。
- 理解变量、数组指针的概念。
- 掌握指向变量、一维数组的指针变量的定义与引用方法。
- 了解多级指针的概念。
- 掌握指针变量作为函数参数时的传递内容和过程。

任务描述

首先从键盘输入N个数据，输入数据之后，直接在屏幕上显示出逆序之后的数据。例如，从键盘输入“1 2 3 4 5 6 7 8 9 10”，则逆序后的数据序列为“10 9 8 7 6 5 4 3 2 1”。

任务分析

首先设置一个长度合适的数组a[N]来存放这N个数据，解题的思路就转换成数组元素的逆序存放。数组元素的逆序算法比较简单，其核心思路为：先将第一个元素和最后一个元素交换（也即 a[0]和 a[N－1]），再交换第二个元素和倒数第二个元素，然后再交换第三个元素和倒数第三个元素……依此类推，直到交换到最中间的两个元素。

具体的做法有很多种，本任务采用的第一种做法是设置两个下标i和j，分别对应数组的第一个元素和最后一个元素，只要i<j，就交换a[i]和a[j]，然后修改下标，使i加1、j减1，使它们分别对应数组的第二个元素和倒数第二个元素，后面的操作依此类推，直到i等于j或大于j为止。

本任务采用的第二种做法是设置两个指针变量p和q，分别指向数组的第一个元素和最后一个元素，只要p<q，就交换*p和*q，然后修改p和q，使p++和q--，使它们分别指向数组的第二个元素和倒数第二个元素，后面的操作依此类推，直到p等于q或大于q为止。

相关知识

一、指针与指针变量

在一栋教学楼里有很多个教室，每个教室都有个编号，比如3301、3402等，这样学生和老师们根据课表的安排到指定的教室去上课。试想一下：如果在这栋教学楼里有两个教室的编号都是3302，会出现什么样的麻烦呢？

1. 指针的概念

（1）内存和地址。

实际上，在计算机中，所有的数据都是存储在内存中的。一般把内存中的一个字节作为一个数据存储单位，称为一个内存单元。为了正确地访问这些内存单元，就必须为每个内存单元编号，根据一个内存单元的编号就可以很快找到这个内存单元。这个内存单元的编号称为地址。这个地址的作用类似于例中教室的编号，由此可见，地址也必须是唯一的。

在内存中，有时为了存储更大的数据，可以把几个连续的字节连起来合并成一个大的存储单元。例如，在 C 语言中，int 类型的数据占用 2 个字节，而长整型 long 则需要占用 4 个字节。但是不管一个数据具体占用几个字节，该数据所占用内存单元的地址以首地址为准。也即，比如一个 int 类型的数据占用了 2002 和 2003 内存单元，则该数据的地址为 2002。

（2）地址和内容。

在图 8－1 中，右边一列表示内存单元的地址，而左边单元格内则是存储在内存单元中的数据，即内存单元的内容。例如，地址为 2001 的内存单元的存储内容为 31。由前面所学可知，内存地址是唯一的，知道一个内存单元的地址，就可以找到这个内存单元，进而对其内容进行读取或者修改等操作。但是这个地址值是一串数字，要求编程人员每次在操作某个内存单元时都准确无误地给出这一串数字是不现实的。所以，为了提高程序的方便性，在 C 语言或其他高级语言中，可以通过给出变量名来访问内存单元。例如 int a=3;，要执行这条语句，实际上有两步操作。在系统编译时，会首先给 a 变量在内存中分配两个内存单元；然后将 3 这个值存储在分配好的内存单元中，如图 8－2 所示。

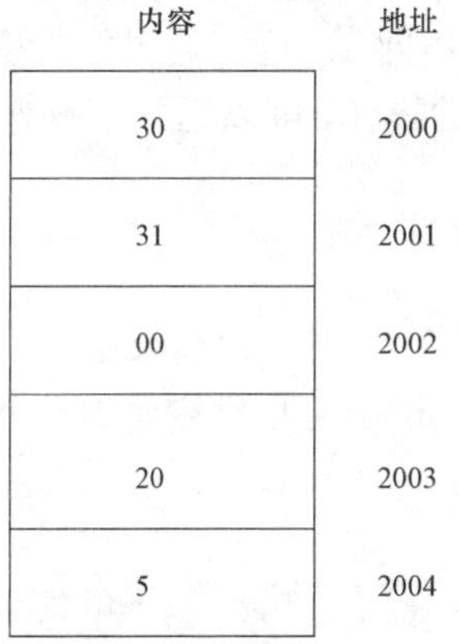

图 8－1　内存地址

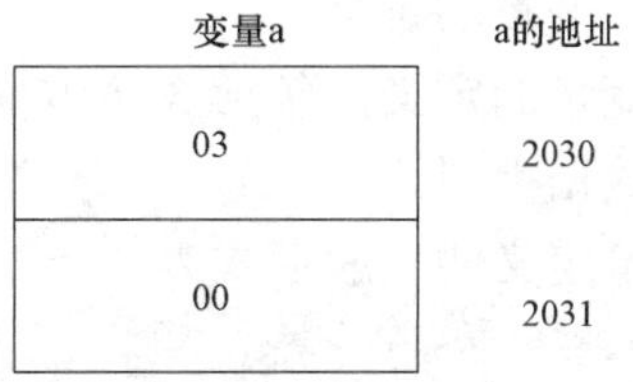

图 8－2　变量 a 的存储

（3）变量地址的获取。

由于变量的地址是在编译软件或运行程序时由系统自动分配的，所以，变量的地址不能由程序员人为决定。因此，如果在编程的过程中需要获取某个变量的地址，那么该怎么办呢？C 语言中提供了一个专用的运算符：取地址运算符&。该运算符可以得到指定变量的地址，具体使用方法如下：

```
int a;
scanf("%d",&a);
```

需要注意的是，&运算符只能获取变量的地址，并不能获取常量和表达式的地址。

（4）指针和指针变量。

如前所述，每一个内存单元都有唯一的编号，这个编号称为内存单元的地址。而指针就是地址，换句话说，指针只是地址的另外一个名称。

在C语言中，有一种特殊的变量，专门存放别的变量（或其他程序实体）的地址，这种变量称为指针变量。有了指针变量，就可以采用指针的方式来访问变量。

例如，要想实现图8-3中变量a的值为3，可采用如下操作：

```
int a;
a=3;
```

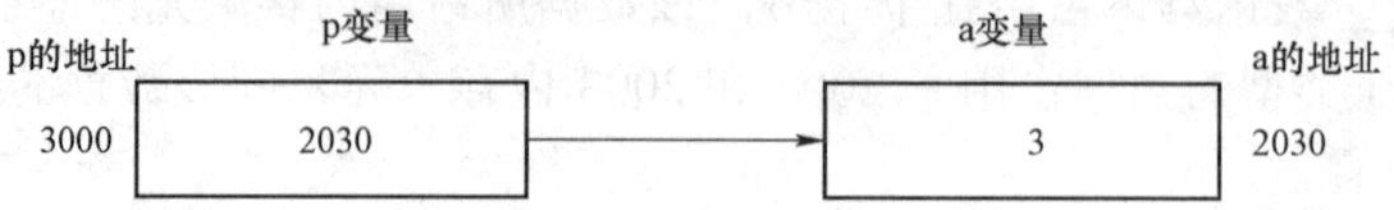

图8-3　指针变量示意图

上例中是通过直接给出变量名来访问变量a的，程序执行时，系统首先会分配2个字节给a（假设地址为2030），然后系统根据变量名与内存地址的对应关系，将这3个数值存储在2030开始的2个字节中。这种通过变量名直接访问变量的方式称为“直接访问”方式。

而如果使用如下语句：

```
p=&a;
```

则变量p和a有如下对应关系：变量p中存储的是a的地址。

这样，通过变量p就可以找到变量a，因此称变量p指向变量a，变量p就是指针变量，它存放的地址就是“指针”。因此，现在就可以通过p来访问a，这种通过指针变量访问它所指向的变量的方式称为“间接访问”方式。对上例中a=3;的操作，可以用如下操作取代：*p=3;（这里的*为取内容运算符）。

2. 指针变量的定义与引用

（1）指针变量的定义。

对指针变量的定义，包括3个方面的内容：指针类型说明、指针变量名、指针变量所指向的变量的数据类型。

指针变量定义的一般形式为：

```
类型说明 *变量名;
```

例如：

```
int *p;
```

其中，*是指针类型标志符，表明其后的变量名是一个指针变量；而类型说明为int型，表示p所指向的变量是一个整型变量。上例中表示p是一个指针变量，它的值是某个整型变量的地址，或者说p指向一个整型变量。至于p具体指向哪个整型变量，则由给p赋的值决定。

需要注意的是：

- 指针变量的类型实际上是指针变量所指向对象的类型，比如float *p1;，char *p3;。指针变量p1和p3的区别是：一个指向的是float型变量，一个指向的是char型变量，而p1和p3本身所占据的内存单元的大小是相同的。
- 一个指针变量只能指向同一类型的变量。

● 定义指针变量时，指针变量名前面的“*”是指针标志，并不是指针变量名的一部分，并且要注意与取内容运算符“*”相区别。

（2）指针变量的初始化。

如果想让一个指针变量 p 指向整型变量 a，有下面两种方式：

方法一：

```
int a=3;
int *p;
p=&a;
```

方法二：

```
int a=3;
int *p=&a;
```

需要注意的是：

● a 变量须在指针变量定义之前定义。

● 指针变量在初始化之前不能使用，也即未经赋值的指针变量不能使用，否则，将造成系统混乱。有的 C 语言教材中把没有赋值的指针变量称为野指针。野指针具体指向哪里是无法预测的。如果程序目前确实不能给指针变量以明确指向，那么可以采用空指针 NULL。NULL 作为一个特殊的指针变量，表示有确定的地址值，但又不指向任何地方。使用方法为 p=NULL;。NULL 指针在实际程序设计中还是非常有用的，它提供了一种方法，表示某个特定的指针目前并未指向任何东西。

● 只能用地址值给指针变量赋值，不允许赋予其他类型数据。

（3）指针变量的引用。

与指针变量的引用相关的有两个运算符：取地址运算符&和取内容运算符*，掌握了这两个运算符以后，才可以正确地引用指针变量。

&：取地址运算符，是单目运算符，右结合，功能是获取变量的内存地址。

*：取内容运算符，或者称为“指针运算符”“间接访问运算符”“指向运算符”，也是单目运算符，和指针变量配合使用，表示指针变量所指向的变量。例如：

```
int a=4,*p;
p=&a;
printf("%d",*p);
```

在本例中，*p 和 a 等价，因此，输出*p 的值，也即输出 a 的值。

【说明】

&运算符和*运算符是互逆运算符，因此，*(&a)==a,&(*p)==p。

知道了指针变量的作用及相关的运算符后，就可以引用指针变量了。通过例 8-1 了解利用不同的方式访问内存单元的方法。

【例 8-1】 利用不同的方式访问内存单元。

```
#include <stdio.h>
main()
{
  int x,y,*p,*q;
```

```
    p=&x;
    q=&y;
    x=4;
    y=5;
    /*对变量x和y的直接访问*/
    printf("x的地址是%x\n",&x);    /*以十六进制显示变量x和y的内存地址*/
    printf("y的地址是%x\n",&y);
    printf("x=%d,y=%d\n",x,y);    /*显示变量x和y的内容*/
    printf("-----------------\n"); /*对变量x和y的间接访问*/
    printf("p的地址是%x\n",&x);     /*以十六进制显示指针变量p和q的内存地址*/
    printf("q的地址是%x\n",&y);
    printf("p=%x,q=%x\n",p,q);      /*显示变量p和q的内容*/
    printf("*p=%d,*q=%d\n",*p,*q); /*显示变量p和q分别指向的变量的内容*/
}
```

运行结果如图8-4所示。

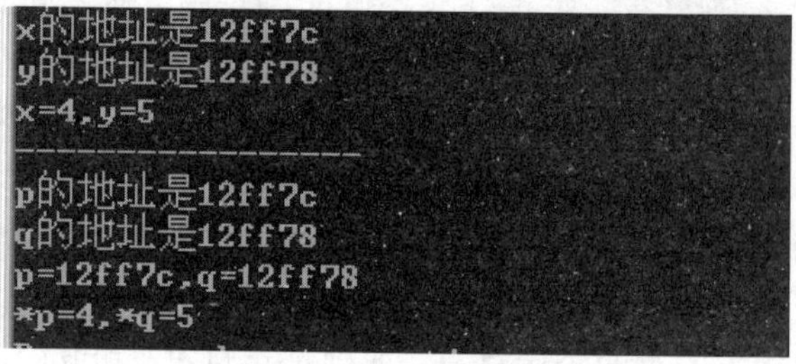

图8-4　例8-1的运行结果

【例8-2】从键盘输入两个整数a和b，按从小到大的顺序将a、b输出，要求利用指针来操作。也即将小数存放在a中、大数存放在b中，最后按顺序输出a、b的值，就可以实现要求。

方法一：可以定义两个指针变量p1、p2，并分别让p1指向a、p2指向b，然后比较a和b的值。如果a>b，则利用p1和p2交换a、b的值后，再输出a、b。对应的程序如下：

```
#include<stdio.h>
main()
{
int a, b, *p1, *p2, t;
 p1=&a; p2=&b;
 printf("请输入两个整数:\n");
 scanf("%d,%d",p1,p2); /* 利用指针变量输入a、b的值 */
 if(a>b){t=*p1;*p1=*p2;*p2=t;} /* 利用指针变量的指向操作交换a、b的值 */
 printf("a=%d,b=%d\n",a,b);
}
```

运行程序，使用键盘输入“100,99”后，输出运行结果，如图 8－5 所示。

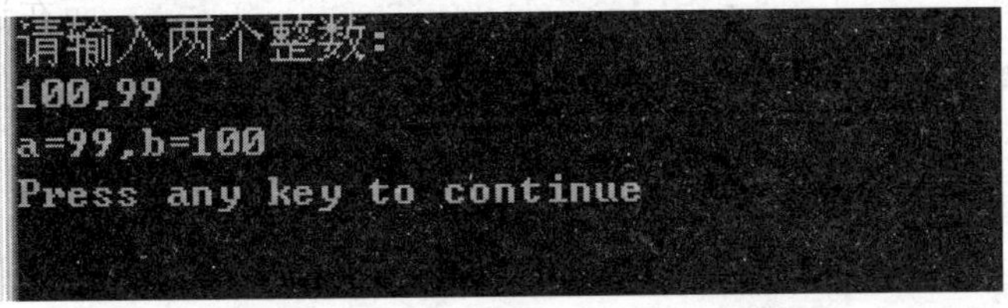

图 8－5 例 8－2 方法一的运行结果

方法一的程序执行过程如图 8－6 所示。

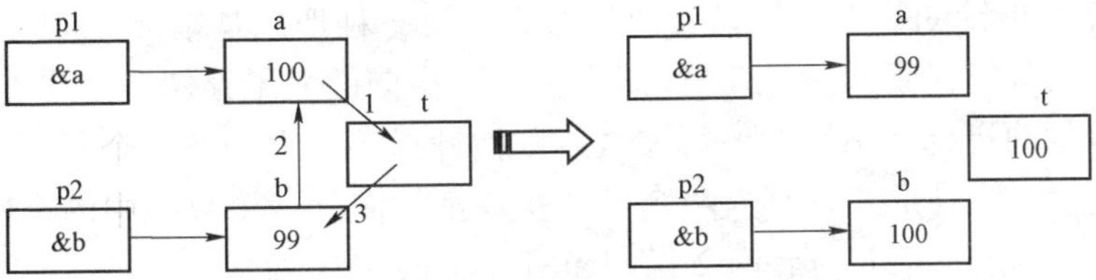

图 8－6 例 8－2 方法一的程序执行过程

方法二：设置一个临时指针变量 p，如果 a>b，利用 p 交换指针变量 p1 和 p2 的值（也即交换&a 和&b）。交换后，p1 的值为&b，p2 的值为&a，也即修改了 p1 和 p2 指针的指向。不过需要注意的是，此时变量 a 和 b 的值并没有发生变化，因此，如果采用该方法，输出时则必须应用指针变量间接访问才能实现按从小到大的顺序输出。程序如下：

```
#include <stdio.h>
main()
{
int a, b, *p1, *p2, *p;
 p1=&a; p2=&b;
 printf("请输入两个整数:\n");
 scanf("%d,%d",p1,p2); /* 利用指针变量输入 a、b 的值 */
 if(*p1>*p2){p=p1;p1=p2;p2=p;} /* 交换指针变量 p1、p2 的指向 */
 printf("a=%d,b=%d\n",*p1,*p2); /* 利用指针变量 p1 和 p2 间接访问*/
}
```

运行程序，运行结果和图 8－2 的一致。方法二的程序执行过程如图 8－7 所示。

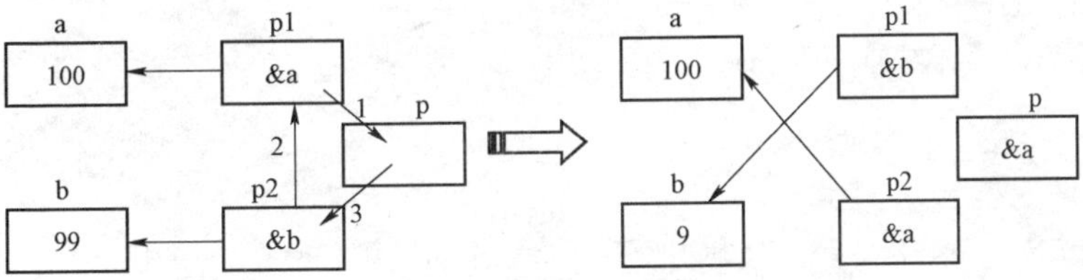

图 8－7 例 8－2 方法二的程序执行过程

【思考】如果将方法二中的 if(*p1>*p2){p=p1;p1=p2;p2=p;}改为 if(*p1>*p2){*p=*p1;

*p1 = *p2;*p2 = *p;}，结果将会怎样？能否实现题目要求？

运行时会弹出警告，原因是*p 指的是指针变量所指向的变量，而在这里 p 所指向的变量并没有明确，也即 p 在此处是个野指针。

（4）指针运算。

指针变量实质上是整数，但是由于存储单元的地址是由系统分配的，所以指针的运算又不同于整数。考虑到指针的特殊性，在 C 语言中，指针变量可以进行某些赋值、算术及关系运算，但运算种类不是很多。

- 赋值运算。指针的赋值运算可以是同类型普通变量的地址，也可以是同类型已有地址值的指针变量。也即可以用变量的地址或是另一个指针变量给某个指针变量赋值。
- 算术运算。指针的算术运算只有两种形式：第一种形式是指针 +（或 -）整数。这种形式通常用于指向数组元素的指针变量，或者说指针指向的变量存储在一片连续的存储区域。对于指向数组元素的指针，指针的值每加 1，则指针指向数组的下一个元素。第二种形式是指针 - 指针。注意，此种形式只有当两个指针变量都指向同一个数组中的不同元素时才有意义。例如，指针 p1 指向 a[3]，指针 p2 指向 a[5]，则 p2 - p1 为 2。
- 关系运算。指针的关系运算即比较指针的大小。两个指针相等，即表明这两个指针指向同一个存储单元。

3. 指针变量作为函数参数

在函数模块中，曾了解到函数参数传递有两种：值传递和地址传递。在值传递的一般情况下，实参是数值，而形参是普通变量，值传递是单向的，所以对形参的操作不会影响实参的值。而对于地址传递，比如数组名作为实参的情况，此时形参也必须是类型一致的数组。地址传递的实质是：在参数传递中，把实参的地址传递给形参，那么形参就和实参拥有了共同的地址。由内存单元的地址的唯一性可知，如果有两个变量地址相同，那么这两个变量的实质就是同一个变量，占用同一个存储区域。由此，有理由认为，在地址传递时，实参和形参占用同一个存储空间，因此，操作形参相当于在操作实参。

本节介绍将指针作为函数参数进行数据传递，指针就是地址，所以通常情况下都是地址传递。具体实现方法是：实参为地址值（变量的地址或指针变量），被调函数中的形参采用指针变量。

【例 8-3】实现功能同例 8-2，要求用函数调用实现交换变量的值。

分析：主函数解决输入、输出问题，当 a>b 时，主函数调用 swap 函数交换 a、b 的值。程序如下：

```
#include <stdio.h>
void swap(int *p1, int *p2)
{
int t;
 t=*p1; *p1=*p2; *p2=t;/*利用指针变量的指向操作交换 a、b 的值*/
}
main()
{
```

```
int a, b;
printf("请输入两个整数:\n");
scanf("%d%d", &a, &b);
 if(a>b)swap(&a, &b);
 printf("a=%d,b=%d\n",a, b);
}
```

本例的运行结果同例 8-2。本例和例 8-2 的不同之处在于：对指针变量的赋值是在函数调用参数传递时进行的，实参（&a，&b）传递给了形参（p1，p2），利用形参指针变量的指向运算，操作了主调函数中变量的存储单元（a，b），交换了 a、b 的值。具体如图 8-8 所示。

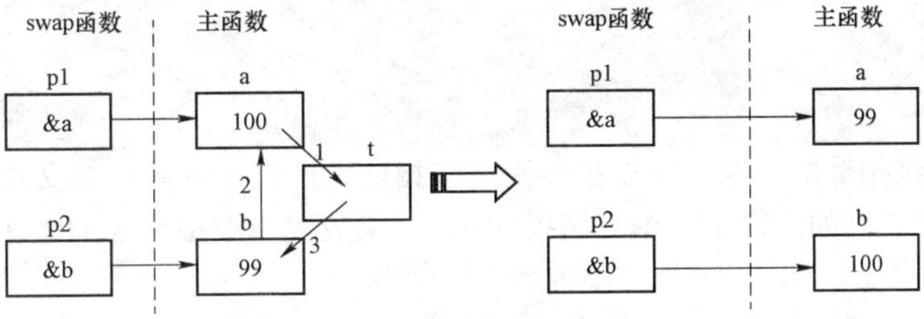

图 8-8　函数调用程序执行过程

4. 多级指针

如果有如下语句：

```
p=&x;
```

则变量 p 和 x 有如下对应关系：变量 p 中存储的是 x 的地址，也即 p 指向 x。p 和 x 的关系如图 8-9 所示。

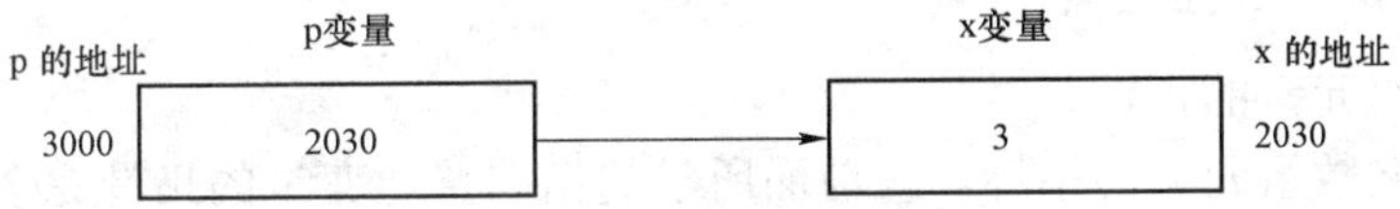

图 8-9　一级指针变量

如果此时又有第三个变量 q，并用下面的语句对其进行初始化：

```
q=&p;
```

则 q、p、x 这三个变量的关系如图 8-10 所示。那么变量 q 是什么变量呢？由于 q 变量中存放的也是地址，显然它也是指针变量，但由于其存放的是其他指针变量（p）的地址，因此它是指向指针的指针变量，或者称为二级指针变量。

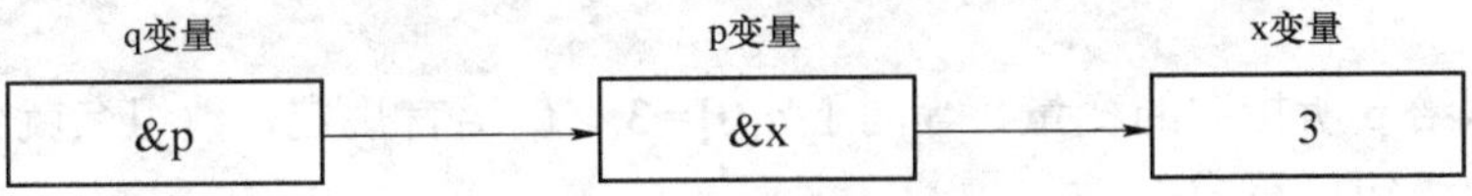

图 8-10　二级指针变量

二级指针变量的定义形式为：

```
类型 **指针变量名;
```

普通变量、一级指针变量、二级指针变量也可以一起定义。例如，图 8-10 中的定义语句可以写成 int **q,*p,x;。不过，需要注意的是，在没有给指针变量赋值之前，还不能使用。比如要想使 q、p、x 三个变量形成如图 8-10 所示的关系，还应该用以下语句进行初始化：

```
q=&p;
p=&x;
x=3;
```

在初始化完成之后，就可以通过二级指针变量访问普通变量了，使用形式为**q。在本例中，**q 和 x 是等同的。综合以上，在二级指针已经初始化的情况下，本例中引用普通变量 x 共有三种方法：

```
x(直接引用)
*p(间接引用)
**q(间接引用)
```

按照上述二级指针的思路，可以扩展到三级指针、四级指针等。定义几级指针，就在指针前面放置几个*。例如，定义一个三级指针 n，用来放置二级指针 q 的地址，则定义形式为 int ***n=&q;。

二、指针与一维数组

一个变量对应一个地址，而一个数组却包含几个元素，每个元素都在内存中占用一个存储空间，每个存储空间都有一个地址。那么，数组的地址该如何确定呢？用哪个元素的地址可以作为数组的地址呢？由于数组是由连续的一片存储区域组成的，所以数组元素的地址也是从第一个元素开始逐次增加的，因此就用首个数组元素的地址，也即是数组元素的首地址，作为整个数组的地址。数组元素的首地址也是数组名。

1. 通过指针访问数组元素

（1）指向数组元素的指针。

定义一个指向数组元素的指针，与前面所学的指向普通变量的指针完全相同。例如，已经有如下定义语句：

```
int a[5];
int *p;
p=&a[0];
```

在本例中，把 a[0]元素的地址赋给了指针变量 p，也即 p 指向 a 数组的第 0 号元素 a[0]。需要注意的是，因为数组是 int 类型，所以指针变量 p 也应该定义成 int 类型。有了以上的初始化，就可以利用 p 来对 a[0]进行间接访问。例如：

```
*p=3;
```

也即把 3 赋给 p 所指向的变量，等同于 a[0]=3;。C 语言规定，数组名就代表数组的首地址，所以上例的语句可写成：

```
int a[5];
int *p=a;
```

在本例中，语句 int *p=a;和 int *p=&a[0];完全等价，因为数组名 a 等价于&a[0]。但是需要注意的是，此时的指针变量 p 是指向整个数组的指针。

（2）指向数组的指针。

如果已有定义：

```
int a[10];
int *p=a;
```

那么 p+1指向同一数组中的下一个元素，如图8-11所示。

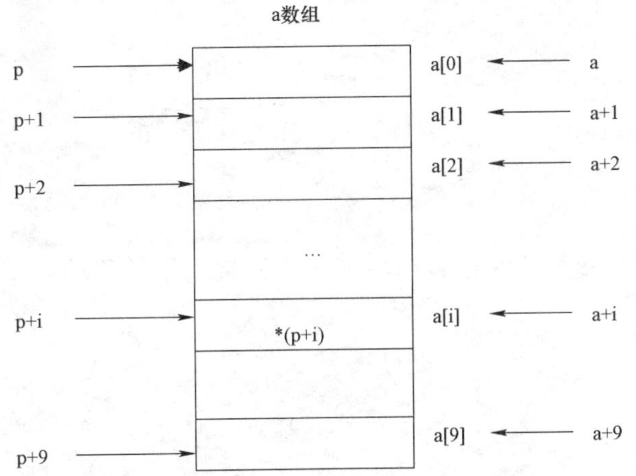

图 8-11 指针与一维数组关系示意图

如果指针变量 p 和数组 a 已经形成如图 8-11 所示的指向关系，那么对数组元素 a[i]的引用就可以采用如下 4 种方法：a[i]、*(a+i)、*(p+i)、p[i]。例如，a[2]可表示为*(p+2)或*(a+2)或者 p[2]。需要注意的是，以上 4 种表示法有一个前提，那就是必须让指针变量 p 指向数组 a，也即让 p 获得数组 a 的首地址，通常的做法是 p=a;。

下面举例说明使用不同的方法输出数组中的全部元素。

【例 8-4】采用下标法输出数组中的全部元素。

```
#include <stdio.h>
main()
{
int a[10], i;
 printf("请输入 10 个整数:\n");
for(i=0; i<10; i++)
   scanf("%d", &a[i]);
printf("\n");
for(i=0; i<10; i++)
printf("%d  ", a[i]); /* 下标法输出 */
printf("\n");
}
```

【例 8-5】采用地址法输出数组中的全部元素。

```
#include <stdio.h>
main()
{
int a[10], i;
 printf("请输入10个整数:\n");
for(i=0; i<10; i++)
   scanf("%d", a+i);
printf("\n");
for(i=0; i<10; i++)
printf("%d  ", *(a+i)); /* 地址法输出 */
printf("\n");
}
```

【例 8-6】采用指针变量法输出数组中的全部元素（指针移动）。

```
#include <stdio.h>
main()
{
int a[10], *p;
 printf("请输入10个整数:\n");
for(p=a; p<a+10; p++)
   scanf("%d", p);
printf("\n");
for(p=a; p<a+10; p++)
printf("%d  ", *p); /* 指针变量法输出,移动指针 */
printf("\n");
}
```

【例 8-7】采用指针变量法输出数组中的全部元素（指针不移动）。

```
#include <stdio.h>
main()
{
int a[10], i, *p=a;
 printf("请输入10个整数:\n");
for(i=0; i<10; i++)
   scanf("%d", &a[i]);
printf("\n");
for(i=0;i<10; i++)
printf("%d  ", *(p+i)); /* 指针变量法输出,指针不移动 */
printf("\n");
}
```

2. 数组名作为函数参数

由于数组名代表数组的首地址，所以数组名作为函数参数的传递方式是地址传递。因此，在函数中可以通过对指针的间接访问来操作主调函数中的数组元素。数组作为函数参数有以下4种形式，见表8-1。

表8-1 数组作为函数参数的形式

实参	形参
数组名	数组
数组名	指针
指针	数组
指针	指针

任务实施

1. 程序清单

参考程序一：

```
#include <stdio.h>
#define N 10
void change(int b[],int n)
{
  int i=0,j=n-1;
  int temp;
  while(i<j)
  {
    temp=b[i];
    b[i]=b[j];
    b[j]=temp;
    i++;
    j--;
  }
}
main()
{
   int a[N],i;
   printf("Please input %d numbers:",N);
   for(i=0;i<N;i++)
```

```
        scanf("%d",&a[i]);
    change(a,N);
    printf("\nThe array has been inverted is:\n");
    for(i=0;i<N;i++)
        printf("%d  ",a[i]);
    printf("\n");
}
```

参考程序二:

```
#include <stdio.h>
#define N 10
void change(int *p,int n)
{
  int *q=p+n-1;
  int temp;
  while(i<j)
  {
    temp=*p;
    *p=*q;
    *q=temp;
    p++;
    q--;
  }
}

main()
{
    int a[N],i;
    printf("Please input %d numbers:",N);
    for(i=0;i<N;i++)
        scanf("%d",&a[i]);
    change(a,N);
    printf("\nThe array has been inverted is:\n");
    for(i=0;i<N;i++)
        printf("%d  ",a[i]);
    printf("\n");
}
```

2. 程序运行

程序运行结果如图 8-12 所示。

```
Please input 10 numbers:1 2 3 4 5 6 7 8 9 10

The array has been inverted is:
10 9 8 7 6 5 4 3 2 1
```

图 8-12 运行结果

3. 程序说明

本任务说明了数组作为函数参数的形式，见表 8-1。由于数组名表示数组的首地址，可以将该地址赋给指针变量，因此，在调用函数时，既可以使用数组名，也可以使用指针变量做参数。不过需要注意的是，当用指针变量作实参时，调用前必须取得数组的首地址。

4. 思考

参考表 8-1 中给出的 4 种形式，试着使用另外两种形式来改写本任务。

任务小结

本任务的完成涉及指针的基本操作、指针与一维数组、指针作为函数参数等知识，需要对相关知识进行综合运用。

任务 2 计算学生的最高分、最低分及总平均分

任务目标

- 深刻理解数组指针的含义。
- 熟练掌握指向二维数组指针的指针变量的定义与引用方法。
- 能正确地利用指针变量来引用所指向的二维数组。

任务描述

有 3 名学生，每个学生参加 4 门课程的考试，请你利用指针设计一个程序，实现输出所有成绩中的最高分、最低分，以及所有成绩的总平均分。

任务分析

首先要设置一个 3×4 的二维数组来存放学生成绩，于是本任务的要求就转变成求该二维数组的最大值、最小值和所有元素的平均值。由于任务要求采用指针来实现，所以，本任务的完成牵涉到指针与二维数组的相关知识。

相关知识

一、二维数组的地址表示法

假设有一个二维数组定义如下：

```
int a[3][4]={0,1,2,3,4,5,6,7,8,9,10,11};
```

那么由前面所学的数组知识可知，数组 a 是一个 3 行 4 列的二维数组。该二维数组各元素名称及元素的值如图 8－13 所示。

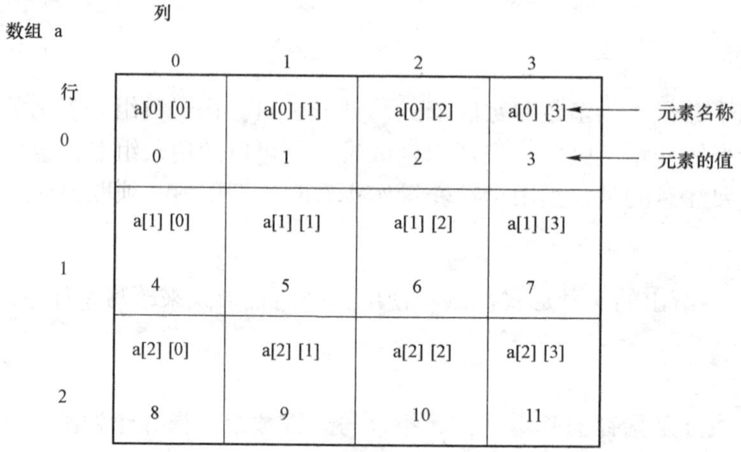

图 8－13　二维数组元素

由前面所学的数组知识，C 语言把二维数组看成是由若干个一维数组组成的数组。因此，a 数组可分解为 3 个一维数组，这 3 个一维数组的名称分别是 a[0]、a[1]、a[2]。而每个一维数组又各含有 4 个元素，例如，数组 a[0]包含的 4 个数组元素分别为 a[0][0]、a[0][1]、a[0][2]、a[0][3]。因此，二维数组及数组元素的地址表示如下：

从二维数组的角度来看，a 是二维数组名，也是整个二维数组的首地址，同时也是二维数组第 0 行的地址；而 a+1 则代表第 1 行的地址，a+2 代表第 2 行的地址，如图 8－14 所示。

由图 8－14 可以看出，二维数组名 a 代表整个二维数组的首地址，也即是 0 行的起始地址，是一个二级指针常量。a+1 代表第 1 行的起始地址，a+2 代表第 2 行的起始地址，因此，有如下关系：a 等同于&a[0]，a+1 等同于&a[1]，a+2 等同于&a[2]。对应的就有*a 等同于 a[0]，*(a+1)等同于 a[1]，*(a+2)等同于 a[2]。

a[0]、a[1]、a[2]是一维数组名，它们也分别代表对应的一维数组的首地址。由图 8－13 和图 8－14 可以看出，一维数组 a[0]的第一个元素是 a[0][0]，所以 a[0]等同于&a[0][0]。同理，a[1]等同于&a[1][0]，a[2]等同于&a[2][0]。因此，对应地，有*a[0]等同于 a[0][0]，*a[1]等同于 a[1][0]，*a[2]等同于 a[2][0]。

a[0]+0 是 a[0][0]的地址，也即&a[0][0]。同理，a[0]+1 是 a[0][1]的地址，也即&a[0][1]；a[0]+2 是 a[0][2]的地址，也即是&a[0][2]。因此，对应地，有*(a[0]+1)等同于 a[0][1]，*(a[0]+2)等同于 a[0][2]，*(a[0]+3)等同于 a[0][3]。依此类推，a[1]+2 是 a[1][2]的地址，也即&a[1][2]，对应地，有*(a[1]+2)等同于 a[1][2]。

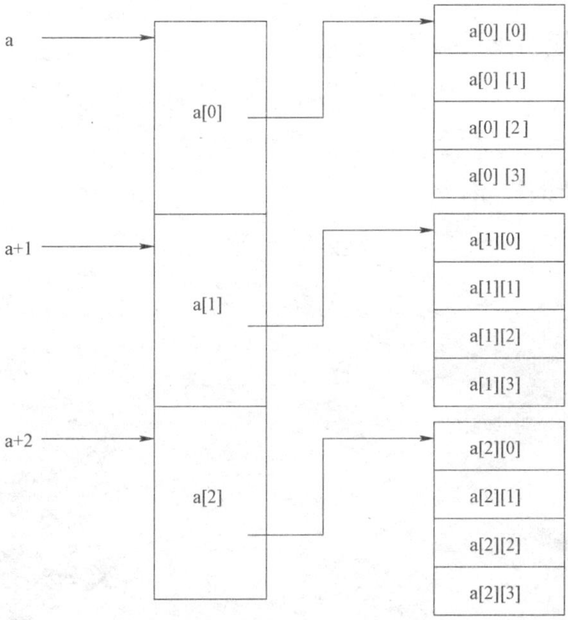

图 8-14　二维数组的地址关系

综合以上，对于任意一个 $m\times n$ 的二维数组，其中任意一个数组元素 a[i][j]可表示为：a[i][j],*(a[i]+j),*(*(a+i)+j),(*(a+i))[j],*(a[0]+n*i+j),*(*a+n*i+j)。

【例 8-8】分析下面的程序。

```
#include <stdio.h>
main()
{
int a[3][4]={0,1,2,3,4,5,6,7,8,9,10,11};
printf("%u,%u\n",a, &a[0]);     /* 第 0 行首地址 */
printf("%u,%u,%u,%u\n",*a,*(a+0),a[0],&a[0][0]);/* 第 0 行 0 列元素的地址*/
printf("%u,%u\n",a+1, &a[1]); /* 第 1 行首地址*/
printf("%u,%u,%u\n",*(a+1), a[1], &a[1][0]); /* 第 1 行 0 列元素的地址 */
printf("%d,%d,%d\n",**a,*a[0],a[0][0]);/* 第 0 行 0 列元素的值*/
printf("%d,%d,%d\n",a[1][0],*a[1],*(*(a+1)+0));/* 第 1 行 0 列元素的值 */
printf("%d,%d,%d\n",*(*(a+1)+2), *(a[1]+2), a[1][2]); /* 第 1 行 2 列元素的值 */
}
```

程序的运行结果如图 8-15 所示。

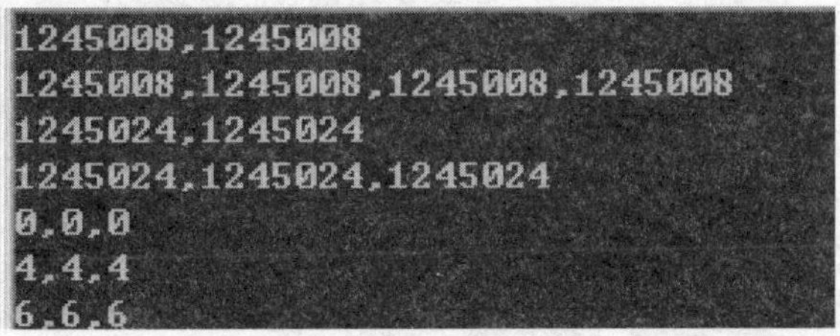

```
1245008,1245008
1245008,1245008,1245008,1245008
1245024,1245024
1245024,1245024,1245024
0,0,0
4,4,4
6,6,6
```

图 8-15　运行结果

二、指向二维数组元素的指针变量

指向二维数组元素的指针变量是一级指针变量，指针变量的类型由数组元素的类型决定。例如，可以利用该一级指针变量输出二维数组的全部元素。

【例8-9】分析下面的程序。

```
#include <stdio.h>
main()
{
int  a[3][4]={0,1,2,3,4,5,6,7,8,9,10,11},i,j,*p;
p=a[0];   /* 给指针变量赋初值,a[0]也可用*a 或&a[0][0]替代*/
for(i=0; i<3; i++)
   for(j=0; j<4; j++) printf("%d  ", *(p+4*i+j));/*这里的*(p+4*i+j)等同于
a[i][j]*/
printf("\n");
printf("\n");
}
```

程序的运行结果如图8-16所示。

图8-16　运行结果

任务实施

1. 程序清单

```
#include <stdio.h>
main()
{
int  score[3][4], max, min, i, j, *p=score[0]; /* 定义一级指针变量*/
 float  sum=0.0,avg;
 printf("请输入3个学生4门课的成绩(共12个成绩):\n");
 for(i=0; i<3; i++)
   for(j=0; j<4; j++)
     scanf("%d", p+i*4+j); /*p+i*4+j 等同于 score[i][j]*/
 max=min=*p;
 for(i=0; i<3; i++)
   for(j=0; j<4; j++)
     {
     if(*(p+i*4+j)>max)
```

```
        max=*(p+i*4+j);  /* 求最高分 */
      if(*(p+i*4+j)<min)
        min=*(p+i*4+j);  /* 求最低分 */
      sum=sum+*(p+i*4+j);   /* 将所有成绩求和 */
    }
  avg=sum/12.0;    /* 求平均成绩 */
   printf("最高分为:%d\n", max);
   printf("最低分为:%d\n", min);
   printf("平均分为:%.1f\n", avg);
  printf("\n\n");
  }
```

2. 运行结果

程序的运行结果如图 8-17 所示。

图 8-17 本任务的运行结果

3. 程序说明

程序中定义了一个指向二维数组元素的指针变量，也即一级指针变量 p，利用指针 p 遍历访问二维数组 score[3][4]的所有元素。程序中所采用的求最高分、最低分的算法同数组元素求最大值和最小值的方法，具体算法是：假设 score[0][0]为最大值，并赋给 max，然后让 max 和二维数组中的其他元素逐一比较，如果某个元素的值比 max 大，就把该元素的值赋给 max 作为新的最大值。这样，当比较完毕后，max 肯定是所有元素中的最大值。求最小值的方法与求最大值的方法类似。

4. 思考

如果要求设计一个程序，其除了能找出最高分、最低分，还能够找到最高分和最低分所对应的学生。请想一下：该怎么修改本任务的程序，以实现要求的功能呢？

任务 3 输入一个矩阵，输出它的转置矩阵

任务目标

➤ 深刻理解数组指针的含义。

➢ 熟练掌握指向一维数组的指针变量的定义与引用方法。
➢ 了解指针数组的概念。
➢ 能正确地利用指针变量来引用所指向的二维数组。
➢ 能理解指针数组的操作方法。

任务描述

输入一个 M×N 矩阵，输出转置后的矩阵。请用指针来操作。

任务分析

把一个 M 行 N 列的矩阵的行和列互换，得到一个 N 行 M 列的矩阵，则这两个矩阵互为转置矩阵。

例如，图 8－18 中的矩阵 A 和矩阵 B 互为转置矩阵。通过仔细观察矩阵 A 和矩阵 B，不难发现，矩阵 A 中的 a[0][1]在矩阵 B 中是 b[1][0]，矩阵 A 中的 a[1][0]在矩阵 B 中是 b[0][1]。因此，要想实现转置，只需将 a[i][j]赋给 b[j][i]即可。

$$\begin{pmatrix} 1 & 2 \\ 3 & 4 \\ 5 & 6 \\ 7 & 8 \end{pmatrix} \qquad \begin{pmatrix} 1 & 3 & 5 & 7 \\ 2 & 4 & 6 & 8 \end{pmatrix}$$

矩阵A　　　　矩阵B

图 8－18　转置矩阵示意图

由于任务要求采用指针来操作二维数组，所以本任务采用两种解决方案：一是使用指向一维数组的指针变量处理二维数组；二是采用指针数组。

相关知识

一、使用指向一维数组的指针变量处理二维数组

指向一维数组的指针变量又称为行指针变量。由图 8－14 二维数组的地址分析可知，二维数组名 a 也是第 0 行数组元素的地址，同理，a+1、a+2 是第 1 行和第 2 行数组的地址，a、a+1、a+2 都是行指针（二级指针），它们分别指向一维数组 a[0]、a[1]、a[2]。如果有定义：

```
int(*p)[4];
p=a;
```

那么，p 为指针变量，指向一个含有 4 个元素的一维整型数组。注意：p 是指向整个一维数组，而不是指向某个元素，它是一个二级指针变量。因此，如果采用 p 来访问二维数组元素 a[i][j]，可以采用如下形式：

```
p[i][j]*(*(p+i)+j)*(p[i]+j)(*(p+i))[j]
```

二、指针数组

由前面数组的知识可知，由整型元素构成的数组称为整型数组，由字符型元素构成的数组称为字符型数组。那么如果有一个数组，它里面的元素既不是整型，也不是字符型等基本类型，而全是指针变量呢？如果一个数组的元素都是指针，那么这个数组就称为指针数组。换句话说，指针数组是一组有序的指针的集合。指针数组的所有元素都必须是指向相同数据类型的指针变量。

指针数组定义的一般形式为：

```
类型 *数组名[元素个数];
```

例如：

```
int *p[3];
```

上例定义了一个指针数组 p，其中含有 3 个元素，每个元素都是一个指向整型变量的指针。

需要注意的是，指针数组和一维数组类似，指针数组名也即指针数组的首地址，但是由于数组元素也是指针变量，所以指针数组的数组名就是一个二级指针变量，如上例中的 p 就是二级指针变量。

指针数组通常有下面两种用法：

1. 用指针数组处理多字符串问题

具体的使用方法及案例参见任务 4 中的内容。

2. 通过指针数组访问二维数组

具体做法是首先定义一个指针数组，然后让指针数组中的每个元素对应获得二维数组每行的首地址。例如：

```
int *p[3],a[3][4];
p[0]=a[0];
p[1]=a[1];
p[2]=a[2];
```

上例可以简化为：

```
int *p[3],a[3][4],i;
for(i=0;i<3;i++)p[i]=a[i];
```

这样 a 数组中的任一元素 a[i][j]可表示为 p[i][j]、*(*(p+i)+j)、*(p[i]+j)、(*(p+i))[j]、*(p[0]+n*i+j)。

【注意】将上面的表示方式和使用指向一维数组的指针变量处理二维数组问题做比较，会发现它们在使用形式上很类似，但是却有本质上的区别：

- 指向一维数组的指针变量是二级指针变量，指针数组名是二级指针常量。
- 指向一维数组的指针变量需要取得二维数组名首地址；指针数组则需要让每个元素分别取得列指针（如上例中的 a[0]、a[1]）。

【例 8-10】理解并分析下面的程序。

```
#include <stdio.h>
```

```
main()
{
int  a[3][3]={0,1,2,3,4,5,6,7,8};
int  *p[3];
int  i;
 for(i=0;i<3;i++)
   p[i]=a[i];
 for(i=0; i<3; i++)
   printf("%d,%d,%d\n", a[i][2-i], *a[i], *(*(a+i)+i));
 for(i=0; i<3; i++)
   printf("%d,%d,%d\n", *p[i], *(p[i]+1), *(*(p+i)+2));
}
```

程序运行结果如图 8-19 所示。

图 8-19　运行结果

任务实施

1. 程序清单

方案一：

```
#include <stdio.h>
#define M 4
#define N 2
main()
{
int a[M][N],b[N][M];
int i,j;
int (*p)[N]=a;
int (*q)[M]=b;
printf("请输入一个%d 行%d 列的矩阵\n",M,N);
for(i=0;i<M;i++)
{    printf("请输入第%d 行的%d 个元素:",i+1,N);
     for(j=0;j<N;j++)
          scanf("%d",*(p+i)+j);
```

```
}
printf("原矩阵:\n");
for(i=0;i<M;i++)
{   for(j=0;j<N;j++)    printf("%d\t",p[i][j]);
            printf("\n");
}
   for(i=0;i<M;i++)
     for(j=0;j<N;j++)
     q[j][i]=p[i][j];

   printf("转置后的矩阵:\n");
  for(i=0;i<N;i++)
  {
   for(j=0;j<M;j++)
      printf("%d\t",*(*(q+i)+j));
   printf("\n");
  }
   printf("\n");
}
```

方案二:

```
#include <stdio.h>
#define M 4
#define N 2
main()
{
int a[M][N],b[N][M];
int i,j;
int *p[M], *q[N];
for(i=0;i<M;i++)p[i]=a[i];
  for(i=0;i<N;i++)q[i]=b[i];
printf("请输入一个%d行%d列的矩阵\n",M,N);
for(i=0;i<M;i++)
{   printf("请输入第%d行的%d个元素:",i+1,N);
    for(j=0;j<N;j++)
        scanf("%d",p[i]+j);
}
printf("原矩阵:\n");
for(i=0;i<M;i++)
{   for(j=0;j<N;j++)    printf("%d\t",*(p[i]+j));
```

```
                printf("\n");
}
    for(i=0;i<M;i++)
        for(j=0;j<N;j++)
        *(q[j]+i)=*(p[i]+j);

    printf("转置后的矩阵:\n");
   for(i=0;i<N;i++)
   {
    for(j=0;j<M;j++)
         printf("%d\t",*(*(q+i)+j));
    printf("\n");
   }
    printf("\n");
}
```

2. 运行结果

程序运行结果如图 8-20 所示。

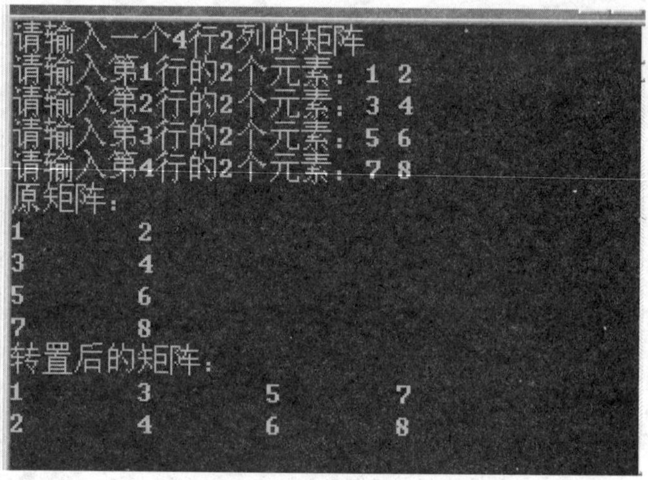

图 8-20 本任务的运行结果

3. 程序说明

方案一是使用指向一维数组的指针变量处理二维数组，方案二是采用指针数组。虽然形式类似，但读者需要注意两种方案的区别：指向一维数组的指针变量是二级指针变量，而指针数组名是二级指针常量。指向一维数组的指针变量需要取得二维数组名首地址，而指针数组则需要让每个元素分别取得列指针，如方案二中的：

```
for(i=0;i<M;i++)p[i]=a[i];
for(i=0;i<N;i++)q[i]=b[i];
```

任务4 按英文字典顺序将5个国家名顺序输出

任务目标

- 了解指针数组的概念。
- 能正确地利用指针变量引用所指向的字符数组和字符串。
- 能理解利用指针数组的操作字符串的方法。
- 能正确应用指针编写相应程序来解决实际问题。

任务描述

假设某主办方拟举办一个医学方面的国际会议，现有5个国家派代表参加，现在主办方正在为这几个代表的席位顺序头疼，不知道怎么排序才能让大家都满意。最后按照国家的英文名进行排序。那么请你来设计一个程序，实现把这5个国家名按英文字典顺序排位输出。

任务分析

因为有5个国家名，每个国家名是一个字符串常量，所以本任务就转化为：对字符串进行字典排序。由数组知识可知：需要用一个二维数组来存放这5个字符串。但是用二维数组来处理多字符串问题要求各行的列数相等，比较浪费存储空间，因此，本任务的字符串排序操作可以利用指针数组来实现。可以设置一个字符型指针数组 char *ps[5];，通过初始化让其取得这5个字符串的首地址，这样通过调整指针数组元素的指向就可以对字符串进行排序。

相关知识

一、用指针数组处理多字符串问题

字符型的指针数组通常可用于处理多字符串问题。方法是：先定义一个长度与要处理的字符串个数相对应的字符型指针数组，例如有5个字符串，那么可有如下定义并初始化：

```
char *ps[5]={"China","Korea","Germany","France","America"};
```

初始化即是让这个指针数组中的各个元素分别指向对应的字符串。于是 ps[0]指向"China", ps[1]指向"Korea", ps[2]指向"Germany"，ps[3]指向"France", ps[4]指向"America"。如果要输出所有的字符串，可以利用循环来实现。例如：

```
for(i=0;i<5;i++)puts(ps[i]);
```

同样，通过调整指针数组元素的指向可以实现字符串的排序。例如，对上述5个国家名进行字典排序，可采用下面的程序段实现：

```
char *t;
for(i=0;i<4;i++)
  for(j=i+1;j<5;j++)
    if(strcmp(ps[i],ps[j])>0){t=ps[i];ps[i]=ps[j];ps[j]=p;}
for(i=0;i<5;i++)puts(ps[i]);
```

需要注意的是，上例中用指针数组对字符串进行排序只是改变了指针数组各元素的指向，并没有改变原来字符串的实际存储位置和顺序。

二、指针与字符串

1. 用指针访问字符串的方法

在 C 语言中，字符串中的字符存储都是连续存放的，并且最后一个字符是“\0”字符。因为有这样两个特点，所以可以用字符型指针变量访问并操作字符串和字符数组。例如，可以采用下面的程序来输出字符串。

【例 8-11】

```
#include <stdio.h>
main()
{
char  *str="This is a C Program!";  /* 定义字符型指针 str 并取得字符串首地址 */
char s1[]="CHINA",*p=s1;    /* 定义字符型指针 p,且取得字符数组首地址 */
puts(str); puts(p);        /*利用指针 str 和 p 分别输出两个字符串*/
}
```

程序运行结果如图 8-21 所示。

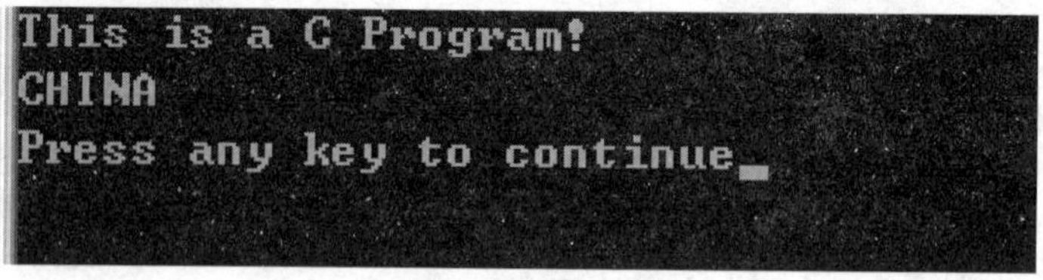

图 8-21 运行结果

从上面的例子可以看出，字符数组通常用来存储字符串，因此使用指向字符数组的指针变量操作字符串是十分有用的。

【例 8-12】利用指针统计出字符串中字符的个数。

```
#include <stdio.h>
#include <string.h>
#define N 30
main()
{
   char sn[N];
   char *ps=sn;    /*字符指针变量 ps 指向字符数组 sn*/
```

```
    int len=0;      /*统计字符个数的计数器置0*/
    printf("请输入一串字符:");
    gets(sn);       /*输入字符串，存入sn*/
    while(*ps!='\0')  /*字符串结束标志'\0'作为循环判断条件*/
     {
      len++;        /*每找出一个字符,len加1*/
      ps++;         /*ps指向下一个字符*/
     }
    ps=sn;          /*ps重新指向字符串开头*/
    printf("字符串\"%s\"的长度是:%d\n\n",ps,len);
}
```

程序运行结果如图8-22所示。

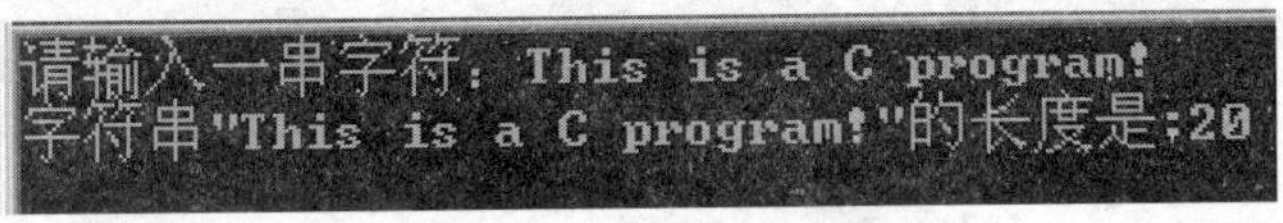

图8-22　运行结果

2. 字符串指针作为函数参数

字符数组名、字符型指针及字符串常量都可以作为函数的实参。当它们作为函数的实参时，都是地址传递，因此，对应的函数的形参也必须是一个地址，例如字符数组定义或者字符型指针。这样，通过函数的参数传递，在被调函数中可以使用或修改字符串的内容，而在主调函数中可以得到修改后的字符串。

任务实施

1. 程序清单

```
#include  <stdio.h>
#include  <string.h>
void  exstr(char  *ps[],  int  n);
void  orstr(char  *ps[],  int  n);
main()
{
char  *ps[]={"CHINA","KOREA","GERMAN","FRANCE","AMERICA"};
int  n=5;
printf("未排序前的国家名如下:\n");
orstr(ps, n);
exstr(ps, n);
printf("排序后的国家名如下:\n");
orstr(ps, n);
```

```
printf("\n\n");
}
void exstr(char *ps[], int n)
{
char *t;
int i, j;
 for(i=0; i<n-1; i++)
    for(j=i+1; j<n; j++)
      if(strcmp(ps[i], ps[j])>0){t=ps[i]; ps[i]= ps[j]; ps[j]=t;}
 }
void orstr(char *ps[], int n)
{
int i;
 for(i=0; i<n; i++)puts(ps[i]);
}
```

2. 程序运行结果

程序运行结果如图 8-23 所示。

图 8-23 运行结果

3. 程序说明

本程序中使用了三个函数：主函数、orstr 函数、exstr 函数。主函数中定义了一个指针数组 ps，然后主函数分别调用 orstr 函数和 exstr 函数实现字符串的输出和字符串的排序功能。注意，排序只是交换了指向字符串的指针数组元素，并没有改变字符串的存储位置。

4. 思考

如果要求 5 个国家名随机从键盘输入得到，那么本程序该如何修改才能符合要求？

实训 1 指针操作实例

实训目的

➢ 掌握指针变量的定义与引用方法。
➢ 掌握指针作为函数参数的使用方法。

实训要求

➢ 正确使用指向一维数组的指针。
➢ 正确使用指向二维数组的指针。
➢ 对源程序进行编译、连接、运行。
➢ 写出运行结果。

实训内容

请根据任务要求把源程序补充完整，并上机对源程序进行输入、编译、连接、运行，写出程序运行结果。

任务一：以下程序功能是从键盘输入 10 个整数，找出其中最大的数。

```
#include <stdio.h>
void fmax(int b[],int *p,int n)
{
int k;
*p=b[0];
for(k=1;k<n;k++)
  if( ____________ )*p=b[k];
}
main()
{
  int i,max,a[10];
  for(i=0;i<10;i++)scanf("%d",a+i);
  fmax( ________, ____________, 10);
  printf("max=%d\n",max);
}
```

任务二：下面程序的功能是求出由二维数组数字字符串的奇数下标数字组成的十进制整数和。

```
#include <stdio.h>
main()
```

```
{
  char a[2][6]={"01234","45678"},*p[2];
 int i,j,s=0;
 for(i=0;i<2;i++)
   p[i]= __________ ;
 for(i=0;i<2;i++)
   for(j=1;p[i][j]>='0'&&p[i][j]<='9'; ________ )
     s= __________________ ;
 printf("s=%d\n\n",s);

}
```

实训过程

任务一完整的源程序如下：

```
#include <stdio.h>
void fmax(int b[],int *p,int n)
{
int k;
*p=b[0];
for(k=1;k<n;k++)
  if(b[k]>*p)*p=b[k];
}
main()
{
  int i,max,a[10];
  for(i=0;i<10;i++)scanf("%d",a+i);
  fmax(a,&max,10);
  printf("max=%d\n",max);
}
```

任务一的程序运行结果如图 8-24 所示。

图 8-24　运行结果

任务二完整的源程序如下：

```
#include <stdio.h>
main()
{
```

```
  char a[2][6]={"01234","45678"},*p[2];
int i,j,s=0;
for(i=0;i<2;i++)
  p[i]=a[i];
for(i=0;i<2;i++)
  for(j=1;p[i][j]>='0'&&p[i][j]<='9';j+=2)
    s=s+p[i][j]-'0';
printf("s=%d\n\n",s);

}
```

任务二的程序运行结果如图 8-25 所示。

图 8-25　运行结果

实训总结

本实训的两个任务都是采用程序填空的形式，原因有两个：一是考虑到考试的形式，二是填空题在一定程度上能锻炼学生的编程能力。两个任务的算法都是以前接触过的，只不过现在是用指针来实现而已。这两个任务可以看成是对课本案例的补充，通过这两个任务，学生能对指针的使用有进一步的认识。

实训 2　利用指针处理字符串

实训目的

- ➢ 正确使用字符型指针处理字符串问题。
- ➢ 正确使用字符型指针数组处理多字符串问题。

实训要求

- ➢ 能根据实训内容的要求编制出正确的程序。
- ➢ 按步骤调试程序，并记录运行结果。

实训内容

任务一：从键盘输入的字符串中删除指定的字符。

任务描述：从键盘输入一个字符串，要求删除其中的字符“i”。例如，原字符串为“Please input a string”，则删除掉 i 之后的字符串变为“Please nput a strng”。经分析，本任务采用字符型指针变量操作字符串是很方便的。程序中删除字符串中的字符用 for 循环实现。

任务二：输入字符串，统计出其中元音字母的个数。

任务描述：从键盘输入一个字符串，请你设计一个程序，实现以下功能：统计出其中元音字母的个数，并分别输出。说明：元音字母指的是5个英文字母：a、e、i、o、u（大小写都可以）。例如“I am a student.”，这个字符串中a的个数是2，e的个数是1，i的个数是1，o的个数是0，u的个数是1。

实训过程

任务一的参考程序如下：

```
#include <stdio.h>
main()
{
char  str[100], *p1, *p2, c;
 printf("请输入一个字符串:\n");
gets(str);
printf("请输入要删除的字符:\n");
c=getchar();
p1=p2=str;
for(;*p1!='\0';p1++)
   if(*p1!=c){ *p2=*p1;p2++;}
*p2='\0';
printf("处理后的字符串为:\n");
puts(str);
printf("\n\n");
}
```

程序运行结果如图8-26所示。

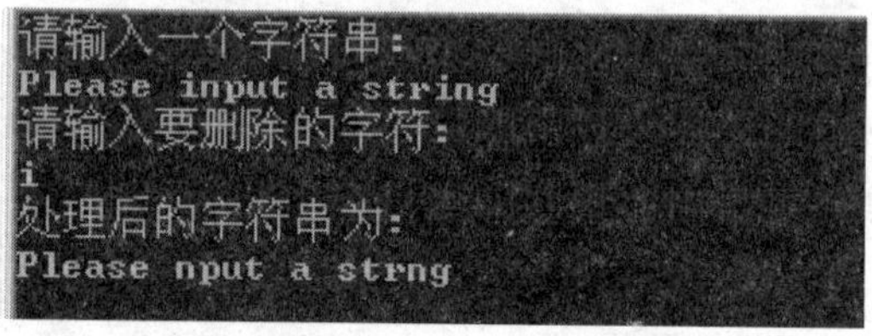

图8-26 运行结果

任务二的参考程序如下：

```
#include <stdio.h>
main()
{
char str[100], *s=str;
 int na=0,ne=0,ni=0,no=0,nu=0;
 printf("请输入一个字符串:\n");
```

```
    gets(str);
    while(*s!='\0')
     {switch(*s)
        {case 'a':
         case 'A':na++;break;
         case 'e':
         case 'E':ne++;break;
         case 'i':
         case 'I':ni++;break;
         case 'o':
         case 'O':no++;break;
         case 'u':
         case 'U':nu++;}
      s++;}
    printf("a的个数:%d\ne的个数:%d\ni的个数:%d\no的个数:%d\nu的个数: %d\n",na,ne,
ni,no,nu);
   printf("\n\n");
   }
```

程序运行结果如图 8-27 所示。

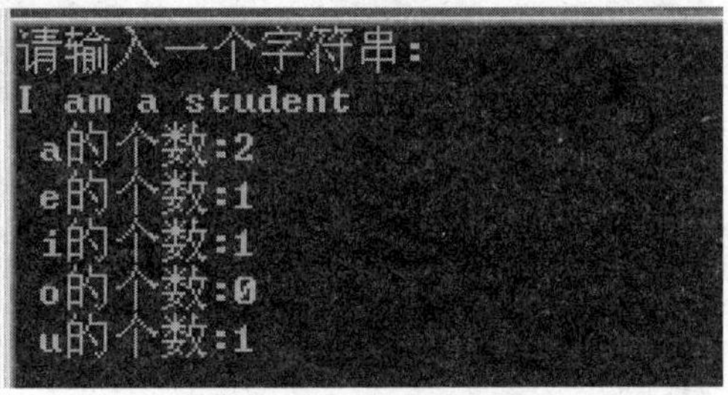

图 8-27 运行结果

实训拓展

请思考：

如何正确使用字符型指针处理字符串问题？

如何正确使用字符型指针数组处理多字符串的问题？

知识梳理与总结

本章学习了 C 语言中一个重要的数据类型：指针。指针在 C 语言中用途非常广泛，几乎所有的数组操作、字符串操作都可以采用指针来实现。从本章中所举的几个案例可以看出，指针的操作非常灵活而方便，当然，要想正确而灵活地应用指针也并非易事。也正因为如此，初学者在学习指针时往往会出错，所以，在学习本模块的知识时，务必要多加练习，多思考，多上机实践，在实践中进一步掌握它。

习　题 <<<

一、选择题

1. 有如下程序段：

```
int *p,a=10,b=2;
p=&a;
a=*p+b;
```

执行该程序段后，a 的值为（　　）。

A. 12　　B. 11　　C. 10　　D. 编译出错

2. 对于基类型相同的两个指针变量之间，不能进行的运算是（　　）。

A. <　　B. =　　C. +　　D. –

3. 下列程序的输出结果是（　　）。

```
main()
{
 int a[10]={9,8,7,6,5,4,3,2,1,0},*p=a+5;
 printf("%d",*--p);
}
```

A. 3　　B. 4　　C. 5　　D. a[4]的地址

4. 若有如下语句：

```
int c[4][5],(*p)[5];
p=c;
```

则能正确引用 c 数组元素的是（　　）。

A. p+1　　B. *(p+3)　　C. *(p+1)+3　　D. *(p[0]+2)

5. 设有定义：int s[]={1,3,5,7,9},*p=&s[0];，则值为 7 的表达式是（　　）。

A. *p+3　　B. *p+4　　C. *(p+3)　　D. *(p+4)

6. 下列程序段的输出结果是（　　）。

```
void fun(int *x,int *y)
{
 printf("%d %d ",*x,*y);
 *x=3; *y=4;
}
main()
{
 int x=1,y=2;
 fun(&y,&x);
```

```
 printf("%d %d",x, y);
}
```

A. 2 1 4 3　　B. 1 2 1 2　　C. 1 2 3 4　　D. 2 1 1 2

7. 运行程序：

```
main()
{
 int  a[]={4,2,10,5,20,7},*p=a;
 p++;
 printf("%d\n",*(p+2));
}
```

则输出结果是（　　）。

A. 10　　B. 20　　C. 5　　D. 3

8. 若有定义：

```
int a[10];
```

则下面表达式中不能代表数组元素 a[1]的地址是（　　）。

A. &a[0]+1　　B. &a[1]　　C. &a[0]++　　D. a+1

9. 若有说明：

```
int n=2,*p=&n,*q=p;
```

则以下非法的赋值语句是（　　）。

A. p=q;　　B. *p=*q;　　C. n=*q;　　D. p=n;

10. 下列程序执行后的输出结果是（　　）。

```
void func(int *a,int b[])
{
 b[0]=*a+8;
}
main()
{
 int a,b[5];
 a=0;b[0]=4;
 func(&a,b);
 printf("%d\n",b[0]);
}
```

A. 6　　B. 7　　C. 8　　D. 9

11. 下列程序的输出结果是（　　）。

```
int b=5;
int func(int *a)
{
 b+=*a;
 return(b);
```

```
}
main()
{
 int a=1,res=2;
 res+=func(&a);
 printf("%d\n",res);
}
```

A. 4　　B. 6　　C. 8　　D. 10

12. 以下程序运行后，输出结果是（　　）。

```
#include <stdio.h>
ss(char *s)
{
 char *p=s;
 while(*p) p++;
 return(p-s);
}

main()
{
 char *a="abded";
 int i;
 i=ss(a);
 printf("%d\n",i);
}
```

A. 8　　B. 7　　C. 6　　D. 5

13. 若有以下调用语句，则不正确的 fun 函数的首部是（　　）。

```
main()
{
 ...
 int a[20],n;
 ...
 fun(n,&a[10]);
 ...
}
```

A. void fun(int m,int x[])　　B. void fun(int s,int h[30])

C. void fun(int p,int *s)　　D. void fun(int n,int a)

14. 有如下函数调用语句：

```
func(rec1,rec2+rec3,(rec4,rec5));
```

则该函数调用语句中，含有的实参个数是（　　）。

A. 3　　B. 4　　C. 5　　D. 有语法错

15. 下面语句不能正确进行字符串赋初值的是（　　）。

A. char str[5]="good!";

B. char str[]="good!";

C. char *str="good!";

D. char str[5]={'g','o','o','d','!'};

二、填空题

1. 有以下程序段，执行后的输出结果是________。

```
char s[10]="abcdefg",*p;
p=s;p++;
printf("%s",p);
```

2. 若有定义和语句：

```
int **pp,*p,a=100,b=200;
pp=&p;
p=&b;printf("%d,%d\n",*p,**pp);
```

则输出结果是________。

3. 以下程序运行后，如果从键盘输入 ABCDE<回车>，则输出结果为________。

```
#include <stdio.h>
#include <string.h>
func(char str[])
{
 int num=0;
 while(*(str+nom!='\0'))nom++;
 return(num);
}
main()
{
 char str[10],*p=str;
 gets(p);
 printf("%d\n",func(p));
}
```

4. 以下函数返回 a 所指数组中最小的值所在的下标。

```
fun(int *a,int n)
{
 int i,j=0;p;
 p=j;
 for(i=0;i<n;i++)
 if(a[i]<a[p])________;
 return(p);
```

```
}
```

则应在下划线处填入________。

5. 读入一行英文文本，将其中每个单词的第一个字母改为小写，然后输出此文本行。说明：单词是指由空格隔开的字符串。请填空。

```
#include <stdio.h>
void main()
{
   char s[81],*ch;
   int flag=1;
   printf("Please Input a string:\n");
   gets(s);
   ch=__________;
   while(*ch!='\0')
   {
     if (*ch==' ') flag=1;
     else
     {
         if (flag==__________ && *ch>='A' && *ch<='Z')
             *ch=*ch+32;
         flag=0;
     }
     ______________;
   }
   printf("%s\n",s);
}
```

6. 从键盘输入两个字符串，将第二个字符串连接到第一个字符串的后面，最后输出连接后第一个字符串的长度。请填空。

```
#include<stdio.h>
mian()
{
char s1[100],s2[50],*p,*q;
int n=0;
printf("s1:");
gets(s1);
printf("s2:");
gets(s2);
p=s1;q=s2;
while(*p)
```

```
{ _________;p++;}
while(*q)
{*p _____;
  p _____;
  q _____;
  len++;
}
printf("%d\n",n);
}
```

三、编程题

1. 编程实现交换长度相等的两个数组中的对应元素。
2. 编程实现通过指针操作，找出输入的几个数中最小的数并输出。
3. 编程实现输入一个字符串，然后按相反顺序输出所有的字符。
4. 输入一行字符，统计出其中的大写字母、小写字母、空格、数字及其他字符的个数。
5. 输入一个 4×4 的矩阵，输出转置后的矩阵。

第 9 章　结构体、共用体和枚举

【知识导读】

计算机技术的飞速发展给社会的各个领域都带来了翻天覆地的变化，很多传统产业和制造业也由于计算机控制技术的引入而有了长足的进步，这一切都在很大程度上促进了生产率的提高。于是，越来越多的人都在思考如何让计算机能够读懂人们的每一个命令，也即人们希望能用程序去描述自然界中的所有事物。

从前面的知识了解到了 C 语言中的基本数据类型（如整型、实型、字符型等），当然，也接触到了稍微复杂一点的构造类型：数组。数组的优势是可以描述一组较多的数据，不过数组中的每个数据都必须是同一种数据类型。这就又回到了我们刚才提到的问题：自然界中的事物往往是一个有机的整体，是由不同类型的数据组合而成的复杂数据集合。比如，对于一名学生，他的信息包含学号、姓名、性别、年龄、班级等。因此，C 语言提供了另一种构造数据类型：结构体类型。借助这种类型可以将若干个不同类型的数据存放在一起。

本章将详细介绍结构体类型变量的定义、赋值、使用方法等，同时，还简单介绍共用体和枚举类型的使用方法。

【能力目标】

- 掌握结构体类型的定义。
- 掌握结构体类型变量的说明。
- 掌握结构体变量的初始化。
- 掌握结构体变量的成员引用。
- 学会结构体嵌套定义。
- 会使用结构体指针。
- 会使用结构体数组。
- 掌握共用体类型的定义。
- 了解共用体类型变量的定义。
- 了解共用体变量的成员引用。
- 学会枚举类型的定义、枚举类型变量的定义及枚举类型变量的引用。

【任务设置】

任务 1　选票统计及候选人信息管理程序

任务 2　变体记录

任务 3　输入一周中的某一天，输出是“工作日”或“休息日”

实训 1　结构体综合实训

实训 2　共用体综合实训

任务1　选票统计及候选人信息管理程序

任务目标

- 掌握结构体类型的定义。
- 掌握结构体类型变量的说明。
- 掌握结构体变量的初始化。
- 掌握结构体变量的成员引用。
- 学会结构体嵌套定义。
- 会使用结构体指针。
- 会使用结构体数组。

任务描述

某市要举行市长选举，共有 3 名候选人参加竞选。请你编写一个 C 语言程序，实现对各个候选人得票数的统计，并输出得票最高的候选人的完整信息（姓名、性别、年龄、最终票数等）。

任务分析

本任务实际上是个简化版的投票统计程序。其算法思路是：每次输入一个得票的候选人的名字，对应的候选人票数加 1。统计出各个候选人的票数之后，再找出票数最多的那位候选人，将其信息输出，具体算法可参考找出数组元素最大值的方法。

相关知识

一、结构体类型的定义

在处理大量数据时，使用数组是很方便的。但是数组只能是由同一种类型的数据组成的，这就给数组的应用带来了局限性。例如，某个学生的信息包括姓名、性别、年龄、班级等，这些数据的类型不是完全相同的，这种情况下可以使用结构体类型来处理。

结构体类型的定义形式如下：

```
struct  类型名
{成员列表};
```

例如：

```
struct student
{
  char name[20];
  char sex;
```

```
   int age;  char class1[20];
 };
```

在这个结构体类型定义中，结构体类型名为sttudent，该结构体包含4个成员：第一个成员为name，字符型数组；第二个成员为sex，字符型变量；第三个成员是age，整型变量；第四个成员为class，字符型数组。结构体类型定义好后，就可以进行变量说明。凡是说明为student类型的变量，都是由这4个成员组成的。由此可见，结构体类型是一种复杂的数据类型。

二、结构体变量的说明

结构体变量的说明通常采用下面3种方法。

（1）先定义结构体类型，再用定义好的类型来说明变量。

如：

```
struct student
{
  char name[20];
  char sex;
  int age;
  char class1[20];
};
struct student st1,st2;
```

（2）可以对上述定义方法进行简化：在定义结构体类型的同时说明变量。

例如：

```
struct student
{
  char name[20];
  char sex;
  int age;
  char class1[20];
}st1,st2;
```

（3）直接说明结构体类型变量，但是不给结构体取名。

例如：

```
struct
{
  char name[20];
  char sex;
  int age;
  char class1[20];
}st1,st2;
```

注意：第三种方法和第二种方法的区别在于省略了结构体类型名。

三、结构体变量的初始化及引用

1. 结构体变量的初始化

在对以上三种结构体变量说明的同时，都可以进行初始化赋值，如：

```
struct student
{
  char name[20];
  char sex;
  int age;
  char class1[20];
}st1={"mary",'F',25, "ELEC08-2"};
```

需要注意的是，初始化数据应与类型中的各个成员保持类型和位置的完全一致。

2. 结构体变量的引用

由于结构体变量具有多个成员，并且各个成员的类型也不相同，因此，在 C 语言中，一般不能整体引用结构体变量，只能引用结构体变量的各个成员。

引用结构体变量成员的形式如下：

```
结构体变量名.成员名
```

例如：

```
struct student
{
  char name[20];
  char sex;
  int age;
  char class1[20];
}st1={"mary",'F',25, "ELEC08-2"};
```

则成员引用如下：

```
st1.name;
st1.age;
```

如果成员本身又是结构体类型，那么就是结构体类型的嵌套，则成员引用必须到最低级成员才能使用。

【例 9-1】结构体变量定义及引用等基本操作。

```
#include <stdio.h>
main()
{
struct student
 {
 char name[20];
```

```
    char sex;
     int age;
     char class1[20];
     }st={"Jack",'M',20,"ELEC12-4"};
printf("NAME\tSEX\tAGE\tCLASSNUMBER\n");
    printf("%s\t%c\t%d\t%s\n\n",st.name,st.sex,st.age,st.class1);
    }
```

程序运行结果如图 9-1 所示。

图 9-1　运行结果

四、结构体数组

从例 9-1 可以看出，结构体变量 st 只能存储一个学生的信息，如果要存储一个班级所有学生的信息，就要用到结构体数组。

1. 结构体数组定义

结构体数组的定义与结构体变量的定义基本类似，形式也相同，只需要说明它是数组类型即可，因此，也有 3 种方法。最常用的方法是在定义结构体类型名的同时，定义结构体数组，例如：

```
struct hum
{
    char name[20];
    char sex;
    int age;
    int count;
}leader[3];
```

定义了一个结构体数组 leader，共有 3 个元素：leader[0]、leader[1]、leader[2]，每个元素都是一个 hum 类型的结构体变量。

2. 结构体数组初始化

结构体数组的每一个元素都是一个结构体变量，因此，结构体数组的初始化即是对数组元素的初始化。例如：

```
struct hum
{
    char name[20];
    char sex;
    int age;
```

```
    int count;
}leader[3]={"Jack",'M',50,0,"Jane",'F',45,0,"Alex",'M',34,0};
```

3. 结构体数组的引用

与一般数组的引用相同，对结构体数组的引用就是引用结构体数组元素。对结构体数组赋值、输入和输出及各种运算均是对结构体数组元素的成员进行的。结构体数组的成员表示为：

```
结构体数组名[下标].成员名
```

例如：

```
leader[i].name;
leader[i].count;
```

五、结构体指针

如果一个指针变量指向的是一个结构体变量，则该指针变量称为结构体指针变量。结构体指针变量的值是它所指向的那个结构体变量的地址。由以前所学的指针知识可知，当指针和它指向的变量建立指向关系后，即可用指针访问变量。因此，通过结构体指针即可访问结构体变量。

结构体指针变量定义的一般形式为：

```
struct 结构体类型名 *指针变量名;
```

而结构体指针的初始化则是让结构体指针获得结构体变量的地址。

例如：

```
struct  student
 {
 char  name[20];
 char sex;
 int age;
 char class1[20];
 }st,*p;
p=&st;
```

这样指针 p 就指向了结构体变量 st。要想访问成员 age，除了可以使用 st.age 外，还可以使用：

```
(*p).age 或 p->age
```

同理，如果将一个结构体数组名赋给结构体指针变量，那么该指针可以在结构体数组元素间移动。

【例 9-2】用指向结构体变量的指针访问结构体数组。

```
#include <stdio.h>
main()
{
struct  stu
```

```
 {
 long  num;
 char  name[20];
 int age;
}st[3]={{1203,"zhang",19},{1205, "qian",18},{1208, "xiao",20}},*p;
printf("学号\t 姓名\t 年龄\n");
for(p=st; p<st+3; p++)
printf("%ld\t%s\t%d\n\n",p->num, p->name, p->age);
}
```

程序运行结果如图 9-2 所示。

图 9-2　运行结果

六、结构体与函数

在 ANSI C 标准中，允许使用结构变量作为函数参数进行整体传送，不过这种传送要将全部成员逐个传送，因此会降低程序的效率。进行函数调用时，通常情况下是使用结构体指针作为函数参数，从而在很大程度上提高了程序的效率。

【例 9-3】同例 9-2，输出 3 个学生的全部信息。

```
#include<stdio.h>
struct  stu
{long  num;
 char  name[20];
 int age;
};
void PRINT(struct  stu *p)   /* 结构体指针变量作函数形参 */
{
int  i;
printf("学号\t 姓名\t 年龄\n");
 for(i=0;i<3;i++)
printf("%ld\t%s\t%d\n\n",(p+i)->num,(p+i)->name,(p+i)->age);
}
main()
{
```

```
struct  stu  st[3]
={{1203,"zhang",19},{1205, "qian",18},{1208, "xiao",20}};
PRINT(st);              /* 结构体数组名作函数实参 */
}
```

程序的运行结果同例 9-2，如图 9-2 所示。

七、结构体嵌套

结构体成员可以是普通变量，也可以是结构体。如果结构体的成员本身也是结构体，就构成了结构体类型的嵌套。

例如，有以下结构体定义：

```
struct date
{
  int mon;
  int day;
  int year;
};
```

然后又有如下结构体定义:

```
struct student
{
  char name[20];
  char sex;
  int age;
  struct date birthday;
  char class1[20];
}st1,st2;
```

在上例中，结构体类型 student 含有 5 个成员，其中成员 birthday 又是个结构体类型，这就形成了结构体类型嵌套结构。birthday 结构体类型含有 3 个成员，分别是 mon、day、year，分别代表月、日、年。

对于结构体嵌套的情况，结构体成员的引用也要使用成员运算符逐级向下连接嵌套的成员，直到基本成员，例如：

```
st1.birthday.year
```

任务实施

1. 程序清单

```
#include <stdio.h>
#include <string.h>
struct hum
{
```

```
    char name[20];
    char sex;
    int age;
    int count;
}leader[3]={"Jack",'M',50,0,"Jane",'F',45,0,"Alex",'M',34,0};
main()
{
    int i,j,max,maxi;
    char leadname[20];
    printf("请输入候选人姓名:\n");
    for(i=0;i<10;i++)
    {
        gets(leadname);
        for(j=0;j<3;j++)
            if(strcmp(leadname,leader[j].name)==0)leader[j].count++;
    }
    printf("各候选人票数统计如下:\n");
        printf("姓名\t 票数\n");
        for(i=0;i<3;i++)
        printf("%s:\t%d\n",leader[i].name,leader[i].count);
    max=leader[0].count;
    for(i=0;i<3;i++)
        if(leader[i].count>max){max=leader[i].count;maxi=i;}
    printf("票数最高的候选人信息如下:\n");
        printf("姓名\t 性别\t 年龄\t 票数\n");
    printf("%s:\t%c\t%d\t%d\n",leader[maxi].name,leader[maxi].sex,leader[maxi]
.age,leader[maxi].count);
    printf("\n");
}
```

2. 程序运行结果

数据录入和程序运行结果如图 9-3 所示。

3. 程序说明

（1）程序中定义了一个全局的结构体数组 leader，它有 3 个元素（对应 3 个候选人），每个元素包含 4 个成员：name、sex、age、count。其中，票数在初始化数组元素时都置为 0。在主函数中定义字符数组 name，它代表备选人的姓名，在 10 次循环中，每次都是先输入一个候选人的姓名，然后将其与 3 个候选人姓名相比较，与哪个相同，则哪个候选人的 count 值加 1。

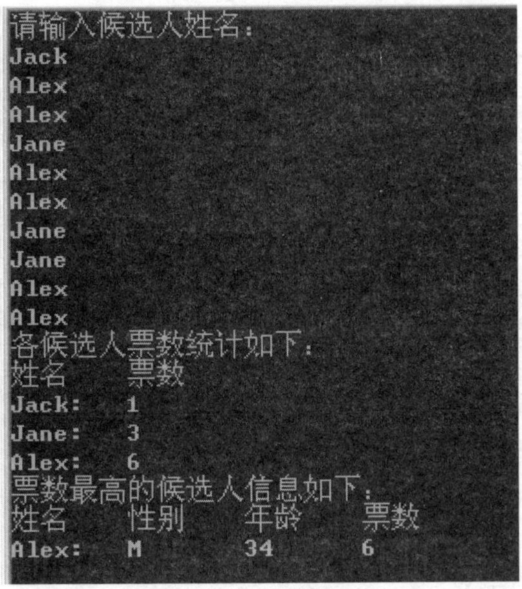

图 9-3　运行结果

（2）在输入和统计出候选人票数之后，再判断哪个候选人的票数最高，并把票数最高的候选人的所有信息输出。求票数最高的候选人的方法同数组元素求最大值的方法：假设第一个候选人的票数（leader[0].count）最高计为 max，则此时最大值的下标 maxi 为 0，然后把 max 和后面的元素逐一比较，若某个元素 leader[i].count 的值比 max 还要大，则 leader[i].count 为新的最大值，其值赋给 max，对应的 maxi 的值为 i。这样当比较结束时，max 是所有元素的最大值，而 maxi 则是最大值所对应的下标。所以，要输出票数最多的候选人的所有信息，只需要分别输出：

```
leader[maxi].name,leader[maxi].sex,leader[maxi].age,leader[maxi].count
```

任务 2　变体记录

任务目标

- 掌握共用体类型的定义。
- 了解共用体类型变量的定义。
- 了解共用体变量的成员引用。

任务描述

现有几个人员的信息需要记录，可分为学生和教师两类。学生的信息包括姓名、性别、年龄、身份、班级。教师的信息包括姓名、性别、年龄、身份、所在系部。现把信息放入统一的表格中进行存储，见表 9-1。

表 9-1 信息存储

name	sex	age	group	classnum/department
John	m	18	s	301
Mary	f	32	t	elec

任务分析

本任务为简化调试程序，假设只有 2 个人的信息需要存储：一个教师、一个学生。从表 9-1 可以看出，学生和教师信息所包含的数据不是完全相同的，如果 group（身份）项为 s（学生），则最后一项为学生所在的班级（classnum）。如果 group（身份）项为 t（教师），则最后一项为教师所在的系部（department）。因此，对表格中最后一项的处理可以用共用体来处理。

相关知识

一、共用体类型的定义

共用体和结构体类似，也是一种由用户自己定义的数据类型，也是由几种不同的数据类型组合而成的，因此也是构造数据类型，组成共用体的数据也称为成员。但是共用体和结构体还是有区别的：共用体中所有的成员占用共同的内存空间（存储区域）。共用体最主要的用途就是可以实现变体记录和节约内存。

和结构体类似，共用体类型在使用之前也必须定义。共用体类型定义的一般形式如下：

```
union 共用体类型名
{
   数据类型 1  成员 1;
   数据类型 2  成员 2;
   …
   数据类型 n  成员 n;
};
```

例如：

```
union tp
{
int n;
char ch;
char s[4];
};
```

在上例中定义了一个 union tp 的共用体类型，它包含 3 个成员，这 3 个成员共同占用相同的一片存储区域。因此，tp 共占用 4 个字节的存储空间。需要注意的是，共用体类型中每个成员所占用的内存单元都是连续的，而且都是从分配的连续内存单元中第一个内存单元开始存放。所以，对于共用体类型，所有成员的首地址都相同。

二、共用体类型变量的定义

有三种形式，例如：

形式一：

```
union tp
{
int n;
char ch;
char s[4];
};
union tp t1,t2;
```

形式二：

```
union
{
int n;
char ch;
char s[4];
}t1,t2;
```

形式三：

```
union tp
{
int n;
char ch;
char s[4];
}t1,t2;
```

其中第三种形式最为常用。

三、共用体类型变量的引用

与结构体一样，共用体变量的引用也只能通过逐个引用共用体变量的成员进行。例如：

```
t1.n
t1.ch
```

任务实施

1. 程序清单

```
#include <stdio.h>
#define N 2
main()
{
```

```
    struct
      {char  name[20];
       char  sex;
       int  age;
       char  group;
       union
       {
          int  classnum;
          char department[20];
       }categ;
       }person[N];
    int i;
    printf("请输入%d 个人的信息:\n",N);
    for(i=0;i<N;i++)
    {
    gets(person[i].name);
    scanf("%c",&person[i].sex);
     getchar();
    scanf("%d",&person[i].age);
     getchar();
    scanf("%c",&person[i].group);
    getchar();
        if(person[i].group=='s')
           scanf("%d", &person[i].categ.classnum);
        else  if(person[i].group=='t')
           scanf("%s",person[i].categ.department);
        getchar();
    }
     printf("Name\tSex\tAge\tGroup\tClassnum/Department\n");
    for(i=0;i<N;i++)
       if(person[i].group=='s')
          printf("%s\t%c\t%d\t%c\t%d\n\n",     person[i].name,     person[i].sex,
person[i].age,person[i].group,person[i].categ.classnum);
       else  if(person[i].group=='t')
          printf("%s\t%c\t%d\t%c\t%s\n\n",     person[i].name,     person[i].sex,
person[i].age,person[i].group,person[i].categ.department);
    }
```

2. 程序运行结果

程序运行结果如图 9-4 所示。

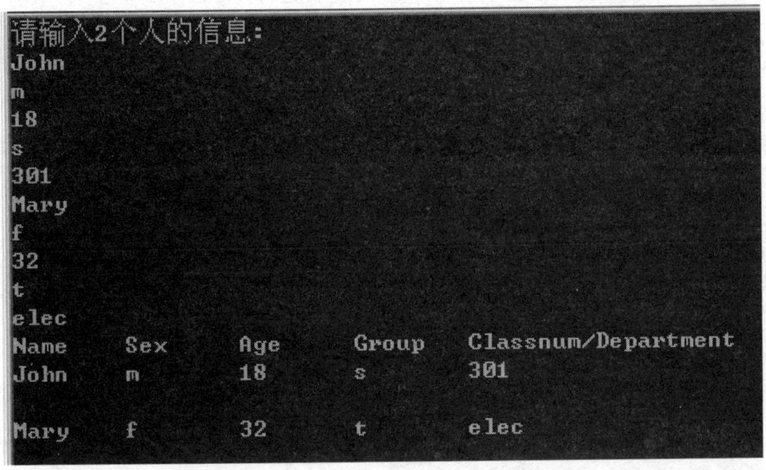

图 9-4　运行结果

3. 程序说明

在 C 语言中，“记录”就是结构体数据。如果在结构体类型中嵌套共用体成员，由于该成员可以存放不同类型的数据，这样的结构体数据就是“变体记录”。本任务正是利用结构体嵌套共用体的方法实现的“变体记录”。

在本程序中，在主函数之前定义了结构体数组 person，在结构体类型中有一个共用体成员 categ。

任务 3　输入一周中的某一天，输出是“工作日”或“休息日”

任务目标

- 学会枚举类型的定义。
- 学会枚举类型变量的定义。
- 学会枚举类型变量的引用。

任务描述

本任务要求实现：从键盘输入一周中的某一天所对应的整数，如果是周一，就输入 1，如果是周二，就输入 2，屏幕输出该天对应的是“工作日”还是“休息日”。比如，从键盘输入的是 2，则输出“工作日”；如果输入的是 7，则输出“休息日”。

任务分析

因为一个星期只有7天，像这种类型的数据如果用数来表示，则不如用名称表示更直接、自然，为此，C语言提供了枚举类型来解决。本任务就可以采用枚举类型来表示一周的七天。

相关知识

一、枚举类型的定义

在实际问题中，有些变量的取值被限定在一个很有限的范围内，比如一个星期只有7天、一年只有12个月、一个学期只有5门课程等。与其把这些量用整型数据表示，还不如用一些具有实际意义的字符来表示更直观。C语言提供了一种称为“枚举”的数据类型。简单地说，枚举类型的数据就是用户定义的一组标识符序列。

枚举类型的定义形式为：

```
enum 枚举类型名{枚举值列表};
```

例如：

```
enum wday{mon=1,tue,wed,thu,fri,sat,sun};
```

在本例中，枚举类型名为wday，枚举值共有7个：mon、tue、wed、thu、fri、sat、sun。需要注意的是，枚举值是常量而不是变量，如果没有强制赋值，则系统会自动给予它们0、1、2、3、…。但是，本例中mon 的值被赋为1，所以系统将枚举常量的值自动往后延续，即tue、wed、thu、fri、sat、sun的值分别为2、3、4、5、6、7。

二、枚举类型变量的定义

枚举变量的说明与结构体变量的定义一样，可以在定义枚举类型的同时进行。例如：

```
enum  wday{mon=1,tue,wed,thu,fri,sat,sun}dt;
```

其定义了一个变量dt为wday枚举类型。

三、枚举类型变量的引用

枚举变量在定义后就可以对它赋值，赋值必须用枚举常量或者枚举常量所对应的整数值。例如，上例中dt可以用如下语句赋值：

```
dt=fri;
```

或

```
dt=5;
```

上述两条语句效果是一样的。

四、用户自定义类型

有时C语言的初学者在使用结构体类型名或共用体类型名时太过复杂，使用起来比较不方便，针对这种情况，C语言允许用户根据自己的使用习惯重新定义一个替代的类型名。

1. 自定义基本类型

如果定义两个整型变量，可以用：

```
int x,y;
```

为了增加程序的可读性和兼容性，可以使用 typedef 给 int 取个别名，例如：

```
typedef int INTEGER;
```

这样就可以使用 INTEGER 和代替 int 进行整型变量的定义。例如：

```
INTEGER x,y;
```

相当于：

```
int x,y;
```

2. 自定义数组类型

例如：

```
typedef char STR[10];
```

上例表示 STR 是字符型数组类型，并且数组长度是 10。如果有以下语句：

```
STR s1,s2,s3;
```

说明：s1、s2、s3 都是 STR 类型的变量，即全部是长度为 10 的字符型数组。

3. 自定义构造类型

例如：

```
typedef struct leader
{
   char name[20];
 char sex;
 int age;
 int count;
}LD;
```

则可以使用 LD 定义 leader 类型的结构体变量：

```
LD m1,m2,m3;
```

任务实施

1. 程序清单

```
#include <stdio.h>
main()
{
enum  wday{mon=1,tue,wed,thu,fri,sat,sun}dt;
 printf("请输入周几(1~7 的一个整数):\n");
 scanf("%d",&dt);
 switch(dt)
   {case mon:
```

```
    case tue:
    case wed:
    case thu:
    case fri:printf("工作日\n\n");break;
    case sat:
    case sun:printf("休息日\n\n");break;
    default :printf("输入错误!\n");
  }
}
```

2. 程序运行结果

程序运行结果如图 9-5 所示。

图 9-5　运行结果

3. 程序说明

从本例中可以看出，采用枚举值来代替整数值进行程序设计有如下好处：一是枚举值更加直观，可以增加程序的可读性；二是枚举值的取值范围有限制，便于编译系统检查错误。

实训1　结构体综合实训

实训目的

- 掌握结构体的基本概念。
- 掌握结构体的类型定义、变量说明、成员引用。
- 掌握结构体类型的应用。

实训要求

- 预习教材中的相关内容。
- 理解各个源程序的算法及作用。
- 能够通过实训分析理解结构体的使用方法。

实训内容

定义一个日期结构体变量，该日期具有年、月、日等信息。请编程实现计算某个日期在本年中是第几天，注意闰年问题。

实训过程

1. 任务分析

1 月、3 月、5 月、7 月、8 月、10 月、12 月有 31 天，4 月、6 月、9 月、11 月有 30 天，只有 2 月比较特殊，一般年份是 28 天，闰年是 29 天。所以可用 switch 语句来设计程序。

2. 参考程序

```
#include <stdio.h>
struct date
{
  int year;
  int month;
  int day;
}dat;
main()
{
  int days;
  printf("请输入年,月,日:\n");
  scanf("%d,%d,%d",&dat.year,&dat.month,&dat.day);
  switch(dat.month)
  {
  case 1:days=dat.day;break;
  case 2:days=dat.day+31;break;
  case 3:days=dat.day+59;break;
  case 4:days=dat.day+90;break;
  case 5:days=dat.day+120;break;
  case 6:days=dat.day+151;break;
  case 7:days=dat.day+181;break;
  case 8:days=dat.day+212;break;
  case 9:days=dat.day+243;break;
  case 10:days=dat.day+273;break;
  case 11:days=dat.day+304;break;
  case 12:days=dat.day+334;break;
  }
  if((dat.year%4==0&&dat.year%100==0||dat.year%400==0)&&dat.month>=3)d
ays=days+1;
  printf("%d 年%d 月%d 日是%d 年的第%d 天\n\n",dat.year,dat.month,dat.day,
dat.year,days);
 }
```

程序运行结果如图 9-6 所示。

图 9-6　运行结果

实训总结

该任务综合运用了结构体和多分支选择结构程序设计，算法并不算难，重点在于掌握结构体成员的引用方法。

实训拓展

上例中使用 switch 语句来设计程序，显得程序总体结构比较复杂，能不能在不影响程序功能的情况下，把上述程序简化一下呢？

参考程序如下：

```
#include <stdio.h>
struct date
{
   int year;
   int month;
   int day;
}dat;
main()
{
   int i,days;
   int daytab[13]={0,31,28,31,30,31,30,31,31,30,31,30,31};
   printf("请输入年,月,日:\n");
   scanf("%d,%d,%d",&dat.year,&dat.month,&dat.day);
   days=0;
   for(i=1;i<dat.month;i++)
     days+=daytab[i];
   days=days+dat.day;
   if((dat.year%4==0&&dat.year%100==0||dat.year%400==0)&&dat.month>=3)
days=days+1;
   printf("%d 年%d 月%d 日是%d 年的第%d 天\n\n",dat.year,dat.month,dat.day,
dat.year,days);
}
```

程序运行结果如图 9-6 所示。

实训 2　共用体综合实训

实训目的

- 掌握共用体的基本概念。
- 掌握共用体的类型定义、变量说明、成员引用。
- 掌握共用体类型的应用。

实训要求

- 理解源程序的算法及作用。
- 能够通过实训分析理解共用体的使用方法。

实训内容

设置一个共用体类型，其中包含 1 个无符号整型成员和 1 个含有 4 个元素的字符数组成员。用该共用体类型说明变量后，输入 4 个字符，输出由这 4 个字符形成的整数（本例针对 32 位机）。

实训过程

程序如下：

```
#include <stdio.h>
main()
{
  union my
  {
     unsigned int i;
     char d[4];
  }mya;
  scanf("%c%c%c%c",&mya.d[0],&mya.d[1],&mya.d[2],&mya.d[3]);
  printf("%x,%x,%x,%x,%x\n\n",mya.d[0],mya.d[1],mya.d[2],mya.d[3],mya.i);
}
```

程序运行结果如图 9–7 所示。

图 9–7　运行结果

实训拓展

上例是针对32位机设计的程序，如果该程序要想在16位机上运行，该如何修改源程序？

知识梳理与总结

本模块系统地阐述了C语言的用户定义类型，包括结构体、共用体、枚举3种。其中，结构体和共用体是构造类型，枚举是基本数据类型。现总结如下：

① 结构体和共用体有很多相似之处：类型定义的形式相同、变量说明的方法相同、成员的引用方式相同。

② 结构体和共用体也有很多区别：在结构体中，各成员都拥有独立的内存空间，一个结构体变量的总长度等于所有成员的长度之和；而共用体成员只能先后占用该共用体变量的存储空间，各成员值不能同时存在，因此，一个共用体变量的长度等于该成员中的最大长度。

③ 枚举类型是用户定义的一组标识符序列，其值为整型常数。因此，枚举类型是基本数据类型。

④ 用户可以通过typedef给系统数据类型及构造类型重新命名，但注意这并没有定义新的类型。

习 题 <<<

一、选择题

1. 若定义 union uex{int i;float f;char c;}ex;，则 sizeof(ex)的值是（　　）。

A. 4　　B. 5　　C. 6　　D. 7

2. 以下程序的输出结果是（　　）。

```
struct HAR
{
 int  x, y;
 struct  HAR *p;
}h[2];
main()
{
 h[0].x=1;h[0].y=2;
 h[1].x=3;h[1].y=4;
 h[0].p=&h[1];h[1].p=h;
 printf("%d %d \n",(h[0].p)->y,(h[1].p)->x);
}
```

A. 2 3　　B. 1 4　　C. 4 1　　D. 3 2

3. 设有定义

```
enum team{my,your=3,his,her=his+5};
```

则枚举元素 my、your、her 的值分别是（　　）。

A. 0、3、2　　B. 1、3、4　　C. 0、3、9　　D. 0、3、5

4. 以下程序的输出结果是（　　）。

```
union myun
{
 struct
 {int  x, y, z; } u;
 int  k;
}a;
main()
{
 a.u.x=4;a.u.y=5;a.u.z=6;
 a.k=0;
 printf("%d\n",a.u.z);
}
```

A. 4　　B. 5　　C. 6　　D. 0

5. 已知赋值语句 Wang.ycar=2005;，则 Wang 是（　　）类型的变量。

A. 字符或文件　　B. 整型和枚举　　C. 联合或结构　　D. 实型或指针

6. 若有下面的说明和定义：

```
struct test
{
 int  a;
 char b;
 float  c;
 union u
 {char u1[5];int u2[2];} ua;
} myaa;
```

则 sizeof(struct test)的值是（　　）。

A. 12　　B. 19　　C. 14　　D. 4

7. 以下各选项企图说明一种新类型名，其中正确的是（　　）。

A. typedef a1 int;　　B. typedef a2=int

C. typedef int a3;　　D. typedef a4;int;

8. 下面说明中，正确的是（　　）。

A. typedef v1 int;　　B. typedef v2=int;

C. typedef int v3;　　D. typedef v4:int;

9. 设有以下说明语句：

```
   typedef struct
{ int  n;
```

```
char  ch[8];
} PER;
```

则下面叙述中，正确的是（　　）。

A. PER是结构体变量名

B. PER是结构体类型名

C. typedef　struct是结构体类型

D. struct是结构体类型名

10. 假设有一个结构体类型变量定义如下：

```
struct dat
{
int year;
int month;
int day;
};
struct student
{
char name[10];
char sex;
struct dat birday;
}st;
```

如果想对结构体变量st的出生年份成员进行赋值，下面正确的赋值语句为（　　）。

A. year=1993;　　B. birday.year=1993;

C. st.birday.year=1993;　　D. st.year=1993;

二、填空题

1. 以下程序的功能是在结构体数组中查找出分数最高和最低学生的姓名和成绩，请将程序补充完整。

```
#include <stdio.h>
main()
{
int max,min,i,j;
struct
{
  char name[10];
  int score;
}st[4]={"lili",89;"jack",90,"mary",78,"john",91};
max=min= ________ ;
for(i=1;i<4;i++)
  if(st[i].score>st[max].score) ________________;
  else  if(st[i].score<st[min].score) ________________ ;
```

```
printf("max:%s,%d\n", ________________________);
printf("min:%s,%d\n", ________________________);
}
```

2. 以下程序的输出结果是____________________。

```
#include<stdio.h>
main()
{
union num
{
 struct
  {int a;
   int b;}in;
  int x;
  int y;
}n1;
n1.x=1;
n1.y=2;
n1.in.a=n1.x*n1.y;
n1.in.b=n1.x+n1.y;
printf("%d,  %d\n",n1.in.a,n1.in.b);
}
```

三、编程题

1. 一个班级有 30 个学生，每个学生的信息包括学号、姓名、3 门课程的成绩。学生信息从键盘输入，要求按各个学生的 3 门课程的平均分，从高分到低分输出这 30 名学生的所有信息（学号、姓名、平均分）。

2. 已知一个长度为 2 字节的整数，请编程实现将其高位字节与低位字节互相交换后输出。（提示：可使用共用体类型数据实现）

3. 输入 10 个学生的学号、姓名和考试成绩，请编写程序，找出其中的最高分和最低分。

第 10 章　位运算与预处理命令

【知识导读】

C 语言是具备低级语言特征的高级语言，因此，它除了具有像其他高级语言一样易于掌握的特点之外，还具有低级语言面向硬件的特征。也正是由于 C 语言的这个特点，目前几乎所有的主流单片机芯片都支持 C 语言程序编程。本章将要介绍的位运算和预处理命令在计算机监测和控制领域有着非常广泛的应用。因此，对于自动控制方向的从业人员来说，应当重点掌握此部分内容。本章除了介绍基本位运算符和预处理命令的使用之外，还在应用实例部分列举了一些位运算在单片机程序中的应用实例，以供广大读者查阅参考。

【能力目标】

- 掌握几种位运算符的基本运算规则。
- 理解位运算的功能及使用领域。
- 能综合使用多种位运算符实现程序功能。
- 理解位运算在单片机开发中的应用。
- 能综合使用移位运算符和简单位运算符实现循环右移或左移功能。
- 理解位运算在单片机流水灯程序中的应用。
- 了解预处理命令在单片机程序中的使用。

【任务设置】

任务 1　分析下面程序的运行结果

任务 2　取出任意一个整数 x 的第 8～11 位

任务 3　将整数 a 进行循环左移 3 位

任务 4　单片机流水灯程序

实训　位运算综合应用实例

任务 1　分析下面程序的运行结果

任务目标

> 引出位运算和逻辑运算的异同。
> 掌握几种位运算符的基本运算规则。

任务描述

【例 10－1】 根据下面给出的程序，分析该程序的运行结果。

```
#include <stdio.h>
main()
{
int a=4,b=9,c,d;
c=a&&b;
d=a&b;
printf("a=%d,b=%d\nc=%d,d=%d\n",a,b,c,d);
}
```

任务分析

该程序中，&&为逻辑运算符，有关逻辑运算符的运算规则，在前面的任务中已经学会使用了，但是，&运算符是位运算符，执行按位与运算。本任务即是引出逻辑运算与位运算的不同之处，并进一步引出其余位运算的使用方法。

相关知识

一、计算机中数值数据的表示

由于任何信息在计算机中的存储都是以一组二进制数的形式表示的，而位运算指的是把操作数的二进制位进行按位运算。所以，在学习位运算之前，有必要了解计算机中数据的存储方式。

1. 计算机中的数据单位

在计算机中，常用的数据单位有 3 种：位（bit）、字节（byte）、字（word）。

（1）位。位是计算机中最小的数据单位。1 位二进制数只能表示两种状态：0 或 1。

（2）字节。字节由 8 位二进制数组成，是计算机表示存储容量的基本单元。常见的单位有 B、KB、MB、GB 等。图 10－1 是 1 个字节的各二进制位的编号，编号规则按“左高右低”进行，最左边为最高位（第 7 位），最右边为最低位（第 0 位）。

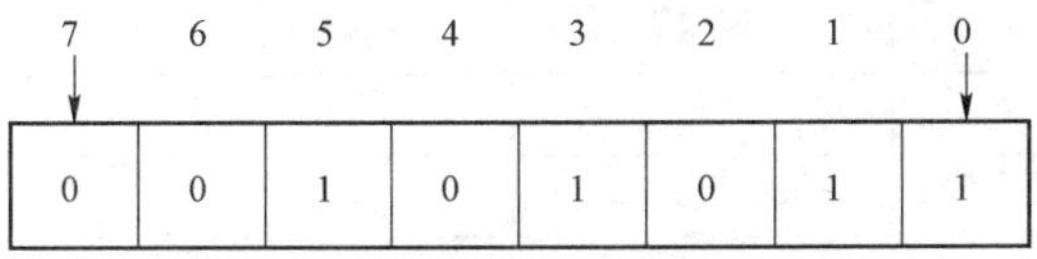

图 10－1　一个字节内各二进制位的编号

（3）字。一个字由若干个字节组成。具体由几个字节组成则取决于计算机的硬件系统。按照计算机一次能处理的数据的位数，计算机可分为 8 位机、16 位机、32 位机等，对应的计算机字长为 1 个字节、2 个字节、4 个字节。

2. 原码、反码和补码

由于在进行数据处理时要处理大量有正、负之分的数据，所以人们常用符号“＋”和“－”来区分正负数。但是计算机却是无法识别“＋”和“－”的，因此需要把符号数字化。通常约定二进制数的最高位为符号位，“0”表示正号，“1”表示负号。这种计算机中表示数据的形式称为机器数。机器数通常有三种表示方法：原码、反码和补码。现代计算机的数据存储通常采用的是补码形式。正数的 3 种编码表示方法是完全一致的，而负数的 3 种编码表示方法则各不相同。下面对这 3 种编码规则进行简单的举例说明。为简单起见，以下各例都以字长为 8 位的计算机为例。

（1）原码。原码表示法比较简单，最高位为符号位，为“0”表示正数，为“1”表示负数，其余数值位为该数的绝对值。

例如：+3 的原码为 00000011

−3 的原码为 10000011

（2）反码。反码可以由原码求得。正数的反码与原码相同；负数的反码：原码的符号位保持不变，数值位按位取反。

例如：+3 的反码为 00000011

−3 的反码为 11111100

（3）补码。现代计算机中数据的存储通常都采用补码形式。补码的规则是：正数的补码与原码相同；负数的补码：原码符号位保持不变，数值位按位取反后，末位加 1。

例如：+3 的补码为 00000011

−3 的补码为 11111101

根据补码求原码的方法是：正数的原码与补码相同；负数的原码求法是把该数补码的符号位保持不变，数值位按位取反，在末位加 1。

例如：补码为 11111010，原码为 10000110，则该数为−6。

二、位运算符和位运算

位运算是指操作数采用二进制位进行的运算。C 语言提供了以下 6 种基本位运算符：按位取反（～）、按位与（&）、按位或（|）、按位异或（^）、、左移（≪）、右移（≫）。运算规则见表 10−1。

表 10−1　位运算规则

x	y	～x	x&y	x|y	x^y
0	0	1	0	0	0
0	1	1	0	1	1
1	0	0	0	1	1
1	1	0	1	1	0

1. 按位取反

使用格式：～x

功能：对应位翻转，原来为 1 变为 0，原来为 0 变成 1。

举例：9：00001001

～9：11110110

应用：间接构造一个数据，以实现程序的可移植性。例如，若想实现一个整数 x（不管字长是 16 位还是 32 位）的最低位为 0，则可以使用如下语句：x=x&～1；。

2. 按位与

使用格式：z=x&y;

功能：当 x 与 y 的对应位都为 1 时，则 z 的对应位为 1，否则，为 0。

举例：x=3;y=11;z=x&y;，则 z=3。

```
    3：00000011
& 11：00001011
──────────────
      00000011
```

应用：保留数据的某些指定位，其余位置 0。具体做法是：保留的指定位对应位&1，置 0 位对应位&0。例如，有一个数为 01010010，要想使高 4 位都为 0，低 4 位保持不变，则应&上 00001111。

```
    01010010
& 00001111
────────────
    00000010
```

3. 按位或

使用格式：z=x|y;

功能：当 x 与 y 的对应位都为 0 时，则 z 的对应位为 0，否则，为 1。

举例：x=3;y=11;z=x|y;，则 z=11。

```
        3：00000011
|      11：00001011
──────────────────
           00001011
```

应用：保留数据的某些指定位，其余位置 1。具体做法是：保留的指定位对应位|0，置 1 位对应位|1。例如，有一个数为 01010010，想使高 4 位都为 1，低 4 位保持不变，则应|上 11110000。

```
          01010010
|         11110000
──────────────────
          11110010
```

4. 按位异或

使用格式：z=x^y;

功能：当 x 与 y 的对应位相同时，则 z 的对应位为 0，否则为 1。

举例：x=3;y=11;z=x^y;，则 z=8。

```
     3：00000011
^   11：00001011
────────────────
        00001000
```

应用：保留数据的某些指定位，其余位翻转。具体做法是：保留的指定位对应位^0，翻转位对应位^1。例如，有一个数为 01010010，想使高 4 位翻转，低 4 位保持不变，则应^上 11110000。

```
    01010010
```

```
^   11110000
    10100010
```

任务实施

1. 程序运行结果

本程序运行结果如图 10-2 所示。

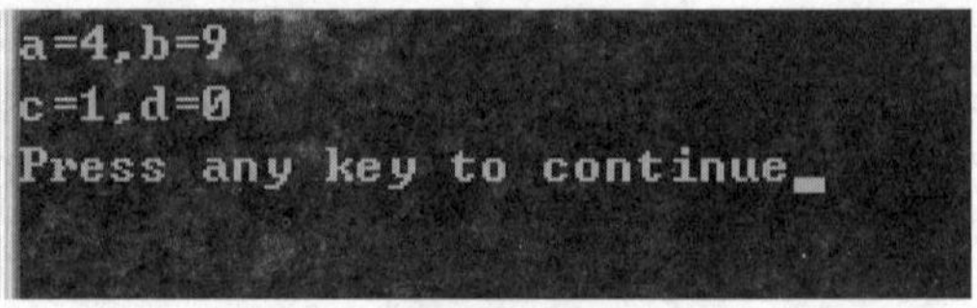

图 10-2 运行结果

2. 程序说明

4&&9 为逻辑运算，因此 c=a&&b;，则 c 的值为 1。而 d=a&b;为位运算，其运算过程如下：

```
    4:   00000100
&   9:   00001001
         00000000
```

所以 d 的值为 0。

3. 思考

（1）为什么 c 和 d 变量的值不同？

（2）&运算符和&&运算符有什么不同？

任务小结

位运算不同于逻辑运算，它是将数据的二进制位按位进行运算，所以，在分析位运算的运算结果时，应先把数据的二进制数据写出，再逐位进行运算。这一点请大家在学习时务必注意区分。

任务 2　取出任意一个整数 x 的第 8～11 位

任务目标

- 理解位运算的功能及使用领域。
- 掌握左移运算和右移运算。
- 能综合使用多种位运算符实现程序功能。

任务描述

取一个整数 x 的第 8～11 位。假设 x 的字长为 16 位。

任务分析

经分析，要想实现任务要求，可采用如下三步：

（1）先使 x 右移 8 位，目的是使要取出的那几位移动到最右端。

（2）设置一个低 4 位全为 1，高 4 位全为 0 的数。可用～(～0<<4)实现。

（3）将上面的两者进行&运算。由&运算的特点可知，可以将最低的 4 位保留下来。

相关知识

一、左移

使用格式：x<<N（N 为正整数）

功能：将 x 的二进制数左移 N 位，左端高位移出舍弃，右端补 0。

举例：x＝00000010;x＝x<<2;，则移位后 x＝00001000。

应用：由上例可以看出，左移 1 位相当于原数×2，则左移 N 位，相当于原数$\times 2^N$。由于计算机执行左移运算比乘法运算要快得多，所以，在设计控制程序的时候，可以将$\times 2^N$的运算处理为左移运算。

二、右移

使用格式：x>>N（N 为正整数）

功能：将 x 的二进制数右移 N 位，右端低位移出舍弃，左端补 0。

举例：x＝00001000;x＝x>>2;，则移位后 x＝00000010。

应用：由上例可以看出，右移 1 位相当于原数÷2，则右移 N 位，相当于原数$\div 2^N$。

任务实施

1. 程序清单

```
#include <stdio.h>
main()
{
unsigned x,y,z,w;
scanf("%x",&x);
y=x>>8;
z=~(~0<<4);
w=y&z;
printf("%x,%d\n%x,%d\n",x,x,w,w);
}
```

2. 程序运行结果

运行结果如图 10－3 所示。

图 10－3　任务 2 的运行结果

3. 程序说明

注意，该程序中最后输出 x 和 w 的值时，分别采用了%x 和%d 格式，也即分别以十六进制整数和十进制整数输出。从运行结果中可以看出，w 的值为 5，刚好是十六进制数（51c）的第 8～11 位。

4. 思考

如果任务要求改成：取一个整数的第 4～7 位，该如何修改程序呢？

任务 3　将整数 a 进行循环左移 3 位

任务目标

- 理解位运算在单片机开发中的应用。
- 能综合使用移位运算符和简单位运算符实现循环右移或左移功能。

任务描述

将整数 a 进行循环左移 3 位。

任务分析

对于单片机的流水灯，实现的办法有很多种，其中一种就是利用移位运算来实现。由于流水灯的设计中要用到循环移位指令，但是 C 语言并没有专门的循环移位指令，所以可以通过移位指令与简单逻辑运算来实现循环左移。本任务即是采用此种方式来实现将整数 a 循环左移 3 位。

实现 a 循环左移 n 位的算法是：

（1）将 a 的左端 n 位先放到 b 的最低 n 位中，可以用下面的语句实现：b=a>>(16－n)。

（2）将 a 左移 n 位，用 c=a<<n 实现。

（3）将 c 和 b 进行按位或运算，即 c=c|b;。

相关知识

下面用图 10－4 来解释循环左移的过程，图中所示为字长为 8 位的整数循环左移 1 位。

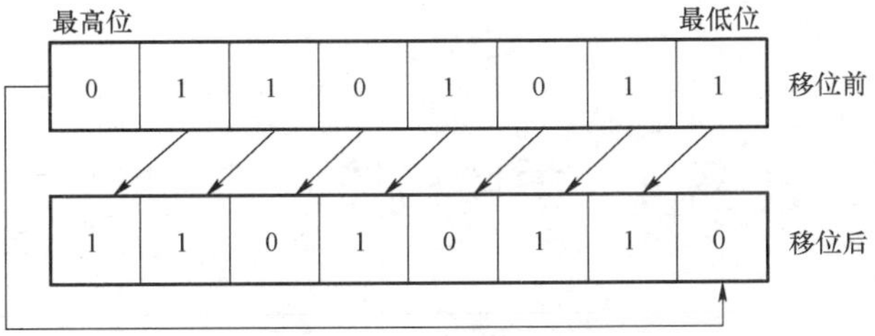

图 10－4　循环左移示意图

任务实施

1. 程序清单

```
#include <stdio.h>
#define N 3
main()
{
unsigned a,b,c;
printf("请输入 a 的值:");
scanf("%x",&a);
b=a>>(16-N);
c=a<<N;
c=b|c;
printf("a=%x,c=%x\n",a,c);
}
```

2. 程序运行结果

程序运行结果如图 10－5 所示。

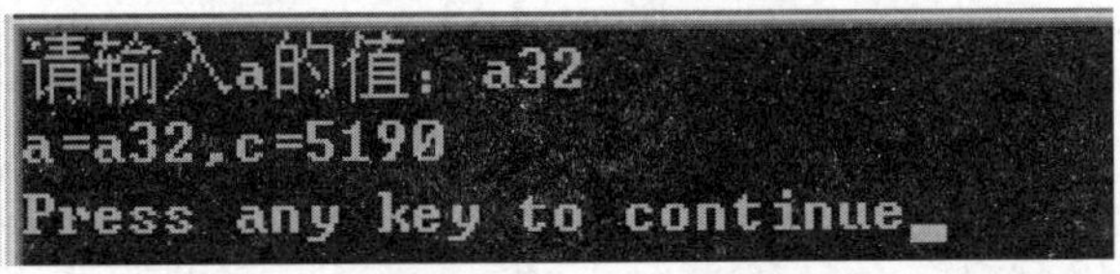

图 10－5　运行结果

3. 程序说明

a 和 x 都是以十六进制整数形式输出的，因此 a 和 c 对应的二进制数分别为：

a：0000 1010 0011 0010

c：0101 0001 1001 0000

从以上对比可以看出，a 的值循环左移 3 位后，刚好是 c 的值。

4. 思考

请根据循环左移的算法，思考：循环右移该如何实现？

任务 4　单片机流水灯程序

任务目标

➢ 理解位运算在单片机流水灯程序中的应用。

➢ 了解预处理命令在单片机程序中的使用。

任务描述

利用 C51 自带的库函数_crol_()（循环左移函数），以时间间隔 300 ms，实现流水灯程序。

任务分析

本任务有以下几点需要说明：

（1）需要单片机硬件支持才能实现，对电子类专业来说，这是后续单片机课程的教学内容，在此不做赘述；对于计算机专业的学生，本任务可以略过不学。

（2）在所需的硬件搭建完毕的基础上，程序调试还需要专门的单片机程序编译软件 Keil，本程序正是在 Keil 6.12 的环境下完成编译的。

（3）本任务的硬件基础是：单片机为 51 系列单片机，晶振频率为 11.059 2 Hz。经过软件测试可知：本程序中内层 for 语句循环 110 次数时，外层 for 循环的循环次数是多少，则整个循环嵌套程序就延时多少毫秒。

相关知识

一、预处理命令

为了改进程序设计环境和提高编程效率，ANSI C 标准规定，可以在 C 程序中加入一些“预处理命令”。这些预处理命令并不是 C 语言的语句，因此，不能对其直接进行编译，必须在对程序进行通常的编译之前，先对这些特殊的命令进行“预处理”，然后再由编译程序对预处理后的源程序进行通常的编译处理，最后生成可执行程序代码。C 语言提供的预处理功能主要有以下三种：宏定义、文件包含和条件编译。同时，为了和一般的 C 语言语句区分，这些预处理命令通常以“#”开头。

宏分为无参宏和带参宏两种。

（1）无参宏。无参宏是用一个指定的标识符来代替一个字符串，实际上就是一种替换。

无参宏的宏名后不带参数，一般形式为：

```
#define 标识符 字符串
```

例如，#define PI 3.14 的作用是用字符串 PI 来代替“3.14”这个字符串，这里的 PI 即是宏名。

关于无参宏的定义，有以下几点需要注意：

- 为了和普通变量名区分，宏名通常用大写字母表示。
- 对于程序中多次重复出现的字符串，使用宏名来代替后，可以大大提高编程效率。
- 无参宏定义只是用宏名对字符串进行简单替换，并不做正确性检查。也就是说，在预编译阶段不做任何语法检查，如有错误，只能在编译已被宏展开的源程序时发现。
- 宏定义必须写在所有函数之外，其作用域是从宏定义开始，直到源程序结束。如果要终止其作用域，可以用#undef 命令。
- 宏定义不是声明或语句，在末尾不能加分号，否则，程序编译时会报错。
- 宏定义可以嵌套，也即在宏定义的字符串中可以用已经定义的宏名，在宏展开时由预处理程序层层代换。

（2）带参宏。带参数的宏定义在宏展开时，不是进行简单的字符串替换，而是还要进行参数的代入。一般形式为：

```
#define  宏名(参数) 字符串
```

例如：#define F(x,y)x+y

z=F(6,5);

在上例中，相当于做了以下运算：z=6+5；z 的值为 11。

对于带参宏定义，有以下几点要注意：

- 宏名和（参数）之间不能有空格。
- 必要时，要在字符串的参数外加括号。

例如：#define MUL(a)a*a

MUL(3+4)的结果是 3+4*3+4，为 19，而不是预期的 49。若想实现(3+4)*(3+4)，则应将宏定义改成#define MUL(a)(a)*(a)，才能达到预期。

【例 10-2】阅读下面的程序，分析运行结果。

```
#include <stdio.h>
#define MUL(x)  2*x
main()
{
int a=5,b=2,c=3;
a=a+MUL(b+c);
printf("%d\n",a);
}
```

程序运行结果如图 10-6 所示。

图 10－6　运行结果

二、文件包含

文件包含是指一个源文件把另外一个源文件的全部内容包含进来，也即将另外的文件包含到本文件中。C 语言采用#include 命令来实现文件包含。其一般格式有两种：

格式 1：#include ＜文件名＞

格式 2：#include "文件名"

例如：#include "math.h"

#include ＜reg51.h＞

文件包含操作在实际编程中很有用，可以节省程序设计人员的重复劳动。在上面的例子中，reg51.h 是定义 51 单片机特殊功能寄存器和位寄存器的头文件。而 math.h 头文件中包含有各种数学运算函数，是定义常用数学运算的，比如求绝对值、正弦和余弦等，当在编程时用到这些数学函数时，就可以直接把该头文件包含进来。

关于文件包含操作，有以下几点需要说明：

（1）文件包含的两种格式是有区别的。当使用＜＞时，预处理程序在编译系统定义的标准目录下查找指定的头文件。如果是使用专用的单片机开发软件来进行编程，编译器先进入软件安装文件夹处开始搜索头文件，如果没有找到，则报错。当使用" "时，预处理程序首先在当前源程序所在目录下查找指定文件，如没有找到，则再从编译系统的标准目录下查找。对于单片机程序开发软件，编译器先进入当前工程所在文件夹处查找该文件，如果没有找到，则再到软件安装文件夹查找，如果还未找到，则报错。

（2）一个#include 命令只能包含一个文件。程序中需要用到几个头文件，就要是用几个#include 命令。

（3）文件包含可以嵌套。文件 1 包含文件 2，文件 2 又包含文件 3。

三、条件编译

在 C 语言编译系统中，如果不做特别说明，基本上源程序中所有的语句都参加编译。不过，有的时候由于程序设计需要，可能只希望源程序中的一部分程序进行编译，而另外一部分不参与编译。或者，希望当满足一定条件时，一部分程序段进行编译，而条件不满足时，则编译例外一部分程序段。以上这些情况就需要指定编译的条件，统称为“条件编译”。

条件编译主要有以下 3 种形式：

1. 形式一

```
#ifdef 标识符
  程序段 1
#else
```

```
  程序段 2
#endif
```

其功能为如果标识符已经被定义过（用#define 定义），则编译程序段 1，否则，编译程序段 2。上例中#else 部分也可以省略。

例如：

```
#define ARR
main()
{
...
...
#ifdef ARR
printf("信息已经存在!\n");
#else
printf("请创建新信息!\n");
#endif
}
```

在本例中，将会编译 printf("信息已经存在!\n");。如果删除#define ARR，则将会编译 printf("请创建新信息!\n");这条语句。

2. 形式二

```
#ifndef 标识符
  程序段 1
#else
  程序段 2
#endif
```

与形式一类似，功能为如果标识符未定义，则对程序段 1 进行编译；否则，对程序段 2 进行编译。

3. 形式三

```
#if 表达式
  程序段 1
#else
  程序段 2
#endif
```

它的功能是：当表达式的值为真时，编译程序段 1；否则，编译程序段 2。这个功能和 if…else 语句类似，但是却有很大的不同。如果使用 if…else 语句，因为编译时要对所有的语句都编译，所以生成的目标程序较长，导致程序运行时间较长；而如果采用条件编译，则要编译的语句较少，生成的目标程序较短，程序运行时间缩短。尤其是对于一些比较长的选择程序段，采用条件编译就很有必要了。

任务实施

1. 程序源代码

```
#include <reg52.h>
#include <intrins.h>
#define unit unsigned int
#define uchar unsigned char
void delay(unit);
uchar a;
void main()
{
  a=0xfe;
  while(1)
  {
    P1=a;
    delay(300);
    a=_crol_(a,1);
  }
}
void delay(unit ms)
{
  unit i,j;
  for(i=ms;i>0;i--)
     for(j=110;j>0;j--);
}
```

2. 程序说明

reg52.h 是定义 51 单片机特殊功能寄存器和位寄存器的头文件。由于库函数_crol_()在头文件 intrins.h 中，所以在程序开头处要使用预处理命令#include<intrins.h>。然后程序中用两个宏定义，分别用 unit 和 uchar 替换掉较复杂的标识符 unsigned int 和 unsigned char。delay(300)这条函数调用语句实现延时 300 ms。这里重点解释 a=_crol_(a,1);这条语句。该语句的作用是将 a 变量的值循环左移 1 位后再赋给 a 变量。a 的值原本是 0xfe，二进制数为 11111110，此时 P1 的值为 11111110，点亮第一个发光管。执行该函数后，a 的值为 11111101，然后 P1=a，此时 P1 的值为 11111101，点亮第二个发光管。依此类推，该程序可实现发光二极管的逐一点亮，并且每个管亮的时间间隔是 300 ms。

实训　位运算综合应用实例

实训目的

- 掌握位运算的基本概念，学会使用位运算。
- 进一步掌握借助位运算实现对指定位的操作。

实训要求

- 能够根据前面案例选择适当算法完成实训内容程序的编写。
- 输入并编辑程序，调试运行与分析实训结果。
- 整理实训结果，写出完整的实训报告（包括算法与程序清单、程序运行结果记录及程序分析与思考）。

实训内容

设计一个程序，检查所用的计算机系统的 C 语言编译在执行右移时是按照逻辑位移的原则，还是按照算术右移的原则。如果是逻辑右移，编写一个函数实现算术右移；如果是算术右移，编写一个函数实现逻辑右移。

实训过程

参考程序如下：

```
unsigned move1(unsigned v,int n);
unsigned move2(unsigned v,int n);
#include <stdio.h>
main()
{
int a,n,flag;
a=~0;
if((a>>5)!=a)
  {printf("\n本系统是逻辑右移!\n\n");
   flag=0;
  }
else
  {printf("\n本系统是算术右移!\n\n");
   flag=1;
  }
printf("请输入一个八进制数值:");
scanf("%o",&a);
```

```
    printf("请输入右移位数:");
    scanf("%d",&n);
    if(flag= =0)
      printf("算术右移的结果是:%o\n",move1(a,n));
    else
      printf("逻辑右移的结果是:%o\n",move2(a,n));
    }

    unsigned move1(unsigned v,int n)
    {unsigned z;
    z=~0;
    z=z>>n;
    z=~z;
    z=z|(v>>n);
    return(z);
    }

    unsigned move2(unsigned v,int n)
    {
    unsigned z;
    z=(~(1>>n))&(v>>n);
    return(z);
    }
```

程序运行结果如图 10－7 所示。

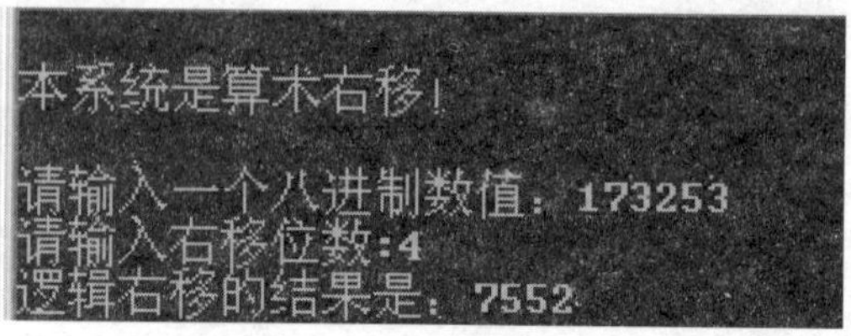

图 10－7　程序运行结果

实训总结

开始并不知道所用的 C 语言编译系统采用的到底是算术右移还是逻辑右移，因此应检查是哪一种方式。~0 表示成 16 位二进制数为 1111 1111 1111 1111，将它右移 5 位，如果是逻辑右移，则变成 0000 0111 1111 1111；如果是算术右移，则应为 1111 1111 1111 1111。因此，如果一个变量右移 5 位之后还等于它本身，就是算术右移，否则，就是逻辑右移。在程序中，可设置一个变量 flag 来表示不同的状态，flag=0，表示逻辑右移；flag=1，表示算术右移。在上述程序中，用两个函数 move1 和 move2 分别实现算术右移和逻辑右移。

实训拓展

试编写一个函数来实现左右循环移位。主函数调用此函数，调用形式为 movn(v,n);。其中，v 为要进行移位的数据，而 n 为位移的位数。例如 n<0 为左移，n>0 为右移。例如，n 为−3，则表示数据左移 3 位。

提示：可参考任务 3 的程序算法来编程。

知识梳理与总结

本章介绍的位运算在系统软件开发与计算机控制领域中有重要作用，同时，位运算也是 C 语言的重要特色之一。本章的重点和难点在于位运算符的应用。学好本章的基础是了解计算机内部数据的存储形式。本章介绍的位运算符，例如按位与&、按位或|、按位异或^、按位取反～、左位移<<、右位移>>，实质上都是针对二进制数的操作。对于计算机类专业的学生来说，学好本章对今后计算机系统的编程很有好处；而对于电子、自动化等控制类专业的学生，学好本章将对后续单片机类课程的学习大有裨益。

习　题 <<<

一、单选题

1. 设有语句：char c1=56,c2=56;，则以下表达式中，值为零的是（　　）。

A. c1^c2　　B. c1&c2　　C. ～c2　　D. c1|c2

2. 整型变量 x 和 y 的值相等，并且都不等于 0，那么以下选项中，运算结果为 0 的表达式是（　　）。

A. x|y　　B. x||y　　C. x^y　　D. x&y

3. 有以下程序：

```
main()
{
int x=0.9;char y='d';
printf("%d\n",(x&1)&&(y<'y'));
}
```

则程序运行结果是（　　）。

A. 3　　B. 2　　C. 1　　D. 0

4. 以下程序的输出结果是（　　）。

```
main()
{
unsigned char a,b;
a=7^3;b=~4&3;
printf("%d,%d\n",a,b);
```

```
}
```

A. 4，3　　B. 7，3　　C. 7，0　　D. 4，0

5. 若有定义：int b=2;，则表达式(b>>2)|(b>>1)的值是（　　）。

A. 0　　B. 2　　C. 4　　D. 8

6. 若 char 型变量 x 的值为 10100111，则表达式(2+x)^(~3)的值是（　　）。

A. 10101001　　B. 10101000

C. 11111101　　D. 01010101

7. unsigned char 类型能表示的最大的十进制数是（　　）。

A. 128　　B. 256

C. 255　　D. 127

8. 若有定义：int c=35;，则 c&c 的运算结果是（　　）。

A. 0　　B. 70　　C. 35　　D. 1

9. 下面程序的输出结果是（　　）。

```
main()
{
int a=3,b=2,c=1;
printf("%d\n", a/b&~c);
}
```

A. 3　　B. 2　　C. 1　　D. 0

10. 有以下语句：char x=3,y=6,z;z=x^y<<2;，则 z 的二进制数值是（　　）。

A. 00011011　　B. 00010100　　C. 00011100　　D. 00011000

二、阅读程序题

1.

```
main()
{
unsigned char a,b;
a=4|3;;
b=4&3;
printf("%d %d\n",a,b);
}
```

2.

```
#include<stdio.h>
main()
{
int a,b;
a=065;
b=a&2;
printf("the result is %d\n",b);
}
```

3.

```
main()
{
unsigned char a,b,c;
a=0x3;
b=a|0x8;
c=b<<1;
printf("%d%d",b,c);
}
```

4.

```
main()
{
char x=040;
printf("%d\n",x=x<<1);
}
```

5.

```
main()
{
int a=2,b=3;
a=a^b;
b=b^a;
a=a^b;
printf("a=%d,b=%d\n",a,b);
}
```

三、程序设计题

1. 编写一个程序，能够实现取出一个 16 位的二进制数的奇数位（即从左边开始第 1、3、5、7、9、11、13、15 位）。例如，八进制数 043526 用二进制表示为 100 011 101 010 110，最高位补 0，补足 16 位为 0100011101010110，则其奇数位为 0 0 0 1 0 0 0 1。

2. 设计一个程序，能够实现给定一个数据的原码，得到该数据的补码（注：输入数据时，可以采用八进制形式）。

第 11 章　文　　件

【知识导读】

以往编写的程序，每次运行的结果都只是看看而已，不能保存下来。要想查看运行结果，下次还要再从头运行一遍。那么，怎样才能保存程序运行中处理的数据或者以前程序运行的结果呢？这就是"文件"这个模块要解决的问题。

【能力目标】

- 了解 C 语言文件的概念与分类。
- 掌握文件的打开与关闭方法。
- 学会文件的读写操作。
- 会使用文件定位位置指针。
- 了解文件出错检测方法。

【任务设置】

任务 1　把文本文件的内容在屏幕上输出

任务 2　录入多名学生信息到指定文件中并显示

实训　学生信息存储与排序处理程序

任务 1　把文本文件的内容在屏幕上输出

任务目标

- ➢ 了解 C 语言文件的概念与分类。
- ➢ 掌握文件的打开与关闭方法。
- ➢ 学会文件的读写操作。

任务描述

从一个文本文件名为 p1.txt 的磁盘文件中顺序读取字符，并在屏幕上输出。

任务分析

本程序的功能是从文件中逐个读取字符，并在屏幕上显示出来。本程序中定义了文件指针 fp，以读文本文件方式打开文件 f:\\example\\p1.txt，并使 fp 指向该文件。如果打开文件出错，给出出错提示并退出程序。程序先读出一个字符，只要读出的字符不是文件结束标志（EOF），就把该字符显示在屏幕上，再读入下一个字符。每读一个字符，文件内部的位置指针向后移动一个单位，当所有字符读完后，该指针指向 EOF。

相关知识

一、文件概述

1. 文件

所谓文件，是指一组相关数据的有序集合，这个数据集的名称叫作“文件名”。实际上，我们对文件一词并不陌生，在本书的前面各个章节都有提及，比如文本文件、源程序文件、目标文件、头文件等。文件通常是驻留在外部存储介质上的，在使用时才调入内存。

2. 文件分类

从不同的角度可以对文件做不同的分类。从用户角度看，文件可以分为普通文件和设备文件两种。从文件编码的方式看，可以分为 ASCII 码文件和二进制文件。下面分别对这几类文件做简单介绍。

普通文件是指驻留在磁盘或其他外部存储介质（相对于内存而言）上的一个有序数据集合，可以是源文件、可执行程序等，也可以是一组输入/输出数据集合。源程序文件、目标文件等，统称为程序文件，而输入/输出数据则称为数据文件。

在操作系统中，把外部设备也看作一个文件，以便和普通文件进行统一管理。比如打印机、显示器、键盘、鼠标等与主机相连的各种外部设备统称为设备文件。这些设备文件也跟普通文件一样，可以进行读写操作。通常把显示器定义为标准输出文件，一般情况下，在屏幕上显示的有关信息就是向标准输出文件输出，如 printf、putchar 等函数就是向显示器输出。而键盘定义为标准输入文件，从键盘上输入就意味着从标准输入文件上输入数据，scanf、getchar 等函数就是从键盘输入数据。

ASCII 码文件也称为文本文件，这种文件在磁盘中存放时，每个字符存放的是其对应的 ASCII 码，每个字符占用一个字节的存储空间。例如，十进制数据 1002 采用 ASCII 码的存储形式为 00110001 00110000 00110000 00110010，共占用 4 个字节。ASCII 码文件可在屏幕上按字符显示，例如源程序文件就是 ASCII 码文件，用记事本打开即可显示文件内容。由于是按字符显示，因此能读懂文件内容。所以采用 ASCII 码存储可被操作系统直接识别，但占用存储空间较多，同时还要付出由内存的二进制形式转换为 ASCII 码的时间开销。

与 ASCII 码文件不同，二进制文件则是按二进制的编码方式来存放文件的。因此，内存中的数据进行存储时不需要进行数据转换，存储介质上保存的数据采用与内存数据一致的形式存储。例如，十进制数据 1002 采用二进制的存储形式为 00000011 11101010，只占用两个字节。由此可见，用二进制存储能节省存储空间和转换时间，但一般不能直接识别。

实际上，C 语言在处理这些文件时，并不区分类型，而是都看成字符流，按字节进行处理，输入/输出字符流的开始和结束只由程序控制而不受物理符号的控制。因此，也把这种文件称为“流文件”。

二、文件打开与关闭

对于 C 语言的程序，无论是普通磁盘文件还是设备文件，都当成文件进行统一处理。这些文件都是结构体类型数据。具体的结构体类型是由系统定义的，类型名为FILE，该结构类型中含有文件名、文件状态和文件当前位置等信息。在编制源程序时，通常可以不必详细了解FILE类型的内部结构。

1. 文件指针

在C语言中，通常用一个指针变量指向一个文件，这个指针称为文件指针。通过文件指针就可以访问它所指向的文件并进行各种操作。

定义文件指针的形式为：

```
FILE *fp;
```

其中，fp 即为一个指向FILE类型结构体的指针，也就是说，可以通过 fp 找到存放某个文件信息的结构体变量(FILE类型的变量)，然后根据FILE类型变量提供的信息找到该文件，继而对文件进行要求的操作等。

2. 文件打开

文件在进行任何操作前，都要先“打开”才行。打开文件实际上是建立文件的各种有关信息，最重要的是，使文件指针指向该文件，以便对其进行后续操作。在C语言中，文件操作都是由库函数来完成的。

C语言用fopen()函数实现打开文件。其使用形式为：

```
FILE *fp;
fp=fopen("文件名","文件使用方式");
```

例如：

```
fp = fopen("test.txt","rt");
```

上例表示要打开名为test.txt的文件，打开方式为：以只读方式打开一个文本文件，执行此操作后，fp指针指向该文件。fopen()函数可以使用的文件打开方式有12种之多，见表11-1。

表11-1 文件使用方式说明

文件使用方式	说明
rt	以只读方式打开一个文本文件
wt	以只写方式打开或新建一个文本文件
at	以追加方式打开一个文本文件（在文件末尾添加数据）
rb	以只读方式打开一个二进制文件
wb	以只写方式打开或新建一个二进制文件
ab	以追加方式打开一个二进制文件（在文件末尾添加数据）
rt+	以读写方式打开文本文件（允许读和写）
wt+	以读写方式打开或新建文本文件（允许读和写）
at+	以追加读写方式打开文本文件（允许读，或在文件末尾添加数据）
rb+	以读写方式打开二进制文件（允许读和写）
wb+	以读写方式打开或新建二进制文件（允许读和写）
ab+	以追加读写方式打开二进制文件（允许读，或在文件末尾添加数据）

【说明】

- 对于 fp=fopen("test.txt","rt");，其意义是在当前目录下打开文件 test.txt。如果想打开指定位置文件，应给出完整的文件存储路径。例如：

```
fp=fopen("f:\\example\\p1.txt","rt")
```

表示以只读方式打开 F:\example\p1.txt。

- 用“r”方式打开一个文件时，该文件必须已经存在，并且只能从该文件中读。
- 用“w”方式打开的文件只能向该文件中写入。如果该文件不存在，则以指定的文件名新建该文件；如果该文件已经存在，则会删除原文件，新建一个同名新文件。这点在使用时务必注意。
- 如果要向一个已经存在的文件追加新的信息，只能使用“a”方式。但此时该文件必须是已经存在的文件，否则出错。
- 在打开一个文件时，如果出错，fopen()将返回一个空指针值 NULL。在程序中可以用这一信息来判别是否成功打开文件。因此，常用如下程序段来打开文件，例如：

```
if((fp=fopen("f:\\example\\p1.txt","rt"))==NULL)
{
printf("\nfile can't open!error!\n");
getchar();
exit(1);
}
```

这段程序的意义在于，如果返回的指针为空，表示不能打开指定文件，则屏幕给出出错信息提示，而 getchar()的功能是从键盘输入一个字符但不在屏幕显示，实质是等待用户按任意键，程序才继续执行。而后执行 exit(1)退出程序。

3. 文件关闭

文件使用完毕后，一定要“关闭”，关闭文件即是断开指针与文件之间的联系，也就是禁止再对文件进行操作。通常使用专门的文件关闭函数来关闭文件，以避免文件的数据丢失等。文件关闭通常使用 fclose()来完成，其使用的一般形式为：

```
fclose(文件指针);
```

例如：

```
fclose(fp);
```

文件如果能正常关闭，则 fclose 函数返回值为 0，否则，表示关闭文件出错。

三、文件读/写

对文件的读和写是最常用的文件操作。在 C 语言中提供了多种文件读/写的函数，常用的有字符读/写函数 fgetc()和 fputc()、字符串读/写函数 fgets()和 fputs()、数据块读/写函数 fread()和 fwrite()、格式化读/写函数 fscanf()和 fprintf()。下面分别介绍这些函数的使用方法。

1. 字符读/写函数

字符读/写函数是以字符为单位的读/写函数。每次可以从文件中读出或者向文件中写入一个字符。

（1）字符输入函数 fgetc。

【功能】从指定文件读入一个字符，该文件必须是以只读/读写方式打开的。

【调用形式】ch=fgetc(fp);

【说明】在上例中，实现从 fp 所指向的文件中读取一个字符并送入变量 ch 中。需要注意的是，在文件内部还有一个位置指针，用来指向文件的当前读写位置。初始时，该指针指向第一个字符，每使用一次 fgetc()函数，该位置指针向后移动一个字符。但是必须注意，文件指针和文件位置指针是两个指向完全不同的指针。文件指针一直指向该文件，只要不重新赋值，则其值保持不变；而文件内部指针则随着当前读写位置的变化而变化，它无须在程序中定义，是由系统自动设置的。

（2）字符输出函数 fput()。

【功能】把一个字符输出到指定的磁盘文件上。

【调用形式】fputs(ch,fp);

【说明】在上例中，ch 是要输出的字符，它可以是一个字符常量，也可以是字符变量。该语句的含义是：将字符 ch 输出到 fp 所指向的文件上。

【注意】被写入的文件应该用写、读/写、追加方式打开。如果用写或读/写方式打开一个已经存在的文件，则写入字符时，将从文件首部开始，并清除文件原有内容。要想保留原内容，必须以追加方式打开文件，写入的字符从文件末尾开始存放。

2. 字符串读/写函数

（1）读字符串函数 fgets()。

【功能】该函数功能是从指定的文件中读取一个字符串到字符数组中。

【调用形式】fgets(str,n,fp);

【说明】在上例中，str 为字符数组名或指向字符串的指针；n 为读取的最多的字符的个数；fp 为指向读取文件的指针。上述语句表示从 fp 所指向的文件中读 n−1 个字符送入字符数组 str 中。

【注意】在读出 n−1 个字符之前，如果遇到了换行符或者 EOF，则读操作结束。fgets()函数也有返回值，其返回值是字符数组的首地址。

【例 11−1】从 test.txt 文件中读一个含有 20 个字符的字符串。

```
#include <stdio.h>
main()
{
FILE *fp;
char str[21];
if((fp=fopen("f:\\example\\test.txt","rt"))==NULL)
 {
 printf("\nfile can't open!error!\n");
 getchar();
 exit(1);
 }
```

```
    fgets(str,21,fp);
    printf("\n%s\n",str);
    fclose(fp);
    }
```

例 11－1 中定义字符数组 str 的长度为 21，这是因为 fgets()函数会在从 test 文件中读出 20 个字符送入 str 数组后，再在数组末尾追加一个字符串结束标志“\0”。图 11－1 为例 11－1 的运行结果。

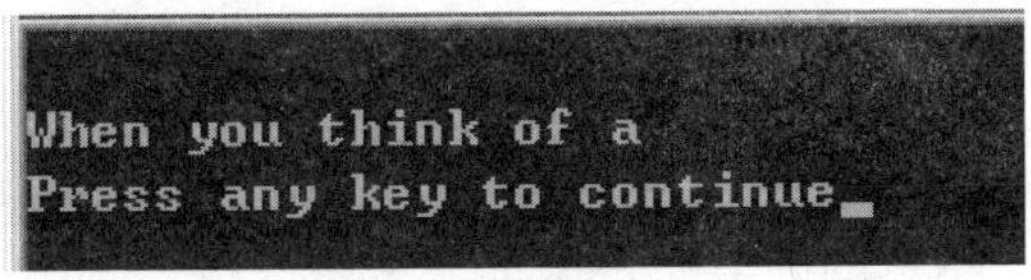

图 11－1 运行结果

（2）字符串输出函数 fputs。

【功能】 fputs()函数把一个字符串输出到指定的磁盘文件上。

【调用形式】 fputs(str,fp);

【说明】 上例中的 str 可以是字符数组名或者是指向字符串的指针，也可以是字符串常量；fp 为指向要写入文件的指针。该语句功能是：将 str（字符数组）中的字符串写入 fp 所指向的文件中。

【注意】

- fputs()函数在将字符串写入文件时，其字符串末尾的“\0”字符自动舍弃。
- 正常操作时，fputs()函数的返回值为写入的字符个数；出错时，返回值为 EOF(－1)。

3. 数据块读/写函数

C 语言还提供理论用于读/写整块数据的函数，用来读/写一组数据，这组数据可以是数组或者结构型变量的值等。

（1）文件数据块读函数 fread。

【功能】 用来从指定文件中读取一个指定字节的数据块。

【调用形式】 fread(buffer,size,count,fp);

【说明】 buffer 为读入数据在内存中存放的起始地址；size 为每次要读取的字节数；count 为读取次数；fp 为文件指针。例如，fread(bf,4,5,fp);表示从 fp 所指的文件中每次读 4 个字节，连续读 5 次，共 20 个字节送入 fp 所指向的存储区域中。

（2）文件数据块写函数 fwrite。

【功能】 将数据输出到磁盘文件上。

【调用形式】 fwrite(buffer,size,count,fp);

【说明】 buffer 为输出数据在内存中存放的首地址；size 为每次要输出到文件中的字节数；count 为输出次数；fp 为文件指针。

4. 格式化读/写函数

格式化读/写函数 fscanf()和 fprintf()与前面使用的 scanf 和 printf 函数的功能相似。都是格式化读写函数。两者的区别在于 fscanf()和 fprintf()的读/写对象不是键盘和显示器，而是磁盘文件。

（1）格式化输入函数 fscanf。

【调用形式】 fscanf(fp,格式控制字符串,输入列表);

【说明】 fp 是指向要读取文件的指针，格式控制字符串，输入列表的使用方法同 scanf 函数。

【功能】 从 fp 指向的文件中，按格式控制字符串中的规定格式读取相应数据赋给输入列表中对应的变量。

例如：

```
fscanf(fp,"%d,%f",&a,&b);
```

该语句功能是：从 fp 指定的磁盘文件中读取字符并按“%d”和“%f”格式赋给变量 a 和 f。

（2）格式化输出函数 fprintf。

【调用形式】 fprintf(fp,格式控制字符串,输出列表);

【说明】 fp 是指向要写入文件的指针，格式控制字符串，输出列表的使用方法同 printf 函数。

【功能】 将输出列表中的各个变量或常量，依次按格式控制字符串中的格式写入 fp 所指向的文件中。

【注意】 用 fprintf 和 fscanf 函数对磁盘文件进行读/写操作，使用方便也容易理解。但由于在输入和输出时要进行 ASCII 码和二进制的转换，时间开销大，因此，在内存与磁盘频繁交换数据的情况下，最好不使用这两个函数，而是使用 fwrite 和 fread 函数。

任务实施

1. 程序清单

```
#include <stdio.h>
main()
{
 FILE *fp;
 char ch;
 if((fp=fopen("f:\\example\\p1.txt","rt"))==NULL)
 {
  printf("\nfile can't open!error!\n");
  getchar();
  exit(1);
 }
 ch=fgetc(fp);
 while(ch!=EOF)
  {
```

```
      putchar(ch);
      ch=fgetc(fp);
    }
  fclose(fp);
}
```

2. 程序运行结果

程序运行结果如图11－2所示。

```
Once when I was six years old I saw a magnificent picture in a book,called Ture
Stories from Nature,about the primeval forest.---The Little Prince

Press any key to continue
```

图11－2　运行结果

3. 程序说明

注意：EOF是文本文件的结束标志。所以，该程序只适合处理文本文件。对于二进制文件，C语言提供了一个feof函数来判断文件是否真的结束。feof(fp)的值为1，表示文件结束；为0，表示未结束。

4. 思考

（1）如果想顺序读取一个二进制文件的数据，上面的程序该如何修改？

（2）能不能设计一个程序，既可以顺序读取一个二进制文件，又可以读取文本文件呢？

任务2　录入多名学生信息到指定文件中并显示

任务目标

- 了解C语言文件的概念与分类。
- 掌握文件的打开与关闭方法。
- 学会文件的读写操作。
- 会使用文件定位位置指针。
- 了解文件出错检测方法。

任务描述

从键盘输入三个学生的信息，并写入一个文件，然后再把这三个学生的信息显示在电脑屏幕上。

任务分析

本任务因为牵涉到学生信息的存储，因此应先定义一个结构体类型st来说明学生信息，

stu1 和 stu2 是两个 st 类型的结构体数组，指针变量 p 和 q 分别指向 stu1 和 stu2。在程序中，首先以读写方式打开二进制文件“studinfo”，输入三个学生的信息之后，把学生信息写入文件中。然后再把文件内部位置指针移到文件开头，读出三个学生信息，并在屏幕上显示出来。

相关知识

一、文件定位

前面已经介绍过，文件中有一个位置指针，指向当前读/写位置。当顺序读/写文件时，每次读/写一个字符，则每读/写一个字符，该位置指针自动向后移动，指向下一个字符。但是，在实际文件操作中，有时候并不是顺序读/写，而是常常只需要读/写文件中的某一指定部分。这就是文件的随机读/写问题。为了解决这一问题，通常的做法是移动文件的位置指针到需要读/写的位置，再进行读/写，这时就需要用到由 C 语言提供的文件定位函数来实现。

移动文件内部位置指针的函数主要有 3 个：rewind 函数、fseek 函数和 ftell 函数。

1. rewind 函数

该函数的功能是使文件的位置指针移到文件的开头处。

一般的调用形式为：

```
rewind(fp);
```

其中，fp 为文件型指针，指向当前操作的文件。

说明：rewind 函数没有返回值，其作用在于，如果要对文件进行多次读/写操作，可以在不关闭文件的情况下，将文件位置指针重新设置到文件开头，从而能够重新读/写此文件。如果不使用 rewind 函数，那么每次重新操作文件之前，都需要将该文件关闭后再重新打开。

2. fseek 函数

需要随机读/写文件时，必须能控制文件位置指针的移动，而 C 语言提供的 fseek 函数就是用来改变文件位置指针的，利用它可以将文件位置指针移动到指定的位置上。

调用形式为：

```
fseek(fp,offset,whence);
```

其中，第一个参数 fp 为文件指针；第二个参数 offset 为偏移量，是 long 型数据，如果为正数，表示正向偏移，为负数，表示负向偏移，具体从哪里开始偏移，则由第三个参数 whence 决定；第三个参数 whence 是 int 型常量，用来设定从文件的哪里开始偏移，可以取值为 0、1 或 2。具体如下：0，文件开头；1，文件当前位置；2，文件末尾。

说明：fseek 函数用来将指定文件（fp 指针指向的文件）的位置指针移动到指定位置，该位置由 offset 和 whence 参数共同决定。如果执行成功，则文件位置指针会移动到由 whence 开始偏移 offset 个字节的位置；如果该函数执行失败，则返回值为－1。

举例：

```
fseek(fp,50L,0);   /*将位置指针从文件头向后移动 50 个字节*/
fseek(fp,-10L,2);  /*将位置指针从文件末尾往前移动 10 个字节*/
```

注意：fseek 函数一般只用于二进制文件，因为文本文件要发生字符转换，计算位置时往往不准确。

3. ftell 函数

由于文件中的位置指针常常会随着文件读/写操作的进行而移动，程序员往往会弄不清楚它的确切位置。而采用 ftell 函数就可以得到位置指针的当前值，不过，是用相对于文件开头的位移量来表示的。如果 ftell 函数返回值为 –1L，则表示出错。

二、出错检测

C 语言中常用的文件检测函数如下：

1. ferror 函数

ferror 函数是文件读写错误检测函数。当调用各种输入/输出函数时，如 fputc、fgetc、fwrite 等，如果出现错误，则除了函数返回值可以反映错误外，还可以用 ferror 函数来检查。

调用形式为：ferror(fp);

如果 ferror 函数的返回值为 0，表示未出错；如果返回值为“非 0”，则表示出错。需要注意的是，对于同一个文件，每调用一次读/写操作函数，均会产生一个新的 ferror 函数值，因此，应在使用一个读/写函数后，立即检查 ferror 函数的值才有意义。在调用 fopen 函数时，ferror 函数的初始值自动置 0。

2. clearerr 函数

clearerr 函数是清除文件错误标志函数，作用是使文件错误标志和文件结束标志都置为 0。

调用形式为：

```
clearerr(fp);
```

任务实施

1. 程序清单

```
#include <stdio.h>
struct st
{
char name[10];
int num;
int age;
char clas[15];
}stu1[3],stu2[3],*p,*q;
void main()
{
FILE *fp;
char ch;
int i;
p=stu1;
q=stu2;
```

```
if((fp=fopen("f:\\example\\studinfo","wb+"))==NULL)
{
printf("can't open!");
getchar();
exit(1);
}
printf("\n请输入学生信息:\n");
for(i=0;i<3;i++,p++)
scanf("%s%d%d%s",p->name,&p->num,&p->age,p->clas);
p=stu1;
fwrite(p,sizeof(struct st),3,fp);
rewind(fp);
fread(q,sizeof(struct st),3,fp);
printf("\n\n姓名\t学号\t年龄\t班级\n");
for(i=0;i<3;i++,q++)
printf("%s\t%d\t%d\t%s\n",q->name,q->num,q->age,q->clas);
fclose(fp);
}
```

2. 程序运行结果

程序运行结果如图 11-3 所示。

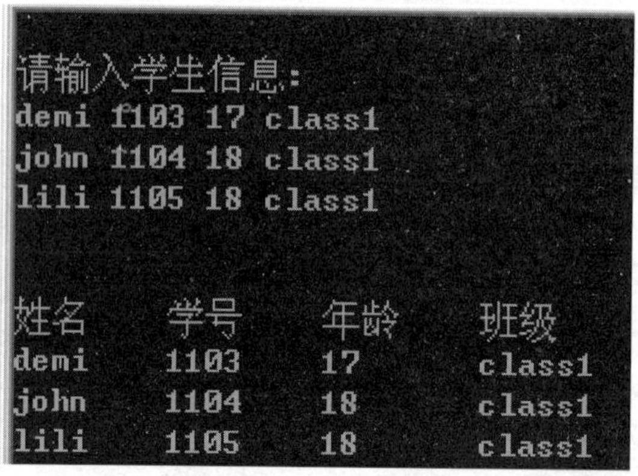

图 11-3　运行结果

3. 程序说明

本程序综合使用了 fopen、fclose、fwrite、fread、rewind 等函数，是一个比较复杂的综合性实例。在实际应用中，可在本程序的基础上扩展出学生信息数据库的读/写显示等升级程序。

实训 学生信息存储与排序处理程序

实训目的

- 掌握文件及文件指针的概念。
- 学会使用打开、关闭、读、写等文件操作函数。
- 学会对文件进行简单的操作。
- 能设计和调试简单的文件读/写程序。

实训要求

输入并编辑事先编写好的程序，调试运行。

实训内容

编写能实现下述功能的程序并运行。

任务 1：有 4 个学生，每个学生有性别、姓名、年龄、3 门课程的成绩等信息共同存放在磁盘文件 abc.txt 中。

任务 2：将文件中的学生信息按英语成绩排序处理，并将已经排好序的数据存入一个新文件 newabc.txt 中。

任务 3：在已经排好序的 newabc.txt 中插入一个学生信息，要求按成绩高低顺序插入，即插入后符合原有的排序顺序，插入后建立一个新文件 newabc1.txt。

abc.txt 中的学生信息见表 11－2。

表 11－2 学生信息表

姓名	性别	年龄	英语	语文	数学
John	M	18	87	68	89
Lili	F	18	76	90	96
Alex	M	19	90	75	67
Tom	M	19	82	80	84

要插入的学生信息为：

Demi F 18 95 90 92

实训过程

任务 1 的参考程序如下：

```
#include <stdio.h>
typedef struct
{
```

```
char name[8];
char sex;
int age;
int eng,chin,maths;}STU;
main()
{
 STU st[4]={{"John",'M',18,87,68,89},{"Lili",'F',18,76,90,96},
{"Alex",'M',19,90,75,67},{"Tom",'M',19,82,80,84}};
 int i;
 FILE *fp;
 if((fp=fopen("abc.txt","wt"))==NULL)
 {
   printf("error!\n");
   getch();
   exit(1);
 }
for(i=0;i<4;i++)
  fwite(&st[i],sizeof(STU),1,fp);
fclose(fp);
}
```

任务 2 的参考程序如下：

```
#include <stdio.h>
typedef struct
{
char name[8];
char sex;
int age;
int eng,chin,maths;}STU;
main()
{
int i,j;
 STU st[4];
 FILE *fin,*fout;
 if((fin=fopen("abc.txt","rt"))==NULL)
 {
   printf("打开文件失败,请按任意键结束\n");
   getchar();
   exit(1);
 }
```

```
if((fout=fopen("newabc.txt","wt"))==NULL)
 {
   printf("打开文件失败,请按任意键结束\n");
   getchar();
   exit(1);
 }
for(i=0;i<4;i++)
  fread(&st[i],sizeof(STU),1,fin);
for(i=0;i<3;i++)
   for(j=0;j<3-i;j++)
     if(st[j].eng>st[j+1].eng)
          swap(&st[j],&st[j+1]);
for(i=0;i<4;i++)
    fwrite(&st[i],sizeof(STU),1,fout);
fclose(fout);
fclose(fin);
}
swap(STU *p,STU *q)
{
STU *t;
t=(STU*)malloc(sizeof(STU));
scopy(t,p);
scopy(p,q);
scopy(q,t);
}
scopy(STU *x,STU *y)
{
strcpy(x->name,y->name);
x->sex=y->sex;
x->eng=y->eng;
x->chin=y->chin;
x->maths=y->maths;
}
```

任务 3 的参考程序如下:

```
#include <stdio.h>
typedef struct
{
char name[8];
char sex;
```

```
int age;
int eng,chin,maths;}STU;
main()
{
int i,j;
 STU st[4];
STU nst={"Demi",'F',18,95,90,92);
 FILE *fin,*fout;
 if((fin=fopen("newabc.txt","rt"))==NULL)
 {
   printf("打开文件失败,请按任意键结束\n");
   getchar();
   exit(1);
 }
if((fout=fopen("newabc1.txt","wt"))==NULL)
 {
   printf("打开文件失败,请按任意键结束\n");
   getchar();
   exit(1);
 }
for(i=0;i<4;i++)
  fread(&st[i],sizeof(STU),1,fin);
for(i=0;i<4;i++)
   {
    if(nst.eng<st[i].eng)
      fwite(&nst,sizeof(STU),1,fout);
    fwrite(&st[i],sizeof(STU),1,fout);
   }
fclose(fout);
fclose(fin);
}
```

实训总结

本实训任务是对文件操作的综合应用实例，同时还运用到了指针和结构体的相关知识，因此项目综合性和实践性较强。学生可在教师的指导下读懂本参考程序的算法，然后进行编程、运行、调试等操作。本任务由三个任务组合而成，同时三个任务有很强的内在联系，因此，务必按先后顺序来完成。

知识梳理与总结

本章的内容比较重要，但是由于篇幅限制，本书并没有深入探讨下去，读者可以根据本章所列举的几个基本实例，在实践中逐步掌握文件的操作。

本章的主要内容包括：

- 文件的基本概念
- 常用的文件操作函数，例如文件打开与关闭函数 fopen 和 fclose，文件读/写函数 fgetc、fputc、fgets、fputs、fread、fwrite、fprintf、fscanf，文件定位函数 rewind、fseek、ftell 等。
- 文件的顺序读写和随机读写。

要学习本章的内容，首先要学会文件的打开和关闭操作，而后逐步学习如何读写文件的内容，最后能根据实际要求对文件进行各种操作。在程序的实际编写中，要特别注意文件位置指针的使用，只有合理利用定位函数操作位置指针，才能进行正确的读写。

习　题

一、单选题

1. C 语言中，标准输出文件是指（　　）。

A. 显示器　　B. 键盘　　C. 硬盘　　D. 优盘

2. 下面关于 C 语言的处理文件的描述，正确的是（　　）。

A. C 语言只能读/写文本文件

B. C 语言只能读/写二进制文件

C. C 语言能读/写二进制文件，也能读/写文本文件

D. 以上说法都不对

3. 下列关于 C 语言数据文件的叙述，正确的是（　　）。

A. 文件由 ASCII 码字符序列组成　　B. 文件由二进制数据序列组成

C. 文件由数据流形式组成　　D. 以上说法都不对

4. 已知 fp 是指向某文件的指针，当已经读到文件末尾时，则函数 feof(fp)的返回值是（　　）。

A. NULL　　B. 1　　C. −1　　D. EOF

5. 当顺利执行了文件关闭操作后，fclose 函数的返回值是（　　）。

A. −1　　B. 1　　C. ture　　D. 0

6. 如果用 fopen()函数打开一个新的二进制文件，要求该文件可以读也可以写，则文件的打开模块式是（　　）。

A. “r+”　　B. “wb+”　　C. “a+”　　D. “ab”

7. 如果要打开一个名为 test.txt 的文本文件进行修改，下面的语句正确的是（　　）。

A. fopen("test.txt","r")
B. fopen("test.txt","ab+")
C. fopen("test.txt","w+")
D. fopen("test.txt","r+")

8. 如果以读/写方式打开一个已有的二进制文件 abc1，下面有关 fopen 函数的正确的调用方式是（　　）。

A. fopen("abc1","r")
B. fopen("abc1","r+")
C. fopen("abc1","rb")
D. fopen("abc1","rb+")

9. fread 和 fwrite 函数通常用来一次输入和输出（　　）。

A. 一个整数
B. 一个字符
C. 一个字节
D. 一组数据

10. rewind 函数的功能是（　　）。

A. 将读/写位置指针返回到文件开头
B. 将读/写位置指针移到文件尾部
C. 将读/写位置指针移到指定位置
D. 以上说法都不对

二、填空题

1. C 语言中，根据数据的组织形式，文件可以分为__________和__________两种。

2. fseek 函数的功能是____________________________________。

3. rewind 函数的功能是____________________________________。

4. 以下程序实现将数组 str1 的 6 个元素和数组 str2 的 10 个元素写到名为 shen.dat 的二进制文件中，请把程序补充完整。

```
#include <stdiio.h>
{
FILE *fp;
char str1[6]="abcde",b[10]="123456789";
if((fp=fopen("_________","wb"))= =NULL)exit(0);
fwrite(str1,sizeof(char),6,fp);
fwrite(str2, _________ ,1,fp);
fclose(fp);
}
```

5. 下面的程序实现从键盘输入文本（用#结束文本输入），写到一个名为 tt.bat 的新文件中，请把下面程序补充完整。

```
#include <stdiio.h>
{
FILE *fp;
char ch;
if((fp=fopen( _________ ))= =NULL)exit(0);
while((ch=getchar())!='#')fputc(ch,fp);
fclose(fp);
}
```

三、编程题

1. 从键盘输入一个字符串，把其中的大写字母全都转换成对应的小写字母，然后输出到一个磁盘文件中保存。

2. 编程实现将两个文件中的信息合并（按字母顺序排列），并输出到一个新文件中（前提：两个磁盘文件中分别存放有一行字母）。

附录 I　ASCII 代码对照表

十进制	二进制	八进制	十六进制	缩写/字符	解释
0	0000 0000	0	0	NUL（null）	空字符
1	0000 0001	1	1	SOH（start of headline）	标题开始
2	0000 0010	2	2	STX（start of text）	正文开始
3	0000 0011	3	3	ETX（end of text）	正文结束
4	0000 0100	4	4	EOT（end of transmission）	传输结束
5	0000 0101	5	5	ENQ（enquiry）	请求
6	0000 0110	6	6	ACK（acknowledge）	收到通知
7	0000 0111	7	7	BEL（bell）	响铃
8	0000 1000	10	8	BS（backspace）	退格
9	0000 1001	11	9	HT（horizontal tab）	水平制表符
10	0000 1010	12	0A	LF（NL line feed，new line）	换行键
11	0000 1011	13	0B	VT（vertical tab）	垂直制表符
12	0000 1100	14	0C	FF（NP form feed，new page）	换页键
13	0000 1101	15	0D	CR（carriage return）	回车键
14	0000 1110	16	0E	SO（shift out）	不用切换
15	0000 1111	17	0F	SI（shift in）	启用切换
16	0001 0000	20	10	DLE（data link escape）	数据链路转义
17	0001 0001	21	11	DC1（device control 1）	设备控制 1
18	0001 0010	22	12	DC2（device control 2）	设备控制 2
19	0001 0011	23	13	DC3（device control 3）	设备控制 3
20	0001 0100	24	14	DC4（device control 4）	设备控制 4
21	0001 0101	25	15	NAK（negative acknowledge）	拒绝接收
22	0001 0110	26	16	SYN（synchronous idle）	同步空闲
23	0001 0111	27	17	ETB（end of trans.block）	传输块结束
24	0001 1000	30	18	CAN（cancel）	取消
25	0001 1001	31	19	EM（end of medium）	介质中断
26	0001 1010	32	1A	SUB（substitute）	替补
27	0001 1011	33	1B	ESC（escape）	换码（溢出）
28	0001 1100	34	1C	FS（file separator）	文件分割符
29	0001 1101	35	1D	GS（group separator）	分组符

续表

十进制	二进制	八进制	十六进制	缩写/字符	解释
30	0001 1110	36	1E	RS（record separator）	记录分离符
31	0001 1111	37	1F	US（unit separator）	单元分隔符
32	0010 0000	40	20	（space）	空格
33	0010 0001	41	21	!	
34	0010 0010	42	22	"	
35	0010 0011	43	23	#	
36	0010 0100	44	24	$	
37	0010 0101	45	25	%	
38	0010 0110	46	26	&	
39	0010 0111	47	27	'	
40	0010 1000	50	28	(	
41	0010 1001	51	29	)	
42	0010 1010	52	2A	*	
43	0010 1011	53	2B	+	
44	0010 1100	54	2C	,	
45	0010 1101	55	2D	-	
46	0010 1110	56	2E	.	
47	0010 1111	57	2F	/	
48	0011 0000	60	30	0	
49	0011 0001	61	31	1	
50	0011 0010	62	32	2	
51	0011 0011	63	33	3	
52	0011 0100	64	34	4	
53	0011 0101	65	35	5	
54	0011 0110	66	36	6	
55	0011 0111	67	37	7	
56	0011 1000	70	38	8	
57	0011 1001	71	39	9	
58	0011 1010	72	3A	:	
59	0011 1011	73	3B	;	
60	0011 1100	74	3C	<	
61	0011 1101	75	3D	=	
62	0011 1110	76	3E	>	
63	0011 1111	77	3F	?	
64	0100 0000	100	40	@	
65	0100 0001	101	41	A	

续表

十进制	二进制	八进制	十六进制	缩写/字符	解释
66	0100 0010	102	42	B	
67	0100 0011	103	43	C	
68	0100 0100	104	44	D	
69	0100 0101	105	45	E	
70	0100 0110	106	46	F	
71	0100 0111	107	47	G	
72	0100 1000	110	48	H	
73	0100 1001	111	49	I	
74	0100 1010	112	4A	J	
75	0100 1011	113	4B	K	
64	0100 0000	100	40	@	
65	0100 0001	101	41	A	
66	0100 0010	102	42	B	
67	0100 0011	103	43	C	
68	0100 0100	104	44	D	
69	0100 0101	105	45	E	
70	0100 0110	106	46	F	
71	0100 0111	107	47	G	
72	0100 1000	110	48	H	
73	0100 1001	111	49	I	
74	0100 1010	112	4A	J	
75	0100 1011	113	4B	K	
64	0100 0000	100	40	@	
65	0100 0001	101	41	A	
66	0100 0010	102	42	B	
67	0100 0011	103	43	C	
68	0100 0100	104	44	D	
69	0100 0101	105	45	E	
70	0100 0110	106	46	F	
71	0100 0111	107	47	G	
72	0100 1000	110	48	H	
73	0100 1001	111	49	I	
74	0100 1010	112	4A	J	
75	0100 1011	113	4B	K	
76	0100 1100	114	4C	L	
77	0100 1101	115	4D	M	
78	0100 1110	116	4E	N	
79	0100 1111	117	4F	O	

续表

十进制	二进制	八进制	十六进制	缩写/字符	解释
80	0101 0000	120	50	P	
71	0100 0111	107	47	G	
72	0100 1000	110	48	H	
73	0100 1001	111	49	I	
74	0100 1010	112	4A	J	
75	0100 1011	113	4B	K	
76	0100 1100	114	4C	L	
77	0100 1101	115	4D	M	
78	0100 1110	116	4E	N	
79	0100 1111	117	4F	O	
80	0101 0000	120	50	P	
71	0100 0111	107	47	G	
72	0100 1000	110	48	H	
73	0100 1001	111	49	I	
74	0100 1010	112	4A	J	
75	0100 1011	113	4B	K	
76	0100 1100	114	4C	L	
77	0100 1101	115	4D	M	
78	0100 1110	116	4E	N	
79	0100 1111	117	4F	O	
80	0101 0000	120	50	P	
81	0101 0001	121	51	Q	
82	0101 0010	122	52	R	
83	0101 0011	123	53	S	
84	0101 0100	124	54	T	
85	0101 0101	125	55	U	
86	0101 0110	126	56	V	
87	0101 0111	127	57	W	
88	0101 1000	130	58	X	
89	0101 1001	131	59	Y	
90	0101 1010	132	5A	Z	
91	0101 1011	133	5B	[	
92	0101 1100	134	5C	\	
93	0101 1101	135	5D	]	
94	0101 1110	136	5E	^	
95	0101 1111	137	5F	_	
96	0110 0000	140	60	`	

续表

十进制	二进制	八进制	十六进制	缩写/字符	解释
97	0110 0001	141	61	a	
98	0110 0010	142	62	b	
99	0110 0011	143	63	c	
100	0110 0100	144	64	d	
101	0110 0101	145	65	e	
102	0110 0110	146	66	f	
103	0110 0111	147	67	g	
104	0110 1000	150	68	h	
105	0110 1001	151	69	i	
106	0110 1010	152	6A	j	
107	0110 1011	153	6B	k	
108	0110 1100	154	6C	l	
109	0110 1101	155	6D	m	
110	0110 1110	156	6E	n	
111	0110 1111	157	6F	o	
112	0111 0000	160	70	p	
113	0111 0001	161	71	q	
114	0111 0010	162	72	r	
115	0111 0011	163	73	s	
116	0111 0100	164	74	t	
117	0111 0101	165	75	u	
118	0111 0110	166	76	v	
119	0111 0111	167	77	w	
120	0111 1000	170	78	x	
121	0111 1001	171	79	y	
122	0111 1010	172	7A	z	
123	0111 1011	173	7B	{	
124	0111 1100	174	7C	|	
125	0111 1101	175	7D	}	
126	0111 1110	176	7E	~	
127	0111 1111	177	7F	DEL（delete）	删除
121	0111 1001	171	79	y	
122	0111 1010	172	7A	z	
123	0111 1011	173	7B	{	
124	0111 1100	174	7C	|	
125	0111 1101	175	7D	}	
126	0111 1110	176	7E	~	
127	0111 1111	177	7F	DEL（delete）	删除

附录Ⅱ　C语言中32个关键字的含义和用途

分类		关键字	含义和用途
基本数据类型	简单数据类型	int	声明整型变量或函数
		char	声明字符型变量或函数
		float	声明浮点型变量或函数
		double	声明双精度变量或函数
	特殊类型	register	声明寄存器变量
		void	声明函数无返回值或无参数，声明无类型指针
类型修饰符	长度修饰	long	声明长整型变量或函数
		short	声明短整型变量或函数
	符号修饰	signed	声明有符号类型变量或函数
		unsigned	声明无符号类型变量或函数
	存储类别	auto	声明自动变量
		extern	对该变量做“外部变量声明”
		static	声明静态变量
	特殊修饰	volatile	声明变量在程序执行中可被隐含地改变
		const	声明只读变量（符号常量）
复合类型的定义		enum	声明枚举类型
		struct	声明结构体变量或函数
		union	声明共用数据类型
语句	分支结构	if	条件语句
		else	条件语句否定分支（与 if 连用）
		switch	开关语句
		case	开关语句分支
		default	开关语句中的“其他”分支
		goto	无条件跳转语句
		break	跳出当前循环
		continue	结束当前循环，开始下一轮循环
	循环结构	while	当型循环语句
		do	直到型循环语句
		for	计数型循环语句
函数返回		return	子程序返回语句
运算符		sizeof	计算数据类型长度
自定义类型		typedef	用于给数据类型取别名

附录Ⅲ　运算符的优先级和结合性

优先级	运算符	名称或含义	使用形式	结合方向	说明
1	（）	圆括号	（表达式）/函数名（形参表）	左到右	
	［］	数组下标	数组名［常量表达式］		
	.	成员选择（对象）	对象.成员名		
	－＞	成员选择（指针）	对象指针－＞成员名		
2	－	负号运算符	－表达式	右到左	单目运算符
	（类型）	强制类型转换	（数据类型）表达式		
	＋＋	自增运算符	＋＋变量名/变量名＋＋		单目运算符
	－－	自减运算符	－－变量名/变量名－－		单目运算符
	*	取值运算符	*指针变量		单目运算符
	&	取地址运算符	&变量名		单目运算符
	！	逻辑非运算符	！表达式		单目运算符
	～	按位取反运算符	～表达式		单目运算符
	sizeof	长度运算符	sizeof（表达式）		
3	/	除	表达式/表达式	左到右	双目运算符
	*	乘	表达式*表达式		双目运算符
	%	余数（取模）	整型表达式/整型表达式		双目运算符
4	＋	加	表达式＋表达式	左到右	双目运算符
	－	减	表达式－表达式		双目运算符
5	＜＜	左移	变量＜＜表达式	左到右	双目运算符
	＞＞	右移	变量＞＞表达式		双目运算符
6	＞	大于	表达式＞表达式	左到右	双目运算符
	＞＝	大于等于	表达式＞＝表达式		双目运算符
	＜	小于	表达式＜表达式		双目运算符
	＜＝	小于等于	表达式＜＝表达式		双目运算符
7	＝＝	等于	表达式＝＝表达式	左到右	双目运算符
	！＝	不等于	表达式！＝表达式		双目运算符
8	&	按位与	表达式&表达式	左到右	双目运算符
9	^	按位异或	表达式^表达式	左到右	双目运算符
10	|	按位或	表达式|表达式	左到右	双目运算符

续表

优先级	运算符	名称或含义	使用形式	结合方向	说明
11	&&	逻辑与	表达式&&表达式	左到右	双目运算符
12	||	逻辑或	表达式||表达式	左到右	双目运算符
13	？：	条件运算符	表达式 1？表达式 2：表达式 3	右到左	三目运算符
14	=	赋值运算符	变量=表达式	右到左	
	/=	除后赋值	变量/=表达式		
	*=	乘后赋值	变量*=表达式		
	%=	取模后赋值	变量%=表达式		
	+=	加后赋值	变量+=表达式		
	-=	减后赋值	变量-=表达式		
	<<=	左移后赋值	变量<<=表达式		
	>>=	右移后赋值	变量>>=表达式		
	&=	按位与后赋值	变量&=表达式		
	^=	按位异或后赋值	变量^=表达式		
	|=	按位或后赋值	变量|=表达式		
15	，	逗号运算符	表达式，表达式，…	左到右	从左向右顺序运算